卫星通信技术丛书

国家科学技术学术著作出版基金资助出版

# 卫星通信组网控制和管理技术

胡谷雨　缪志敏　赵洪华　黄康宇　李华波　著

电子工业出版社

**Publishing House of Electronics Industry**

北京 · BEIJING

# 内 容 简 介

本书全面总结了卫星通信网的组网控制和管理系统设计实现中的核心问题及技术方法，包括卫星通信网组网和控制的基本原理、组网控制系统的软硬件架构、管控信息的传输协议、管控系统的功能需求，以及组网控制中心的设计实现、灾难备份、安全防护和测试评估等内容。

本书对卫星通信网组网控制系统的研制开发和建设运行具有重要的参考与应用价值，可以作为卫星通信网组网控制与运行管理技术人员的入门书，也可以作为组网控制系统设计开发人员的技术参考书，还可以作为卫星通信网建设与运维人员的业务拓展书。

**图书在版编目（CIP）数据**

卫星通信组网控制和管理技术 / 胡谷雨等著. —北京：电子工业出版社，2023.1
（卫星通信技术丛书）
ISBN 978-7-121-44393-0

Ⅰ. ①卫…　Ⅱ. ①胡…　Ⅲ. ①卫星通信－组网技术　Ⅳ. ①TN927

中国版本图书馆 CIP 数据核字（2022）第 186659 号

责任编辑：米俊萍
印　　刷：北京七彩京通数码快印有限公司
装　　订：北京七彩京通数码快印有限公司
出版发行：电子工业出版社
　　　　　北京市海淀区万寿路 173 信箱　　邮编：100036
开　　本：787×1 092　1/16　印张：20.75　字数：470 千字
版　　次：2023 年 1 月第 1 版
印　　次：2024 年 7 月第 5 次印刷
定　　价：128.00 元

凡所购买电子工业出版社图书有缺损问题，请向购买书店调换。若书店售缺，请与本社发行部联系，联系及邮购电话：（010）88254888，88258888。

质量投诉请发邮件至 zlts@phei.com.cn，盗版侵权举报请发邮件至 dbqq@phei.com.cn。

本书咨询联系方式：mijp@phei.com.cn。

# 序

《卫星通信组网控制和管理技术》一书总结了胡谷雨教授带领的团队近 30 年来所从事的部分科研工作。这里补充一些有关情况。

首先要指出，本书中涉及的这类卫星通信系统在国内早就开始使用了，不过所有的设备都是从国外进口的。要制造出国产的卫星通信系统，一种比较简单的办法是进行技术转让，即花大价钱把外国的技术买过来。但这类技术国外对我国是封锁的。更重要的是，在进口的设备上进行通信，在信息安全方面无法得到保障。因此，技术转让并不可行，很有必要研发国产的卫星通信系统。1990 年，国营南京无线电厂（以下简称南京无线电厂）在原国家计委的支持下启动了稀路由卫星通信系统（后来也称语音 VSAT 卫星通信系统）的研制工作，并由我来负责其中组网控制系统的设计和组网控制中心的研制。

其次，我们在此之前并没有研制任何卫星通信系统组网控制中心的实际经验。我们的优势仅仅是在网络管理方面的研究在国内起步较早而已。南京无线电厂在寻找合作伙伴时也很了解我们的"家底"，因此在立项时，同时物色了上海另一家知名的研究所与我们同时开展组网控制中心设计。南京无线电厂认为这样就可以使投资的风险降低，因为两家都研制失败的概率应当是比较小的。我当时感到压力非常大，因为确实不知道应当怎么下手。我也知道如果完不成任务，不仅会使南京无线电厂在经济上蒙受损失，而且我们的名声也将扫地，今后很少会有人把重要的科研任务下达给我们。几年后的结果是，上海那家研究所未能完成任务，而我们成功了。这也是科研的常态：失败乃是非常平常的事。

此外，当时南京无线电厂还向我们提出："你们的组网控制中心如果研制成功了，我们不会给你们搞个什么技术鉴定，因为我们对技术鉴定不感兴趣。我们要搞的鉴定就是生产定型鉴定。"这就告诉我们，工厂必须生产出有用的产品。我们研究的网络管理不能仅停留在理论上，理论上即使是很先进的东西，就算得到如"国内首创"甚至"国际先进"的技术鉴定结论，对工厂却不一定有用。工厂最关心的是能够制造出真正的产品。因此，我们从事的组网控制中心的研制不是一个孤立的项目，而是必须使整个稀路由卫星通信系统达到生产定型的水平。这就要求我们的科研团队必须和其他有关的团队密切合作，因为其中的任何一个环节出了问题，整个系统就会失败。实际上，在整个研制工作中，我们与有关协作单位的关系非常融洽。即使在技术问题上的争论看起来非常激烈，但大家都是为了完成同一个目标，确实需要对许多技术上的问题讨论清楚，哪怕争得面红耳赤。这样就使我们能够及早发现问题，找出解决问题的关键，从而使整个系统能够按期达到生产定型的水平。

使我感到十分欣慰的是，在组网控制中心的研制队伍中，除我以外，都是年轻的学生。胡谷雨当时是刚入学不久的博士研究生，其他的有硕士研究生，也有高年级的本科生（在这批优秀的学生中，很多人后来都获得了博士学位和教授职称）。这些年轻人既有比较扎实的理论基础，又有很强烈的创新意识。在缺乏有关技术资料的情况下，大家团结一致，终于按期完成了有自主知识产权的组网控制中心研制任务。

相信本书的问世，能够对我国的卫星通信事业起到良好的推动作用。

**2021 年 8 月**

# 前 言

    1962 年 12 月，美国发射了低轨道通信卫星"中继 1 号"，并于 1963 年 11 月首次实现了横跨太平洋的电视转播，经卫星转发的远距离实时转播给人们留下了深刻的印象。1963 年 7 月，美国发射了世界上第一颗同步通信卫星，并于 1964 年 10 月首次实现了奥运会的实况转播。1965 年 4 月，美国又发射了商用的同步通信卫星，从此卫星通信进入了实用阶段。卫星通信具有通信距离远且通信成本与距离无关，通信质量高、传输信号稳定，通信两点间复杂的地理条件、自然灾害和人为事件不影响通信等优点，这些优点极大地吸引和促进了卫星通信事业的发展。

    早期卫星通信主要用于实现两个地球站之间的固定通信链路，固定使用预先分配的卫星转发器资源（传输频带），通信链路不能按需随时调整，缺少灵活性。随着卫星通信用户的增多，每个用户的通信需求不再是全天候持续不断的，在特定的两个用户之间实现持续通信的地球站逐渐减少。尤其是地球站实现了小型化和低成本以后，地球站按需使用卫星资源、间断地为用户与不同地球站实现通信的应用需求日渐旺盛，地球站之间迫切需要实现按需分配多址（DAMA）组网。实现这种通信的早期卫星通信网络是 VSAT 网络，每个 VSAT 按需使用卫星资源，把数据发给中央站，中央站再转发给目的 VSAT。但是，上述经中央站转发（双跳利用卫星转发）的 VSAT 组网方式不太适用于语音通信，语音通信的终端之间最好是单跳传输。为此世界上出现了稀路由卫星通信设备 SPADE（SCPC PCM Multiple Access Demand Assignment Equipment），其实现了非中心控制的按需分配 SCPC，但设备复杂、成本较高，在 20 世纪 90 年代被逐步淘汰。

    1989 年，美国休斯公司推出了演示版的 TES（Telephony Earth System），展示了面向小型卫星通信地球站之间低业务量的语音/数据传输的网状卫星通信网，有的称其为语音 VSAT 卫星通信系统。TES 的特点是，由一个组网控制中心负责对地球站之间的卫星通信频率和带宽进行按需分配，地球站之间利用分配的卫星信道实现一跳互通，比 VSAT 网络更适合语音通信，端到端传输时延从 VSAT 网络的双跳约 540ms 减小到单跳约 270ms。TES 对于有线通信困难且业务量不太大的偏远地区具有极大的吸引力。

    1990 年年初，具有敏锐眼光的国营南京无线电厂决策者们决定自行投资，依靠国内技术力量自主研制更适合语音业务传输、基于按需分配网状网的语音 VSAT 卫星通信系统，其后来被国家计委列入"八五"期间"国家重点企业技术开发项目"予以支持。该系统有时也称为稀路由卫星通信系统。鉴于笔者的博士生导师谢希仁教授已经指导学生在网络管理技术、卫星通信网管理系统分析改造等方面积累了一定的经验，国营南京无线电厂邀请谢希仁教授主持其中组网控制中心的研制，笔者作为核心成员参与了设计。研制工作主要包括组网控制系统的体系结构设计、管控信息传输协议的设计和组网控制中心的软件实现等。组网控制中心是整个稀路由卫星通信系统运行的核心中枢，要实现对全网各地球站的参数设置、运行状态控制、信道资源按需分配和点到点卫星通信链路接续等实时控制功能。

谢希仁教授带领团队边研究边设计，在研制过程中解决了组网控制中心设计实现的诸多技术难题，首创了不对称通信协议设计，提出了多载波 ALOHA 协议等思想和设计方案，并在模拟测试系统的支持下先于地球站对组网控制中心进行了较长时间的动态测试和运行试验，后来这个相对成熟的组网控制中心也支撑了地球站的联调联试。整个卫星通信系统于 1995 年通过原电子工业部组织的设计定型，以中国科学院陈芳允院士为首的鉴定委员会认为，该卫星通信系统"包括组网控制中心在内的部分指标还优于国外同类产品"。这个卫星通信系统入选 1995 年"电子十大科技成果"，并获原电子工业部科技进步一等奖。

上述稀路由卫星通信系统的研制成功，打破了国外公司对按需分配网状网卫星通信系统的垄断，积累了相关系统的研制经验，为其他类似系统的研制奠定了坚实的基础。后来，笔者所在科研团队又参与了多个按需分配组网卫星通信系统的组网控制系统设计和组网控制中心实现，都取得了成功，有的至今还在网运行。

本书就是笔者在多年的卫星通信网组网控制系统研究和技术开发基础上的技术总结和经验分享，记录了管理控制（简称管控）系统架构设计、管控信息传输链路协议设计、管控系统功能设计和管控系统联试调试等方面的技术积累，希望能够对从事相关工作的研究人员、系统设计和设备开发人员有所帮助与启发。

第 1 章作为卫星通信系统的入门知识，概要和相对通俗地介绍了卫星通信的基本原理和设备组成，以及卫星通信组网的多址接入方式和组网方式，以便计算机、网络和软件等相关专业的读者了解管控的对象——卫星通信网。

第 2 章作为网络管理理论和技术的铺垫，对网络管理的模型、功能、信息库、协议等核心技术做了简要介绍，以便读者能够更好地理解后续章节的组网控制原理和技术，因为卫星通信网的管控技术也是在各种网络管理标准规范的基础上发展起来的。

第 3 章讨论了卫星通信网组网控制系统的总体架构，分析了组网控制系统的一般组成、可行的架构，组网控制中心与管理控制代理之间的逻辑关系，以及被管对象模型，并详细介绍了组网控制中心的基本管理功能。后续各章都是本章相关部分深入设计和实现的细节。

第 4 章介绍的管控信息网络即管控信息传输通道,是实现卫星通信网组网控制的基础,主要讨论物理层之上,实现 TDM 广播/ALOHA 信道上逐帧传送的专用数据链路协议和实现以信令为数据单元的管控操作协议。不对称数据链路协议设计可以提高管控信息的传输能力。管控操作协议则是针对不同应用特点设计的,分别是用于软件远程装载的 DL 协议和管控信令传输的 CR 协议。

第 5 章介绍了组网控制系统之组网控制中心的核心功能,围绕按申请分配卫星信道建立/拆除业务链路这个目标,分别讨论了业务站的入退网控制、业务链路的按申请建立与拆除、卫星信道资源的按申请分配与优化、业务站的发射功率控制和组网控制中心运行过程的日志记录等功能的实现原理。

第 6 章介绍的网络运行管理的目标是在合理的成本下为用户提供足够高质量的服务。网络运行状况是运营和维护卫星通信网的人员非常关心的,重点是对网络运行过程进行全方位监视和分析,了解网络业务量变化,考察按需建立链路是否及时,知道卫星通信资源是否短缺,掌握网络通信能力的变化,以便在必要时采取控制措施,保证网络运行效率,保持服务等级。

第 7 章介绍了组网控制中心的可靠性与备份相关的内容。一旦组网控制中心发生故障,甚至只是局部软件模块错乱,都有可能造成组网控制中心的实时控制功能失效,从而导致整个网络瘫痪。保证组网控制中心长期有效运行的不二途径是设置备份的组网控制中心,或者设置组网控制中心中易失效部件的备份。本章介绍了组网控制中心中主要部件的备份实现方案,以及异地的组网控制中心的备份实现方案。

第 8 章讨论了卫星通信网的安全运行与应用问题,从卫星通信网的无线通信特点入手,分析了安全组网的潜在威胁形式和影响。针对面临的安全威胁,本章讨论了卫星通信网组网的安全组网需求,并从安全基础设施、分层密钥体系、密码技术体系、安全身份认证、安全密钥管理和安全组网流程等方面介绍了安全组网相关技术。

第 9 章讨论了基于离散事件系统模拟的卫星通信网组网控制中心测试方法。用软件模拟业务站的可变功能,可以测试在大规模网络(成百上千个业务站)条件下组网控制中心的软件逻辑正确性及处理各种异常情况的能力,可以对组网控制中心进行长期测试、压力测试、异常输入测试,以便尽可能多地发现系统中存在的错误,并在正式投入应用前排除可能的软件错误。

本书第 1 章由缪志敏撰写,第 2~4、7、9 章由胡谷雨撰写,第 5 章由李华波撰写,第 6 章由赵洪华撰写,第 8 章由黄康宇撰写。另外,胡谷雨对每章进行了修改并对全书进行了统稿。

胡谷雨

2022 年 9 月于南京·陆军工程大学

# 目 录

第 1 章 卫星通信网 ............................................................................................. 1

1.1 卫星通信的基本原理 ........................................................................... 4
1.1.1 卫星通信链路 ......................................................................... 4
1.1.2 卫星通信的工作频段 ............................................................ 5
1.1.3 通信卫星及转发器 ................................................................ 7
1.1.4 地球站的组成及功能 ............................................................ 11
1.1.5 卫星通信的增益与损耗 ........................................................ 13
1.1.6 卫星通信的多址接入方式 .................................................... 16
1.1.7 卫星通信的组网方式 ............................................................ 18

1.2 预分配信道组网 ................................................................................... 21
1.2.1 预分配信道点对点组网 ........................................................ 21
1.2.2 预分配信道多点组网 ............................................................ 22

1.3 按需分配信道组网 ............................................................................... 23
1.3.1 分布式控制的 SCPC ............................................................. 24
1.3.2 集中控制的按需分配 ............................................................ 25

1.4 VSAT 网络 ............................................................................................ 26
1.4.1 VSAT 网络 ............................................................................ 26
1.4.2 VSAT 网络组成 .................................................................... 28

1.5 网状 VSAT 网络 .................................................................................. 29
1.5.1 网状 VSAT 网络的拓扑 ....................................................... 29
1.5.2 网状 VSAT 网络的按需分配 ............................................... 30

1.6 混合拓扑网络 ....................................................................................... 31

1.7 DVB 网络 ............................................................................................. 32
1.7.1 DVB-S ................................................................................... 32
1.7.2 DVB-RCS .............................................................................. 33
1.7.3 IBIS ....................................................................................... 34

1.8 小结 ....................................................................................................... 35

第 2 章 网络管理原理与技术 ............................................................................. 37

2.1 网络管理模型 ....................................................................................... 38

2.1.1　网络管理系统的组成要素 ················· 39
2.1.2　网络管理过程的驱动方式 ················· 41
2.1.3　电信管理网及 $Q_3$ 接口 ················· 41
2.2　网络管理功能 ································· 45
2.2.1　网络管理功能域 ························· 45
2.2.2　公共管理服务 ··························· 46
2.2.3　配置管理 ······························· 47
2.2.4　性能管理 ······························· 48
2.2.5　故障管理 ······························· 51
2.2.6　账务管理 ······························· 53
2.2.7　安全管理 ······························· 54
2.2.8　网络规划 ······························· 55
2.2.9　资产管理 ······························· 57
2.3　网络管理信息库 ······························ 58
2.3.1　管理信息结构 ··························· 58
2.3.2　管理信息库 ····························· 60
2.3.3　被管对象类注册树 ······················ 61
2.4　网络管理协议 ································· 62
2.4.1　CMIS/CMIP ····························· 64
2.4.2　SNMP ·································· 65
2.5　网络管理技术的发展 ··························· 68
2.5.1　网络管理综合化 ························· 69
2.5.2　网络管理智能化 ························· 70
2.6　小结 ······································ 71

第3章　按需分配卫星通信网组网控制架构 ···················· 72
3.1　按需分配的卫星通信网组网方式 ···················· 73
3.2　组网控制架构 ································· 74
3.2.1　业务站的组成 ··························· 74
3.2.2　组网控制中心站的组成 ···················· 75
3.2.3　组网控制系统的组成 ······················ 76
3.2.4　组网控制中心的备份 ······················ 77
3.3　组网控制模型 ································· 77
3.4　组网控制功能 ································· 79
3.4.1　网络配置管理 ··························· 80
3.4.2　链路按需建立 ··························· 80
3.4.3　网络性能管理 ··························· 81
3.4.4　网络账务管理 ··························· 82
3.4.5　网络故障管理 ··························· 83
3.4.6　网络安全管理 ··························· 84

　　　　3.4.7　增强管理功能 ·················································· 84

　　3.5　被管对象模型 ······················································ 84

　　　　3.5.1　被管实体命名 ·················································· 85

　　　　3.5.2　被管对象状态 ·················································· 87

　　　　3.5.3　状态转换模型 ·················································· 88

　　3.6　星地资源联控 ······················································ 90

　　3.7　多网综合管理 ······················································ 91

　　3.8　小结 ·································································· 93

第 4 章　管控信息传输与操作协议 ············································ 95

　　4.1　管控信息网络协议体系结构 ·········································· 95

　　4.2　管控操作协议 ······················································ 97

　　　　4.2.1　远程装载操作 ·················································· 98

　　　　4.2.2　命令响应操作 ·················································· 103

　　4.3　专用数据链路协议 ·················································· 107

　　　　4.3.1　管控信息传输链路的物理特性 ·································· 107

　　　　4.3.2　共享卫星信道的多址接入方式选择 ····························· 109

　　　　4.3.3　入向控制信道的 ALOHA 协议 ································· 110

　　　　4.3.4　误码率对 ALOHA 协议的影响 ································· 115

　　　　4.3.5　ALOHA 协议有限次重发和拥塞控制 ···························· 117

　　　　4.3.6　多载波 ALOHA 协议 ·········································· 119

　　　　4.3.7　不对称数据链路协议 ·········································· 126

　　4.4　管控信息网络的链路管理 ············································ 131

　　　　4.4.1　CCU 配置 ···················································· 131

　　　　4.4.2　入向控制信道的拥塞控制 ······································ 132

　　4.5　小结 ·································································· 133

第 5 章　组网控制和资源分配 ················································ 135

　　5.1　组网控制软件的基本架构 ············································ 136

　　5.2　入退网控制与状态管理 ·············································· 138

　　　　5.2.1　业务站的入退网控制 ·········································· 138

　　　　5.2.2　业务站的身份认证 ············································ 142

　　　　5.2.3　业务站的参数维护 ············································ 145

　　　　5.2.4　状态一致性管理 ·············································· 146

　　5.3　业务链路接续控制 ·················································· 150

　　　　5.3.1　按申请建立业务链路 ·········································· 152

　　　　5.3.2　业务链路拆除 ················································ 155

　　　　5.3.3　业务请求的排队和拥塞控制 ···································· 157

　　　　5.3.4　虚拟子网 ···················································· 160

　　5.4　信道资源的优化分配 ················································ 161

5.4.1 卫星通信中的干扰 ……………………………………… 162

5.4.2 卫星信道的马鞍形排列优化 ………………………… 164

5.4.3 动态优化的信道分配 ………………………………… 166

5.4.4 静态优化的按序选择分配 …………………………… 167

5.5 发射功率控制 ……………………………………………… 168

5.5.1 发射功率控制的依据 ………………………………… 168

5.5.2 业务站的发射功率控制 ……………………………… 170

5.5.3 简化的功率控制方案 ………………………………… 171

5.5.4 控制信道的功率控制 ………………………………… 172

5.5.5 透明转发器的功率占用率 …………………………… 173

5.5.6 转发器功率资源管理 ………………………………… 174

5.6 网络运行日志 ……………………………………………… 175

5.6.1 业务事件 ……………………………………………… 176

5.6.2 运行事件 ……………………………………………… 178

5.7 小结 ………………………………………………………… 179

第6章 网络运行管理 ……………………………………………… 181

6.1 卫星资源管理 ……………………………………………… 182

6.1.1 卫星资源配置管理 …………………………………… 182

6.1.2 卫星资源监视管理 …………………………………… 185

6.2 通信网管理 ………………………………………………… 188

6.2.1 通信网管理对象建模 ………………………………… 188

6.2.2 通信网资源管理 ……………………………………… 189

6.2.3 通信网性能管理 ……………………………………… 191

6.3 事件管理与故障管理 ……………………………………… 192

6.3.1 事件管理 ……………………………………………… 193

6.3.2 故障管理 ……………………………………………… 196

6.3.3 故障分析 ……………………………………………… 196

6.4 网络运行评估与规划 ……………………………………… 200

6.4.1 评估指标制定 ………………………………………… 200

6.4.2 网络运行评估 ………………………………………… 202

6.4.3 网络规划 ……………………………………………… 210

6.5 系统管理 …………………………………………………… 212

6.5.1 安全管理 ……………………………………………… 212

6.5.2 系统运行管理 ………………………………………… 213

6.5.3 性能与可靠性设计 …………………………………… 214

6.6 小结 ………………………………………………………… 216

第7章 组网控制中心的备份 ……………………………………… 217

7.1 管理信息系统的备份技术 ………………………………… 217

　　　　7.1.1　灾难恢复能力等级 ·········································· 218

　　　　7.1.2　灾备系统的架构与数据复制 ····························· 220

　　　　7.1.3　数据库的备份方式 ·········································· 222

　　　　7.1.4　数据库的复制技术 ·········································· 223

　　7.2　组网控制中心的备份要求 ·········································· 224

　　　　7.2.1　组网控制中的数据 ·········································· 225

　　　　7.2.2　备份方式选择 ················································ 225

　　　　7.2.3　热备份的目标和功能 ······································· 227

　　7.3　组网控制中心的硬件设施备份架构 ······························· 230

　　　　7.3.1　MIG 与 CCU 的备份架构 ································· 231

　　　　7.3.2　管控服务器的本地备份架构 ······························· 232

　　　　7.3.3　组网控制中心的异地备份架构 ··························· 235

　　7.4　管控服务器的本地热备份 ·········································· 236

　　　　7.4.1　本地主备数据同步 ·········································· 236

　　　　7.4.2　本地主备切换控制 ·········································· 238

　　7.5　组网控制中心的异地备份 ·········································· 240

　　　　7.5.1　网络配置数据的异地同步 ································· 241

　　　　7.5.2　网络运行状态数据的异地同步 ··························· 242

　　　　7.5.3　异地主备切换控制 ·········································· 244

　　7.6　小结 ······································································ 247

第 8 章　安全组网 ·································································· 248

　　8.1　卫星通信网特征 ······················································ 249

　　　　8.1.1　网络节点的特征 ············································· 249

　　　　8.1.2　通信链路的特征 ············································· 250

　　　　8.1.3　卫星通信网的其他特征 ····································· 251

　　　　8.1.4　卫星通信网的层次结构 ····································· 252

　　8.2　安全组网威胁 ·························································· 252

　　　　8.2.1　被动攻击 ····················································· 253

　　　　8.2.2　干扰攻击 ····················································· 255

　　　　8.2.3　重放攻击 ····················································· 257

　　　　8.2.4　仿冒攻击 ····················································· 259

　　　　8.2.5　劫持攻击 ····················································· 262

　　　　8.2.6　拒绝服务攻击 ················································ 263

　　8.3　安全组网需求 ·························································· 265

　　　　8.3.1　安全通信 ····················································· 266

　　　　8.3.2　密钥管理 ····················································· 267

　　　　8.3.3　认证机制 ····················································· 268

　　　　8.3.4　安全多播 ····················································· 269

　　　　8.3.5　防御 DoS 攻击 ·············································· 270

　　　　8.3.6　安全成本 ················································ 272

　　8.4　安全组网措施 ················································ 272

　　　　8.4.1　安全基础设施 ············································ 273

　　　　8.4.2　分层密钥体系 ············································ 275

　　　　8.4.3　密码技术体系 ············································ 278

　　　　8.4.4　安全身份认证 ············································ 280

　　　　8.4.5　安全密钥管理 ············································ 282

　　　　8.4.6　安全组网流程 ············································ 289

　　8.5　小结 ······················································ 292

**第 9 章　模拟测试与评估技术** ········································ 293

　　9.1　动态测试的难题 ·············································· 294

　　9.2　基于业务站模拟器的测试架构 ···································· 295

　　9.3　离散事件系统模拟方法 ·········································· 299

　　9.4　卫星通信网的离散系统模型 ······································ 301

　　9.5　业务站模拟器 ················································ 303

　　　　9.5.1　模拟器的功能 ············································ 304

　　　　9.5.2　开关机模拟 ·············································· 305

　　　　9.5.3　SCU 建链拆链模拟 ········································ 306

　　　　9.5.4　其他考虑 ················································ 308

　　9.6　卫星通信网的模拟评估 ·········································· 310

　　9.7　小结 ······················································ 311

**后记** ···························································· 313

**参考文献** ·························································· 315

# 第 1 章

# 卫星通信网

········

　　无线电通信可以分为长波通信、中波通信、短波通信、超短波通信和微波通信等。长波信号（3～30kHz）主要沿地球表面进行传播（又称地波），传播距离可达几千千米，甚至还能穿透海水和土壤，多用于海上、水下、地下的通信。中波信号（30kHz～3MHz）在白天主要依靠地面传播，夜间可由电离层反射传播，多用于广播和导航业务。短波信号（3～30MHz）主要靠电离层反射的天波传播，传播距离可达几千千米。超短波信号（30～300MHz）主要以直线视距传播，但也有一定的绕射能力，比短波信号天波传播方式稳定性高，受季节和昼夜变化的影响小。微波信号（300MHz～300GHz）则以直线视距传播，几乎没有绕射能力，受地形、地物，以及雨、雪、雾影响大，但其传播性能稳定，能穿透电离层。卫星通信主要使用微波信号。

　　根据通信原理，中心频率越高，单个载波能实现的数据传输速率也越高。短波虽然沿地球表面能够传输几千千米，但能够实现的数据传输速率很低，一个载波的数据传输速率达到每秒数千比特就算是好的。微波通信相对于短波和超短波通信具有非常明显的带宽/速率优势，能够实现的传输带宽要大得多。但微波信号只能沿直线传播，因此微波通信只能在可视范围内的收发站之间进行，一旦有山头或建筑物遮挡就无法通信。由于地球表面的曲率作用，两个站之间的可视距离一般只有数十千米。

　　为了充分利用微波通信的高速传输特性，出现了微波中继通信（也称微波接力通信）。中继站 M 接收来自视距内的 A 站信号再将其转发给视距内的 B 站，这样就可以实现非视距内的 A、B 两个站之间的微波通信。如果有足够多的中继站接力转发，微波通信的距离可以不受限制。但受地球曲面的影响，一般每隔 50km 左右就需要设置一个中继站。除了大量中继站部署的成本因素，地球上还有太多无法设立中继站的地方，如海洋、沙漠、高山等无法提供电力的地方。如果把微波通信的中继站部署在太空中，那么只要两个站都能"看得见"太空中继站，它们之间就可以实现微波中继通信。如果上述太空中继站部署在地球同步轨道上，则只要均匀部署三个中继站，在地球上的任何区域都可以看到其中的一个中继站，能够同时看到同一个中继站的两个站之间就能实现中继通信。

卫星通信就是利用位于太空中的人造地球卫星（简称卫星）作为中继设备，转发或反射一个地球站发出的高频无线电波，使得另一个地球站能够接收到这些无线电波，从而实现两个或多个地球站之间信息传输的一种通信方式。

根据卫星对无线电信号有无放大、转发功能，可以将其分为有源卫星和无源卫星。但由于无源卫星反射后到达地面的无线电信号太弱，一般无法正常接收，因此无源卫星没有实用价值。人们普遍致力于研究具有接收放大、变频转发功能的有源卫星，这类专门用于转发信号的有源卫星称为通信卫星，中继卫星是通信卫星的一种。

根据卫星相对于地球的位置，可以把通信卫星分为同步卫星和非同步卫星。如果卫星运行在地球赤道上空离海平面 35786km 的轨道上，且绕地球运行的周期（绕地球一圈的时间）与地球的自转周期相同，由于它绕地球运行的角速度与地球自转的角速度相同，从地面上看它好像是静止的，这种卫星就称为地球静止轨道卫星（GEO 卫星），简称同步卫星。其他通信卫星就是非同步卫星。在利用同步卫星的通信中，地球站与卫星之间的关系是固定的，天线朝向不变，电磁波信号传播距离不变。而在利用非同步卫星的通信中，在地球站看来，卫星是不断移动的，大部分时间可能不在可视范围内，一般要由多颗卫星组成星座才能实现一个地球站全时都能"看到"至少一颗卫星。本书后面所述的卫星通信技术，都是针对同步卫星的，所述卫星通信网也都是同步卫星通信网。

同步卫星通信具有诸多优点，概括来说包括：视距覆盖区域大，一颗通信卫星可以覆盖地球表面的 1/3；通信距离远，且通信成本与通信距离几乎无关；以广播方式工作，一个地球站发出的信号经卫星转发后，覆盖区域内的所有地球站都能收到；通信容量较大，能传输的业务种类多；可自发自收进行通信监测；对地面基础设施依赖程度低，部署灵活。虽然同步卫星通信的优点很多，但缺点也很明显，主要缺点有：卫星离地高，信号传播距离远，信号衰减太大，收发系统复杂，造价昂贵；同步卫星距离地面约 3.6 万千米，信号传播时延大，一跳转发就至少需要 250ms；卫星信号覆盖范围内所有区域的干扰信号都能到达卫星，易受干扰；微波信号无法穿透钢筋混凝土结构的建筑物，在室内无法直接使用卫星终端；雨雪和浓雾都会造成微波信号衰减，影响卫星通信质量；每年的春分和秋分前后，当卫星进入地球的太阳光阴影区（星蚀）时就没有太阳能供电，星载蓄电池可能无法提供足够电力，会影响通信；每年的春分和秋分前后，当太阳运行到地球赤道上空时，如果太阳、通信卫星和地面卫星接收天线恰巧在一条直线上（日凌），太阳辐射的大量杂波可能会影响地球站的接收。

早在 1945 年，英国科学家阿瑟·克拉克就发表文章，提出利用同步卫星进行全球无线电通信的科学设想。过了近 20 年，这一设想变成了现实。1964 年 8 月，美国发射了"辛康姆"同步卫星，定位于东经 155° 的赤道上空，通过它对信号的转发成功地进行了电话、电视和传真的传输试验，并于 1964 年秋用它向美国转播了在日本东京举行的奥林匹克运动会实况。

1965 年 4 月，由西方国家财团组成的"国际通信卫星组织"将第一代"国际通信卫星"（Intelsat-I，原名"晨鸟"）发射定位于大西洋上空西经 35°的对地静止同步轨道，并使其正式承担欧美大陆之间的商业通信和国际通信业务。两周后，苏联也成功发射了其第一颗非同步卫星"闪电-1"，使其进入倾角为 65°、远地点为 40000km、近地点为 500km 的准同步轨道（运行周期为 12 小时），对苏联北方、西伯利亚、中亚地区提供电视、广播、传真和电话传输业务。这标志着卫星通信开始进入实用阶段。

1972 年，加拿大首次发射了通信卫星"ANIK"，率先开展了国内卫星通信服务，获得了明显的规模经济效益。卫星通信地球站也开始采用 21m、18m、10m 等较小口径天线，以及几百瓦级的行波管发射机和常温的低噪声参量放大接收机，逐步向小型化迈进，单站成本大大下降。1976 年，由 3 颗同步卫星构成的 Marisat 系统成为第一个提供海事通信服务的卫星通信系统。1982 年，INMARSAT 组织租用美国的 Marisat、欧洲的 Marecs 和国际通信卫星组织的 Intelsat-V 卫星（都是同步卫星）的转发器，沿用海事通信卫星的技术体制，组成第一代国际海事卫星通信系统 Inmarsat-A。

20 世纪 80 年代末期，卫星通信进入数字化阶段。1988 年，Inmarsat-C 成为第一个陆地卫星移动数字通信系统。1993 年，Inmarsat-M 和澳大利亚的 Mobilesat 成为第一个数字陆地卫星移动电话系统，支持公文包大小的终端。1996 年，Inmarsat-3 可支持便携式的膝上型电话终端。

20 世纪 80 年代，VSAT（Very Small Aperture Terminal，甚小口径终端）卫星通信系统问世，卫星通信进入突破性的发展阶段。VSAT 是集通信、电子、计算机技术于一体的固态化、智能化的小型无人值守地球站。VSAT 技术的发展，为大量专用卫星通信网的发展创造了条件，开拓了卫星通信应用发展的新局面。20 世纪 90 年代，中、低轨道移动卫星通信的出现和发展又开辟了全球个人通信的新纪元，大大加速了社会信息化的进程。

20 世纪末期，面向个人的低轨道移动卫星通信趋于成熟。1998 年，铱（Iridium）系统成为首个支持手持终端的全球低轨道移动卫星通信系统。1999 年年底，全球星（Globalstar）系统正式向全球用户提供个人移动卫星通信服务。除此之外，各航天强国和大国都在筹划建设自己的区域移动卫星通信系统。以马斯克创立的 SpaceX 为代表的多家私人公司，也纷纷推出了为全球用户提供高速无线接入的卫星数字通信系统。

1993 年，欧洲广播联盟（European Broadcasting Union，EBU）、欧洲电信标准化协会（European Telecommunications Standards Institute，ETSI）和欧洲电工标准化委员会（European Committee for Electrotechnical Standardization，CENELEC）联合发起制定了 DVB（Digital Video Broadcasting）标准，利用数字压缩技术实现卫星直播到户，现已在全球普及。采用这种方式，除家庭可直接接收直播信号外，有线电视台、地面发射网可

将其作为一种资源，接收后再转播出去。尤其是采用数字压缩技术后，一个卫星转发器可传送多套视频节目，使视频节目更加丰富。

我国的卫星通信技术研究和使用始于 20 世纪 70 年代初。1972 年，我国租用了国际第 4 代通信卫星（IS-IV），引进了国外设备，在北京和上海等地分别建立了 4 座大型地球站，首次开通了商业性的国际卫星通信业务。1984 年 4 月 8 日，我国成功发射了第一颗试验同步卫星（STW-1），定点于东经 125° 赤道上空。1988 年 3 月 7 日和 12 月 22 日，我国又相继发射了 2 颗经过改进的实用通信卫星，分别定点于东经 87.5°、110.50° 赤道上空。1990 年 2 月 4 日，我国发射了第 5 颗同步卫星，定点于东经 98° 赤道上空，同年春又将"亚洲一号"卫星（共有 24 个转发器）送入了预定轨道。1997 年 5 月 12 日，我国发射了第 3 代通信卫星"东方红三号"（DFH-3），主要用于电视、电话、电报、传真、广播和数据传输等业务。目前，我国大部分县市都可通过卫星与 180 多个国家和地区进行远地通信，每个省级电视台几乎都有 1～2 套卫星电视节目。

# 1.1　卫星通信的基本原理

因为本书主要介绍卫星通信网的管理控制，而管理控制系统的设计和实现人员大多并不熟悉通信专业，所以本书对卫星通信的原理进行一些入门介绍，以便为读者理解后续章节做些铺垫。

## 1.1.1　卫星通信链路

如前所述，卫星通信利用卫星作为中继站，在两个地球站之间实现微波通信。卫星通信链路就是信号从一个地球站经卫星中继到另一个地球站的传输链路。因此，在卫星通信中，信号传输在两个地球站之间进行，一条单向传输链路包括地球站（发射机）、上行链路、通信卫星及转发器、下行链路、地球站（接收机），如图 1.1 所示。

发送端地球站的发射机的作用是将信源基带信号变换成适合在地球站与卫星之间传输的微波射频信号，并将信号放大到足够的功率，通过定向天线发射向卫星。由于存在传输损耗，地球站发出的射频信号经大气层和太空 3 万多千米的远距离传输到达卫星时，已经非常微弱。从地球站到卫星的信号传输途径称为上行链路。卫星上的微波信号接收机接收这个微弱的信号，再将其适当放大、变频（收发不能同频，否则就会互相干扰）后经发射天线发射向地面。卫星中继转发后的信号，再经太空和大气层 3 万多千米的远距离传输到达接收端地球站时，由于存在传输损耗，也已经极其微弱了。从卫星到地球站的信号传输途径称为下行链路。接收端地球站的接收机将这个极其微弱的射频信号接收下来，进行适当放大后再变换成基带信号，传给信宿。卫星通信链路上述各部分（或环节）的详细组成和工作原理将在后续小节中分别进行介绍。

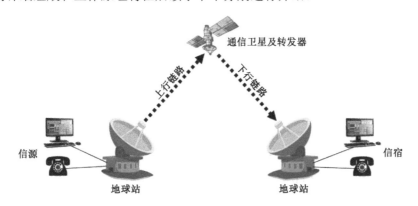

图 1.1　单向卫星通信链路及信源、信宿示意

20 世纪 80 年代以后，卫星通信大多都是数字化的了。在数字化通信中，信源一般是基带数字信号，如计算机输出的二进制数字信号，信宿接收处理的也是基带数字信号。卫星通信链路的目标是将信源的基带数字信号无差错地传输到信宿，但实际上总会有一些差错，目前大多能够做到误码率不高于 $10^{-5}$。

## 1.1.2　卫星通信的工作频段

前面提到，卫星通信是一种微波中继通信，但实际上也不仅限于微波频段。ITU-T 对无线电通信的频段及其名称有过定义，IEEE 则进行了更细的划分，以便统一卫星通信设备的射频接口。ITU-T 还对频段的使用进行了划分，规定了某个频段的哪些频带用于卫星通信，以便与地面无线电通信或雷达信号错开，避免相互干扰。

### 1. ITU-T 的频段划分

ITU-T 将适用于卫星通信的无线电信号划分为以下 3 个频段。

UHF（Ultra High Frequency）频段，也称分米波频段，频率范围为 300MHz～3GHz。UHF 频段的无线电波已接近视线传播，虽然会被山体和建筑物等阻挡，但还有一定的绕射能力。如果在室内传播，其遮挡损耗就较大。

SHF（Super High Frequency）频段，也称厘米波频段，频率范围为 3～30GHz。该频段的无线电波的传播特性已接近于光波，基本上只能视线传播。该频段是卫星通信的传统频段。

EHF（Extremely High Frequency）频段，也称毫米波频段，频率范围为 30～300GHz。

该频段还处于待开发利用阶段，发达国家正在开展试验利用。

### 2. IEEE 的频段划分

IEEE 在 ITU-T 频段划分的基础上进行了细分，划分了 L、S、C、X、Ku、K、Ka 等频段。

L 频段，频率范围是 1~2GHz。该频段主要用于卫星定位、地面移动通信。

S 频段，频率范围是 2~4GHz。该频段比较适用于气象雷达、船用雷达和卫星移动通信。

C 频段，频率范围是 4~8GHz。该频段最早用于雷达探测，现在则大量用于卫星通信，也是较早用于卫星通信的传统频段。卫星通信大多使用上行 5850~6425MHz/下行 3625~4200MHz 频段，简称 6/4GHz 频段。

X 频段，频率范围是 8~12GHz。该频段主要用于雷达、地面通信、卫星通信及空间通信。卫星通信多使用上行 7.9~8.4GHz/下行 7.25~7.75GHz 频段，简称 8/7GHz 频段。

Ku 频段，频率范围是 12~18GHz。它是比 K 频段低的频段，因此称为 K-under 频段，简称 Ku 频段。该频段主要用于卫星通信、太空通信。卫星通信多使用上行 14.0~14.5GHz/下行 12.25~12.75GHz 频段，简称 14/12GHz 频段。

K 频段，频率范围是 18~26.5GHz。频率 22.24GHz 对应水蒸气的谐振波长，此时电磁波会被水蒸气强烈吸收而严重损耗。这个频段很少用于卫星通信。（注：也有文献把 12~40GHz 都称为 K 频段。）

Ka 频段，频率范围是 26.5~40GHz。它是比 K 频段高的频段，因此称为 K-above 频段，简称 Ka 频段。卫星通信通常使用上行 27.5~31GHz/下行 17.75~21.25GHz 频段，简称 30/20GHz 频段。

### 3. 工作频段对卫星通信的影响

根据无线电波的传播理论，无线电信号的频率越高，可以实现的单路传输带宽就越大，即可以实现的数据传输速率就越高；无线电信号的频率越高，发射无线电信号的天线就可以做得越小。比如现在 C 频段常用 2.4m 口径的天线，Ku 频段常用 1.8m 口径的天线，Ka 频段则常用 0.75m 口径的天线。如果无线电信号的频率足够高，同步卫星上的小型天线就便于实现很窄的波束。因此，实现区域波束覆盖和可移动点波束覆盖的卫星通信天线一般都工作在 Ka 频段。

但是，无线电信号的频率越高，对信号进行处理，尤其是把信号放大到足够功率的地球站发送设备的实现难度就越大；无线电信号的频率越高，电波就越只能沿直线传播，对信号遮挡就越敏感；大气层中的乌云、雨雪对卫星通信信号的衰减很严重，无线电信号的频率越高，衰减越大，只有当频率小于 1GHz 时，大气衰减才几乎可以忽略。

因此，早期的卫星通信主要工作在 C 频段，其传输条件比较稳定，降雨损耗影响比较小，设备实现难度也相对较小。随着电子技术的进步，卫星通信的工作频段才逐步向 Ku 频段甚至 Ka 频段延伸，现在则还有正在试验毫米波频段的卫星通信，甚至激光卫星通信也正在试验中。

当然，随着电子技术的进步，同样频段的卫星通信设备也在不断地改进。比如早期 C 频段卫星通信地球站的天线口径多为 15～30m，随着信号处理能力的提高，现在通常使用口径为 2.4～3m 的天线了。

## 1.1.3 通信卫星及转发器

在卫星通信系统中，通信卫星当然是最重要的组成部分之一，对卫星通信的性能和质量具有决定性的影响。通信卫星有很多种类。最常见的是按照卫星运行的高度不同，将通信卫星分为低轨道（Low Earth Orbit，LEO）卫星、中轨道（Medium Earth Orbit，MEO）卫星和高轨道（Highly Elliptical Orbit，HEO）卫星。轨道高度为 36500km 左右的 HEO 卫星对地球的公转周期与地球自转周期一致，因此又称为地球同步轨道卫星，简称同步卫星。同步卫星又可以分为地球静止轨道（Geostationary Earth Orbit，GEO）卫星和倾斜地球同步轨道（Inclined Geo-Synchronous Orbit，IGSO）卫星。同步卫星的轨道平面相对赤道平面的倾角为零时就是 GEO 卫星，不为零时为 IGSO 卫星。对于 GEO 卫星，从地球上任意一点来看，卫星都是静止的。对于 IGSO 卫星，其星下点轨迹是一个正"8字"形，卫星飞越的南北纬的最高纬度就是其轨道倾角。GEO 卫星在通信中应用最为广泛，也可以说，用于卫星通信的同步卫星大多是 GEO 卫星，因此，在不加专门说明的情况下，本书后面的"同步卫星"就是指 GEO 卫星。

卫星所处轨道的高度和倾角不同，使得利用不同卫星的卫星通信方式具有各自的特点，简要描述如下。

GEO 卫星通信的特点如下。

（1）覆盖范围大。理论上，三颗 GEO 卫星即可覆盖除两极外的整个地球表面。

（2）卫星对地静止，地球站无须复杂的天线伺服系统。

（3）星地距离远，终端需要较高的发射功率。

（4）传输时延大，两个地球站通过 GEO 卫星转发，传输时延超过 250ms。

（5）无法覆盖高纬度地区。

（6）轨位资源紧张。由于 GEO 卫星都位于赤道平面上，为了保证互不干扰，两颗卫星之间需要一定的间隔，因此不能无限制地增加卫星。

（7）存在星蚀和日凌的影响，甚至会造成卫星通信中断。

IGSO 卫星通信的特点如下。

（1）覆盖范围大。理论上，三颗 IGSO 卫星即可覆盖整个地球表面（非连续覆盖）。

IGSO 卫星对高纬度地区的覆盖要优于 GEO 卫星。

（2）通过调整倾角，可以实现对一定区域的重点覆盖。

（3）由于星地距离与 GEO 卫星相同，终端同样需要较高的发射功率，传输时延也大。

（4）不存在星蚀和日凌影响导致的通信中断现象及轨位资源紧张的情况。

LEO 卫星通信的特点如下。

（1）单颗卫星覆盖范围小，因此往往需要多颗卫星组成星座才能提供连续服务，整个系统庞大且复杂。

（2）星地距离近，通信时延小，且方便实现地面终端的小型化。

MEO 卫星轨道介于 HEO 卫星轨道和 LEO 卫星轨道之间，因此 MEO 卫星的诸多特性介于 HEO 卫星和 LEO 卫星之间。

每颗通信卫星都是由卫星平台和有效载荷两部分组成的。其中，卫星平台是各类卫星的基本组件，为整颗卫星（及其有效载荷）提供必要的电力，并实现卫星的跟踪、遥测、姿态控制、轨道控制、热控等功能；有效载荷决定卫星的用途。通信卫星的有效载荷就是指专门用于完成通信业务的部分，用于接收地球站的信号、变频并放大后发射回地球站。通信卫星的有效载荷一般又分为转发器和通信天线。

### 1.1.3.1 卫星平台

卫星平台也称为服务舱，一般分为以下几个分系统：电源分系统、姿态轨道控制分系统、推进分系统、温控分系统和跟踪遥测指令分系统。各分系统的简要组成和主要功能如下。

（1）电源分系统为整颗卫星提供足够的电能，主要包括太阳能电池和蓄电池。常用的蓄电池有镍镉电池、镍氢电池和锂离子电池。大功率通信卫星也有采用原子能电池的。

（2）姿态轨道控制分系统是姿态控制分系统和轨道控制分系统的总称，简称姿轨控分系统或控制分系统。该分系统由各种传感器（地球传感器、太阳传感器、陀螺仪等）、姿态轨道处理器（计算机）和执行机构（喷嘴、动量轮等）组成。卫星轨道控制包括变轨控制、轨道保持、返回控制和轨道交会等功能，其目标是保持卫星在预定的轨道上飞行，如 GEO 卫星要保持与地球的相对位置"固定不变"。通信卫星的天线需要保持对准预定的地球区域，通信卫星的姿态控制就是要使卫星上的固定天线始终指向预定的地球表面位置。卫星姿态控制包括姿态稳定和姿态机动两部分。

（3）推进分系统是卫星轨道和姿态控制的执行机构，是利用卫星自身携带的"工质"（通常是火箭燃料），依靠反推力在真空条件下改变卫星的轨道、姿态和运动速度的整套装置。当卫星发射定轨后，影响卫星工作寿命的主要因素不是电子器件的寿命，而是推进分系统燃料的储量。

（4）温控分系统也称为热控分系统。卫星工作的空间热环境非常极端，体现在两个方面：一方面是温度的差异很大，面向太阳的一面可能非常热，而面向深空的一面可能非常冷；另一方面是这种冷热会快速变化。卫星上的电子元器件和设备只能在一定的温度范围内工作，且对温度及温度变化的要求各不相同，因此卫星的热控就非常重要了。热控分系统的主要任务就是保证卫星上的全部元器件和设备的温度及温度变化都维持在设计要求的范围内。热控手段主要有被动和主动两种。常用的被动手段有使用热控涂层和热包覆，实现恒温和绝热，或者使用热管对有关部件进行热补偿或热传导。主动手段主要是使用加热器、恒温箱等加热装置对需要进行温度维持的部位进行加热。

（5）跟踪遥测指令分系统分为跟踪和遥测两部分，其中，跟踪部分用来向地球站发送信标信号，以便地球站跟踪卫星；遥测部分用来实现与地面测控站的通信，接收来自地面测控站的卫星控制指令，转发给其他分系统实施卫星控制，并给地面测控站发送有关卫星姿态和各部件工作状态的数据。

### 1.1.3.2　通信天线及波束

发射天线的作用是将射频电信号变成同样频率的电磁波辐射出去，接收天线的作用则相反。通常的天线都设计成具有方向性的，只在特定的方向上辐射/接收电磁波，因此就会形成天线增益（详见 1.1.5 节的介绍）。

通信卫星上的天线有两类：一类是用于地面测控站与卫星之间传送遥控、遥测指令数据，以及发射信标的信号天线，这类天线的要求比较单一；另一类是用于转发器收发地球站射频信号的通信天线。本节只介绍通信天线。

通信卫星上的通信天线因辐射/接收信号的方向性而形成"波束"，在波束内的地球站才能收到卫星转发的电磁波，也只有在波束内的地球站发送的电磁波才能被卫星接收。在大多数情况下，接收和发送的波束是一致的。当一个卫星的通信天线对着地球时，地球表面处于波束内的区域就称为波束覆盖区。根据波束覆盖区的大小和形状，可以把通信天线分为全球波束天线、点波束天线和赋形波束天线（各波束示意见图 1.2）。各种波束的定义如下。

全球波束：根据几何原理，同步卫星对地球的整个视区是地球表面的 1/3，因此能够覆盖地球表面 1/3 的波束称为全球波束。

点波束：波束越窄，覆盖区面积就越小，覆盖区明显小于地球表面 1/3 的波束称为区域波束，而覆盖区很小（比如直径为数百千米）的波束就称为点波束，且点波束覆盖区一般都为圆形。有些点波束会设计成可以"移动"的，即波束的朝向可以根据业务需要调整，以改变覆盖区。

赋形波束：通信卫星可能是只为某个特定国家服务的，而一个国家的地域往往不是圆形或接近圆形的，圆形的波束会覆盖太多的"国外"区域，造成浪费，因此就出现了赋形波束。赋形波束覆盖区的轮廓接近"国界"或特定区域（但不太可能刚刚好），如主要覆盖中国国土区域的波束。

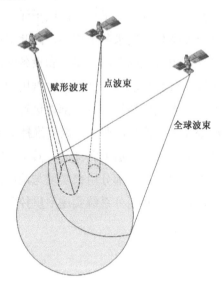

图 1.2　全球波束、点波束与赋形波束示意

### 1.1.3.3　转发器

通信卫星是专门用于转发信号的有源人造地球卫星，因此转发器是通信卫星的核心部件。卫星转发器可以分为透明转发器和处理转发器两类。

透明转发器的功能组成如图 1.3 所示。来自接收天线的地球站信号是非常微弱的，需要利用低噪声放大器对弱信号进行适当放大，然后进行变频和高功率放大后通过发射天线发回地球站。其中变频是必需的，接收到的信号不能放大后就直接转发出去，收发同频会造成极大的自相干扰，使地球站无法正常工作。以 Ku 频段的卫星转发器为例，其接收到载频为 14GHz 的上行信号以后，要将信号变换成载频为 12GHz 的下行信号后再发出去。因为转发器接收到来自地面的信号后，除低噪声放大、变频和高功率放大外，不对信号做任何其他的加工处理，只改变了载频和信号的大小，不改变调制方式、信号带宽和信号中叠加的噪声等，使工作频带内的任何信号都"透明地"通过，所以这类最简单的转发器称为透明转发器。

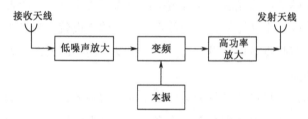

图 1.3　透明转发器的功能组成

处理转发器则不仅要转发信号，还要对信号进行除变频和放大以外的其他处理。其功能组成如图 1.4 所示，一般要先将射频信号变换到中频，再将信号解调（类似地球站中的接收功能），恢复出基带信号后再进行处理。经过处理的基带信号又进行调制、变频、高功率放大后通过天线发回地面（类似地球站中的发送支路）。

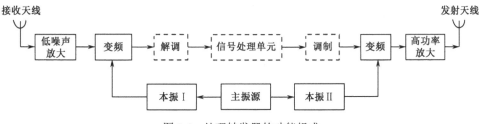

图 1.4　处理转发器的功能组成

处理转发器的星上处理功能各式各样，要根据转发器的功能而定。最简单的一类星上处理功能是，信号处理单元是"直通"电路，整个转发器实现的是数字信号的解调再生，使得上行链路的噪声干扰还没达到影响解调的程度就被转发器上的解调过程"清零"了，上行链路的噪声与下行链路的噪声不会叠加累积，从而减少接收站的解调误码。还有许多复杂的星上处理方式，如在不同的转发器之间进行转发，或者将上行 FDMA 信号变为下行 TDMA 信号等，限于篇幅，本节不做一一详述。

## 1.1.4　地球站的组成及功能

卫星通信的地球站主要实现向卫星发送信号和从卫星接收信号的功能，同时提供到地面网络或用户终端的接口。一个典型的卫星通信地球站由用户接口设备、信道终端设备、发送/接收设备、天馈伺设备和电源组成，如图 1.5 所示。尽管一开始的卫星通信是模拟通信方式，但现代的卫星通信基本上都是数字化的了，因此本书后面只介绍数字卫星通信的相关技术。

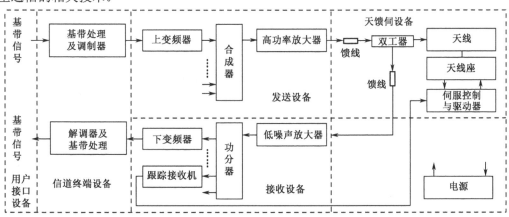

图 1.5　地球站的组成

（1）用户接口设备：接收用户设备传来的信号，将其变换成适合在卫星通信链路上传送的基带信号，基带信号的速率要符合卫星链路的传输带宽；反过来，将卫星通信链路上接收到的基带信号变换成用户设备支持的信号。这些功能也称为信源编/解码功能，其中还可以包括去除信号中的冗余即数据压缩/解压功能。由于用户设备千差万别，用户接口设备的功能也就多种多样了。如果用户设备是个普通的话筒和耳机，用户接口设备就要进行模/数转换、信源编/解码；如果通信需要保密，一般保密机也属于用户接口设备的一部分；如果用户设备是数字程控电话交换机，则用户接口设备还要有交换机信令识别和处理等功能。

（2）信道终端设备：接收来自用户接口设备的基带信号，对其进行信道编码、成帧、加扰码、成形滤波、载波调制等处理，将基带信号调制到中频载波上，再将已调制的中频信号传给发送设备；反过来，对来自接收设备的中频已调制信号进行解调、信道解码等反变换，恢复出基带信号，传给用户接口设备。

信道编码的作用是提高数据传输的可靠性：依据特定的编码算法，在原始的基带数字信号（码流）中插入一些冗余的码元，接收端利用这些冗余的码元进行检错和纠错，将错误的码元纠正回来，从而降低传输的误码率。卫星通信中常用的信道编码方案有卷积码、RS 码、BCH 码等。信道译码则是信道编码的逆过程：接收端按照一定的译码准则对接收到的码元序列进行判决，发现存在差错的码元并将其纠正。常用的译码准则有最小错误概率准则、最大似然译码准则等。

载波调制是将基带信号转换为适合无线信道传输的频带信号的过程。一般用基带信号去控制载波的某些特性，比如载波的幅度、频率或者相位，这些改变后的载波特性与基带信号存在固定的映射关系。换言之，通过对载波的调制，就可将基带信号所携带的信息"加载"到载波上。载波本来是一个单频信号，被基带信号调制以后的载波信号（称为已调信号）就变成一个频带信号，信号频谱有一定的带宽。卫星通信中常用的载波调制方式有 PSK、QPSK、FSK 等。解调是载波调制的逆过程，是从携带信息的已调信号中恢复出基带信号的过程。为了方便调制/解调过程的实现，信道终端设备一般都将基带信号调制到一个不太高的载频上，这个频率还没有达到卫星通信所用的射频频率，通常称为中频，调制后的频带信号也称为中频信号。因此，发送/接收设备中有变频器件。

（3）发送/接收设备：发送设备的作用是将已调制的中频信号转换为上行射频信号，并对这个射频信号进行功率放大，还可以将多个不同载频的射频信号合路后一并进行功率放大；接收设备的低噪声放大器对来自天线的微弱信号进行放大，然后将下行射频信号转换为中频信号后传送给信道终端设备，必要时进行分路。

上变频的作用是将中频信号变换成射频信号，只改变信号的载频，不改变信号的其他特征，也称频谱搬移。卫星通信的射频频率一般都是 GHz 量级，将基带信号直接调制到这些射频载波，频差太大，在技术实现上有一定的难度。因此，在卫星通信的工程实践中，往往是先将基带信号调制到一个中频载波上（一般频率为 70MHz），再让载频为中频 $f_m$ 的已调信号与某个频率为 $f_r$ 的射频载波一起通过非线性电路，以产生这两个信号的和/差频谐波（这一过程也称为混频），然后通过滤波留下一个和频（$f_r + f_m$）或差频（$f_r - f_m$）信号，即可得到载频等于和频（$f_r + f_m$）或差频（$f_r - f_m$）的新已调信号，实现将已调信号频谱搬移到射频频段的目的，这一过程就称为上变频。从射频变换回到中频的过程类似，称为下变频。

高功率放大器简称高功放，其作用是将已调制射频信号进行放大，以达到足够大的信号功率，使得射频电磁波从地球站天线发出，经过几百甚至几万千米的传播到达卫星时还有足够的强度能让卫星转发器接收到。关于射频电磁波的传输损耗，详见 1.1.5 节。

低噪声放大器简称低噪放。卫星发射的电磁波经过长距离传播后，到达地球站时已经非常微弱，天线接收的电信号自然也非常微弱。这个微弱信号放大后才能由接收电路进行处理。然而，所有的放大电路都会产生噪声，噪声太大就会"淹没"有用的信号。因此，用来放大微弱信号的放大器自身的噪声必须非常小，保持足够的信噪比。低噪放就是一种自身噪声系数很小的功率放大器。

（4）天馈伺设备：是天线、馈线、伺服跟踪设备的合称。天线的作用是将射频电信号变换成电磁波向特定的方向辐射，或者反过来。关于天线的辐射特性和增益详见 1.1.5 节。因为射频电信号在介质中的传输损耗不小，为了减少收发设备（一般在室内）与天线（一般在室外）之间射频电信号的传输损耗，卫星通信地球站需要使用专门的低传输损耗射频信号传输电缆（简称馈线）。伺服跟踪设备用于控制天线的朝向，使其始终对准通信卫星。即使是 GEO 卫星，因为控制的误差，它也不是绝对静止的，而是在一定的区域内飘移。对于方向性较强的天线，必须随时校正自己的方位角与仰角以对准卫星。这个模块不是每个地球站都必备的。

（5）电源：将交流电转换成整个地球站各功能模块需要的直流电，不同的模块所需电压可能不同。

## 1.1.5　卫星通信的增益与损耗

根据前面所述，对信号由 A 站发送，经卫星转发器转发，由 B 站接收的卫星链路，影响传输信号强弱变化的环节主要有高功率放大器（对射频电信号进行放大）、地球站天线（聚焦射频电磁波辐射方向）、从地球站天线到卫星转发器天线的长距离电磁波上行空间传播（会有辐射扩散，使电磁波变弱，大气吸收也会使电磁波变弱）、卫星天线（聚合接收电磁波）、转发器（变频和信号放大）、卫星天线（发射电磁波）、长距离下行空间传播、地球站天线、低噪声放大器等。其中，使信号变大或电磁波增强的环节一般用增益来表示其变大的幅度，使电磁波变弱的空间传播环节一般用损耗来表示其变弱的程度。

#### 1.1.5.1 天线的增益及收发性能

天线的基本作用是将电信号转变成电磁波辐射出去，或反过来，将接收的电磁波转变成电信号。天线的第二个重要作用是将电磁波向特定的方向辐射，或者将特定方向的电磁波汇集到一起，前者就像探照灯将光线聚焦射向一个方向一样。天线聚焦电磁波辐射方向的特性一般用天线的辐射方向图来描述，如图 1.6 所示，图中的曲线描绘了天线在各方向辐射电磁波的相对场强（归一化值）。天线辐射方向图一般应该是三维的，但大多数天线辐射方向图都具有轴对称性，因此用二维辐射方向图也能准确地描述。二维天线辐射方向图一般呈花瓣状，故又称为波瓣图，其最大辐射方向两侧第一个零辐射方向线以内的波束称为主瓣，与主瓣方向相反的波束称为背瓣，其余零辐射方向间的波束称为副瓣或旁瓣。

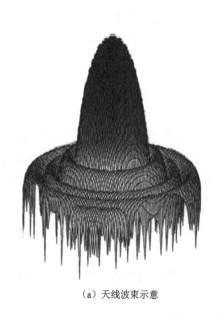
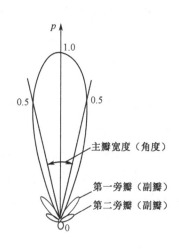

主瓣宽度（角度）

第一旁瓣（副瓣）
第二旁瓣（副瓣）

（a）天线波束示意　　　　　　　　　　　　　（b）天线波束剖面

图 1.6　天线辐射方向图

在卫星通信中，一般使用定向天线把电磁波聚集辐射在一个方向上，这个方向上的波束主瓣越窄，波束的聚焦效果越好，到达接收天线的电磁波就越强。当然，天线主瓣越窄，波束方向的对准就越不容易。通常使用增益（记作 $G$）来刻画天线对电磁波的聚焦能力。定向天线增益 $G$ 的定义为

$$G = \frac{\text{定向天线辐射时接收点接收的最大功率}}{\text{无方向性天线辐射时接收点接收的功率}}$$

这里的 $G$ 是无量纲的，只是一个倍数。但实际使用中，一般使用分贝（dB）作为天线增益的单位。分贝定义如下：

$$[G] = 10\lg G \quad (\text{dB})$$

卫星通信中经常使用的喇叭天线、抛物面天线等面状天线的增益一般可按下式计算：

$$G = \frac{4\pi A}{\lambda^2}\eta$$

式中，$A$ 为天线口面面积（$m^2$）；$\lambda$ 为射频载波的波长（m），它与频率 $f$（Hz）的关系为 $c = f\lambda$，其中，$c$ 为电磁波在真空中的传播速度，即光速，约等于 $3\times10^8 m/s$；$\eta$ 为天线效率，因为电信号与电磁波通过天线进行转换时，总存在一些损耗。一般情况下，抛物面天线的天线效率为 0.7 左右。

在实际应用中，通常用 $G/T$ 值和 EIRP 来分别表示地球站或卫星的接收和发射能力。$G/T$ 值为接收天线的增益 $G$ 与接收系统的噪声温度 $T$ 的比值，单位为 dB/K。$G/T$ 值越大，说明地球站或卫星接收系统的性能越好。EIRP 为天线所发射的信号功率 $P_T$ 与该天线增益 $G$ 的乘积，即 $EIRP = P_T G$。EIRP 表明了定向天线在最大辐射方向上实际所辐射的电磁波功率比全向辐射时在这个方向上所辐射的功率大 $G$ 倍。

### 1.1.5.2　空间链路损耗

无线电波在真空中传播，称为在自由空间传播，它的传播特征为扩散衰减。电磁波在空间中是以球面波的形式传播的，电磁能量扩散在整个球面上，而接收天线只能接收其中的一小部分，这就是电磁波的扩散衰减，也称为自由空间（真空）传播损耗或传输损耗。衰减定义为距辐射源某传播距离处的功率密度与单位距离处的功率密度之比。用 $L_f$ 表示发射天线发出的电磁波到达接收天线后的损耗大小，其计算公式如下[1]：

$$L_f = \left(\frac{4\pi d}{\lambda}\right)^2 \tag{1.1}$$

式中，$\lambda$ 为电磁波的波长；$d$ 为传播距离。对于同步卫星通信来说，传播距离约为 36000km，如果工作在 C 频段，对于 6GHz 的射频信号来说，$L_f = 8.2\times10^{19}$，约为 200dB。

然而，在实际情况下，卫星通信的电磁波并非都是在真空中传播的，太空段可以认为基本上是自由空间，但大气层就不是真空了。既然是在大气介质中传播，电磁波能量会被介质消耗，大气吸收和折射会造成衰减，多径衰落和电离层闪烁也会造成损耗。更严重的是，大气层中有时会存在雨、雾、云、雪等，这些"大"颗粒对电磁波的吸收和折射更多，造成的传输损耗也就更大。另外，电磁波频率越高，在大气层中的传输损耗也越大。由于大气层条件不固定，卫星通信中的大气损耗很难计算，一般通过测量得到。

### 1.1.5.3　互通条件

假设 $P_T$ 是某地球站发射端发出的信号功率（单位为 W），$G_T$ 和 $G_R$ 分别是发射端、接收端的天线增益；$L_f$ 表示上行链路和下行链路电磁波传播路径上的传输损耗总和，卫星转发器包含收发天线和信号放大器的增益总和记为 $G_S$，则某地球站接收机接收到的信号功率 $P_R$（单位为 W）为[1]

$$P_R = \frac{P_T G_T G_R G_S}{L_f} \qquad (1.2)$$

当 $P_R$ 大于等于接收机的灵敏度时，信号就能被正常接收，否则接收到的信号可能有严重失真，严重失真就意味着信噪比太小。对于模拟通信方式，信噪比小就代表接收到的信号中含有太多噪声；对于数字通信方式，接收到信号的信噪比小，信号失真严重，意味着解调获得的数字信号误码很多，无法满足通信要求。

如果知道接收端能够容忍的最小接收信号功率（接收机的灵敏度），理论上，根据式（1.2）就能计算出发射端的最小发射功率。不过，在实际情况中，天线跟踪会有一些误差，电磁波的极化方向也会有误差，这些误差都会造成天线增益的损失。所以，根据式（1.2）计算的发射功率要有一定的裕量。

## 1.1.6 卫星通信的多址接入方式

卫星通信中，多个地球站要通过共同的通信卫星转发器与其他地球站进行通信。这些地球站如何互不干扰地共享某个卫星转发器的全部射频带宽，并且使接收站能够准确地接收自己该接收的卫星转发信号，这就是卫星通信中的多址问题。卫星通信的多址接入方式是指卫星通信系统内多个地球站以何种方式共用卫星转发器进行信号收发，一般分为传统多址接入方式和随机多址接入方式。

### 1.1.6.1 传统多址接入方式

卫星通信中常用的多址接入方式主要有频分多址、时分多址、码分多址、空分多址及它们的混合形式。

频分多址（Frequency Division Multiple Access，FDMA）：把可用频带分割成多个子频带，把每个子频带分配给一对地球站，使一个地球站在此子频带上发送，另一个地球站在此子频带上接收。两个地球站双向互通要占用 2 个子频带。这里的子频带可以是等带宽的，也可以是不等带宽的。

时分多址（Time Division Multiple Access，TDMA）：各地球站都以同一个载频、相同的数据速率发送和接收（因此发送的信号占用相同的射频频带），为了避免各地球站发送的信号互相干扰，需要将各地球站的发送时间错开（以电磁波信号到达卫星的时刻为准），为此，可以将整个发送时间分为周期重复的帧，再将帧分为若干时隙，把每个时隙分配给一对地球站，一个地球站在此时隙内发送，另一个地球站在此时隙内接收。每个帧内都有一个这样的时隙，周期重复。两个地球站双向互通要占用 2 个时隙。

码分多址（Code Division Multiple Access，CDMA）：各地球站都以同一个载频、相同的数据速率发送和接收，并且可以一直发送而不必在时间上错开。这要利用正交编码原理，为每个地球站分配一个各不相同的正交码，也称地址码，所有地球站的地址码相互正交。每个地球站发送的载波既受基带数字信号（用户数据）调制，又受地址码调制。对于这样的调制信号，只有用相同的地址码才能正确解调出相应的基带信号，而其他地球站因地址码不同且正交，无法正确解调出基带信号。

空分多址（Space Division Multiple Access，SDMA）：利用卫星天线波束覆盖区的不同来隔离地球站之间的射频信号。如果卫星天线有多个点波束，且它们各自的覆盖区没有重叠，那么一个波束内地球站发送的射频信号就不会与其他波束内地球站发送的信号互相干扰，本质上就是利用空间的分割构成不同的信道。由于在一个通信区域内往往有多个地球站，空分多址往往要和其他多址方式结合，从而实现混合多址技术，如空分码分多址（SD-CDMA）等。

### 1.1.6.2  随机多址接入方式

在传统的 FDMA 和 TDMA 方式中，每个地球站都固定占用分配的频带和时隙，这对于持续时间长的语音通信和连续数据流业务来说，能得到较高的信道利用率。但是，大多数数据业务具有较强的突发性，如交互型数据传输、询问/应答类数据传输及信道申请和分配等管控信息的传输等，都只需要间歇地利用传输信道。如果采用传统多址接入方式传输这些间歇信号，固定占用的信道（频带、时隙等）就会经常出现空闲，其信道利用率比较低。为此，更适合数据业务传输的随机多址接入方式应运而生。

随机多址接入方式也叫争用多址接入方式，所有地球站共用一条共享信道（以相同的载频、相同的数据速率发送），但自主决定何时发送，无须与系统内其他地球站预先协调。由于每个地球站都可以随机地在信道上发送，就存在与其他地球站同时发送的可能。我们把两个或更多个地球站发送的信号同时在信道上出现的现象称为碰撞，发生了碰撞的信号是无法被正确接收的，这些数据需要重发。目前常用的随机多址接入方式主要有如下几种。

（1）纯 ALOHA（P-ALOHA）：每个地球站一旦有数据需要发送，随时就可以发送。其主要优点是实现简单，系统业务量较小时时延较小（发送前无须等待）；主要缺点是由于存在碰撞（遭遇碰撞的发送都发送失败，浪费了信道）且需要重发，吞吐率（单位时间内成功发送的数据量与信道全时传输时可传数据总量之比）较低，理论上的最高吞吐率只有 0.184，并且信道存在不稳定性。

（2）时隙 ALOHA（S-ALOHA）：基本思想是在以卫星转发器入口为参考点的时间轴上等间隔地分出许多时隙（也叫时槽、时间片），各地球站只能在时隙的起始处开始发送，时隙结束就必须停止发送，每次发送占用一个时隙。由于在哪个时隙发送是完全随机的，碰撞仍然不可避免，但 S-ALOHA 比 P-ALOHA 的碰撞会少一些。S-ALOHA 的优点是吞吐率比 P-ALOHA 增大一倍，理论上最高吞吐率可以达到 0.368。

（3）具有捕获效应的 ALOHA（C-ALOHA）：基本思想是各地球站以不同的功率发送信号，即使发生碰撞，其中功率最大的信号也能够被正确地接收。通过合理设计各地球站的发射功率电平，可以改善系统的吞吐率（最高可达 P-ALOHA 的 3 倍）。

（4）选择拒绝 ALOHA（SREJ-ALOHA）：基本思想是对整个数据分组仍以 P-ALOHA 方式发送，但将每个分组分成若干个小分组，每个小分组插入各自的报头和前置码，这样接收端可以独立地接收每个小分组。如果发生碰撞，其中未遭遇碰撞的小分组能够被正确接收，只需要重发遭遇碰撞的小分组。SREJ-ALOHA 具有 P-ALOHA 方式无须全网定时和同步、适合可变长度分组这两个重要优点，同时克服了 P-ALOHA 方式吞吐率低的缺点，其吞吐率可达 0.2～0.3，但其实现要比 P-ALOHA 方式复杂。

## 1.1.7 卫星通信的组网方式

卫星通信的多址接入方式解决了众多地球站如何利用同一个卫星转发器的频带资源的问题，每个地球站都能利用卫星转发器向别的地球站发送信号，且互不干扰。卫星通信的组网方式则描述地球站与地球站之间的互通关系，比如两两直通或经过转发等，可以用网络的拓扑图来描述。拓扑图由节点和连接节点的边组成，地球站就是网络拓扑的节点，经通信卫星一次中继转发（也称单跳）实现互通的两个节点之间就有一条边，这条边代表一条单跳互通的卫星链路。共享同一组（一颗或多颗）通信卫星的转发器资源来实现连通的所有节点（地球站）的集合就构成一个卫星通信网。

每个卫星通信网都有一定的网络拓扑结构，这也就是卫星通信网的组网方式。卫星通信网的拓扑结构相对地面网络要简单一些，可以简单地分为星状网、网状网和混合网。

卫星通信中，单跳互通是指一个地球站发送的信号只经通信卫星转发一次就被对方地球站接收到，如图 1.7 所示。双跳互通是指要经卫星两次转发才能被对方接收到的情况。图 1.8（a）给出了收/发地球站在同一颗卫星波束覆盖下，经中央站中继/转发实现双跳互通的情况；图 1.8（b）给出了收/发地球站分别位于两颗卫星波束覆盖下，借助在两颗卫星共同覆盖区域（共视区）的中央站中继/转发实现双跳互通的情况。三跳、四跳互通情况以此类推。

图 1.7　单跳互通示意

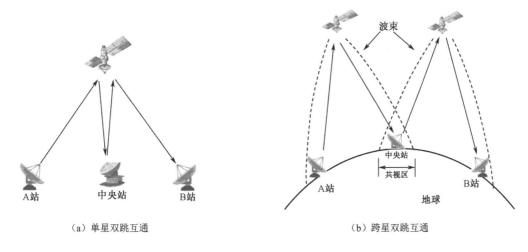

（a）单星双跳互通　　　　　　　　　　　（b）跨星双跳互通

图 1.8　双跳互通示意

### 1.1.7.1　星状网

在星状网中，外围各远端站仅与中央站/中心站通过卫星单跳互通，各远端站之间不能通过卫星直接进行单跳互通。在该网络拓扑中，所有的远端站都有边到中央站，任何远端站之间都没有直达边，但任意两个远端站又都可以经过中央站连通。因此，远端站之间的互通可以经过中央站中继/转发实现。图 1.9 中给出了星状网结构的一般示意和拓扑图，中央站发送的信号只有远端站接收，远端站发送的信号只有中央站接收，拓扑图中远端站之间没有连线（不能直接互通）。

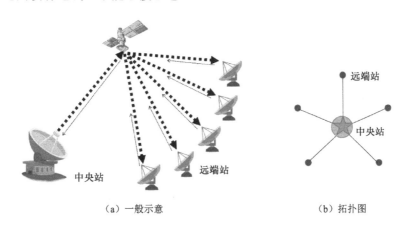

（a）一般示意　　　　　　　　　　　　（b）拓扑图

图 1.9　星状网结构一般示意和拓扑图

采用星状网结构，所有的远端站只跟中央站单跳互通。根据 1.1.5 节的介绍，只要保持 $G_T G_R$ 足够大，就能满足卫星通信链路的互通条件。因此，如果中央站的 $G_T$ 很大，远端站的 $G_R$ 就可以小一些。根据这个原理，为唯一的中央站设计一个大天线，使其增益很大，则众多的远端站就可以采用较小的天线，不仅简单、廉价，也易于安装；在中央站实现集中的网络管理和控制比较方便；网络投资集中于中央站，后期的扩容（增加远端站）投资相对较小，并且可以在不影响在网远端站的情况下进行扩容。

星状网的缺点是，中央站成本高、功能复杂、天线口径大，中央站是全网数据交换的中心，若发生故障，则全网无法工作，因此其健壮性不如网状网；远端站之间的通信需要双跳，传播时延加倍，不太适合语音通信，且两次占用卫星信道，降低了信道利用率。

星状网适合远端站之间业务量不大，大部分业务都发生在远端站与中央站之间的情况，典型的星状网就是 20 世纪 80 年代兴起的 VSAT 网络。

### 1.1.7.2　网状网

在网状网中，任意两个远端站之间都可以通过通信卫星建立单跳互通，而不需要经过其他地球站中继/转发，如图 1.10 所示。图中，A、B、C、D、E 都是远端站。

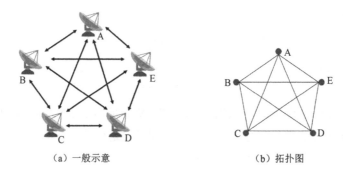

（a）一般示意　　　　　　　　　　　（b）拓扑图

图 1.10　网状网结构一般示意和拓扑图

网状网的优点是，无须专门的大型中央站；远端站之间互通只需要单跳，传播时延一般可在 300ms 之内，更加适合语音通信，也只需要占用一次卫星信道；远端站之间的数据不需要经中央站交换，网络功能相对于星状网更简单，系统健壮性更好；当网内存在大量远端站之间的信息传输时，信道利用率较星状网高。网状网的缺点是，由于远端站之间要实现单跳互通，所以每个远端站的 $G_T$ 和 $G_R$ 都比较大，天线口径较星状网的远端站要大一些，远端站设备相对较复杂，价格相对较高；实现集中的网络管理和控制不太方便，因为没有一个远端站同时跟所有远端站处于持续互通状态。

由此可见，语音业务、多媒体业务或点对点数据业务适合采用网状网结构。

### 1.1.7.3　混合网

前面已经介绍，星状网和网状网各自都有优缺点，适合不同的应用场合。混合网则是网状网和星状网的结合，试图充分利用它们的优点。混合网通常以星状网为基础，有大量的小型远端站，它们只能与中央站单跳互通；但把通信量较大的远端站又设计成两两能够单跳互通（包括与中央站），它们之间构成网状网。混合网吸取了网状网和星状网各自的优点，比较经济合理且有一定的可靠性，是目前常用的一种形式，如图 1.11 所示。在混合网中，中央站可以与所有的远端站保持单跳互通，便于对全网实现集中管理与控制，但部分远端站之间的数据不必经中央站转发。混合网络适合为中央站与远端站之间提供数据传输业务（对时延不敏感），为各对单跳互通的远端站之间提供语音业务（无法忍受双跳时延）。

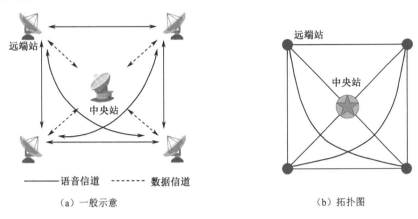

（a）一般示意　　　　　　　　　　　　　　　　（b）拓扑图

图 1.11　混合网结构一般示意和拓扑图

# 1.2　预分配信道组网

在卫星通信的过程中，通信双方要占用一定的转发器资源。根据不同的多址接入方式，可将转发器资源分为带宽（频带）、时间（时隙）、码字（地址码）等。为了让多个地球站共享转发器资源，就必须将其分成若干份，每份构成一个地球站向另一个地球站传输信号的通道，这样的"份"就称为"信道"。例如，将频带划分为若干个子频带，每个子频带可为一对用户提供单向通信。由此可见，划分和分配信道对卫星通信至关重要，这也就是通常所说的信道分配问题。卫星通信信道的分配通常有两种方式：预分配和按需分配。

## 1.2.1　预分配信道点对点组网

在早期的卫星通信系统中，最常见的是预分配信道方式，这种方式也称为固定分配信道方式。点对点组网是预分配信道方式中最简单也最经典的组网模式之一。点对点组网是指两个地球站之间可以通过卫星直接互通，地球站间的信息传输无须中央站转接，如图 1.12 所示。

图 1.12　点对点组网模式

以 FDMA 为例，在预分配信道的点对点组网模式下，为每个地球站分配一个专用的上行和下行频带，由技术人员在地球站中完成设置。上行（发送）和下行（接收）频带通常是用频带的中心频率和带宽来表征的，上行和下行载波之间一般存在一个固定频差 $\Delta f$（取决于卫星转发器的收发频差），指定了上行频率也就指定了下行频率。预先分配给各地球站的上行和下行频带，在其生命周期内或一个很长的时间段（年、月、周、日）内固定不变，因为需要人工精心安排互通频率并由人工在地球站配置。因此，每个地球站被持久性地分配了固定的信道资源，每个地球站可随时使用分配给自己的频带进行通信。显然，在上/下行频带都预先确定的情况下，一个地球站只能与另一个固定的地球站进行通信。换言之，采用预分配信道点对点组网模式的地球站，都是"成对"存在的。显然，这种情况下网内的地球站只能与固定的对象进行双向通信。因此，这种模式往往用于固定站点之间的大容量干线通信。

## 1.2.2　预分配信道多点组网

在一个卫星通信系统中，如果所有的地球站都只能固定地"成对"通信，而无法与其他地球站通信，显然整个网络都是"死的"，卫星通信的使用价值就被大大削弱了。因此，在实际的系统中，只可能有很少一部分地球站是"成对"存在的，大部分地球站应该具备与其他地球站通信的能力。

在预分配信道方式下，如果想让一个地球站与多个地球站通信，可以为每对需要互通的地球站分配一对频带，即为每个地球站分配多个频带（信道），地球站可以用分给它的每个频带与一个特定的地球站"成对"通信，这样就可以实现一个地球站与多个地球站的通信。图 1.13 是预分配信道多点组网示意，如（1～3）载频是指分给 1#地球站供其向 3#地球站发送信息用的，而 3#地球站则用（3～1）载频向 1#地球站发送信息。每个地球站所分到的载频数由它与其他地球站通信的业务量来决定。假定网内有 $N$ 个地球站，两站之间通信都只用一个频带，且网内任意两站之间都能互通，则每个地球站需要（$N$-1）个频带，将要占用转发器 $N(N-1)$ 个频带。

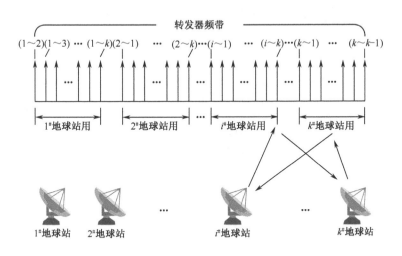

图 1.13　预分配信道多点组网示意

需要说明的是，在图 1.13 中，按理说应分别画出上行和下行的信道配置，但它们只差一个固定频差，分配了上行频率，对应的下行频率也就定了，因此，为了简单起见，图 1.13 中只画了一半。

预分配信道的优点是，由于频带是专用的，故建立链路简单，启动通信快，技术成熟、工作可靠、控制简单。但其缺点也非常明显，主要有：①一个卫星通信系统的信道资源通常都是有限的，而预分配信道方式下，信道资源与地球站一一对应，因此要么网内地球站容量较少，要么转发器的工作频带被划分为很多个窄频带；②因信道资源是预分配的，地球站之间的连接是固定的，不能随业务量的变化对信道分配数目进行调整，以保持动态的平衡。也就是说，某一对地球站之间没有业务数据传输时，分配给它们的频带就白白浪费了，故这种组网方式的信道利用率低。

预分配多址访问也称永久分配多址访问（Permanently Assigned Multiple Access，PAMA），这种方式主要适用于地球站之间的通信需求基本不变的网络，如用作干线传输链路。

# 1.3　按需分配信道组网

信道资源预先固定地分配给各地球站的方式既不灵活，又不高效，因此按需分配方式自然就出现了。

所谓按需分配方式是指，只有在有通信需求时才分配信道资源给某一对地球站。转发器的信道资源不是预先分配给各地球站的，而是为通信系统中的各地球站所共有，成为一个"信道池"，根据通信的需要临时分配给地球站，用后收回。

如果每个地球站的通信需求不大（通信时间占全部时间的比例），按需分配的组网方式相比于预分配的组网方式，卫星信道资源利用率要高很多。按需分配多址（Demand Assigned Multiple Access，DAMA）方式可以用有限的信道池为大量的地球站服务，代价当然是无法为所有地球站同时提供访问信道。例如，一个五信道的 DAMA 网络只能有五对地球站同时互通，但可以有任意数量的节点按需轮换使用这五个信道；而如果是五信道的 PAMA 网络，其还是支持五对地球站同时互通，但网络内只能容纳五对节点。

## 1.3.1 分布式控制的 SCPC

为了克服预分配信道多点组网灵活性差、能容纳地球站少等问题，针对地球站数量多但每对地球站之间业务量较小（只有部分时间需要通信）的情况，20 世纪 70 年代出现了单路单载波（Single Channel Per Carrier，SCPC）技术。SCPC 是 FDMA 的一种特殊形式，即每个载波（子频带、信道）仅传送一路语音或数据，但一个地球站可以使用不同的载波，分别与不同的地球站进行通信，而且这个载波是不固定的，只有需要通信时才使用。

在一个 SCPC 卫星通信系统中，一个卫星转发器的工作频带等间隔地划分为 $N$ 个子频带（通常可以有数百个），如图 1.14 所示。每个子频带传送一路信号，因此也称为一个通道。以导频（一般在转发器工作频带中间）为界，高频段和低频段各有 $N/2$ 个通道。其中导频两侧的两个通道留空不用，以保护导频不受干扰，确保各地球站对导频的接收和提取。每个地球站都在一个或多个指定的通道上接收，发送站只要选择特定的通道发送，自然就由特定的地球站接收。

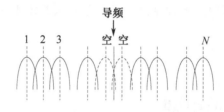

图 1.14　SCPC 的频带配置

早期的 SCPC 卫星通信系统为每个地球站设计了一个 DAMA 控制模块，根据通信的收发站来选择发送通道，实现了分布式按需分配发送载频。SCPC 卫星通信系统中所采用的按需分配方式有如下两种[2]。

（1）全可变（VT-VR）方式。这种方式的主叫站与被叫站之间通信所用的双向通道都是按申请临时分配的，一旦通信完毕就结束占用，待其他地球站申请使用。

（2）半可变（FT-VR 或 VT-FR）方式。采用这种方式时，系统中所有地球站的发送（或接收）通道是预先设定（不变）的，而接收（或发送）通道则根据需要临时分配。

以 FT-VR（发送通道固定）为例，当主叫站 A 向被叫站 B 呼叫时，将通过全网公用传信信道（CSC）通知 B 站应接收的通道（A 站的发送通道），当 B 站收到通知后，一方面将接收机的频率自动调整到 A 站指定的通道（载频）上，另一方面通过 CSC 回发应答信号，通知 A 站应接收的频率（B 站的发送通道）。A 站收到通知，将接收机的频率调整到 B 站所指定的频率上，A、B 两站就可以开始在这一对通道上进行全双工通信了。

上述这种分布式控制的 SCPC 卫星通信系统的地球站设备过于复杂，且灵活性不够高，因此这种技术只是昙花一现，很快就被集中控制的按需分配取代。

## 1.3.2  集中控制的按需分配

SCPC 方式实质上是一种分布式控制的按需分配信道方式。随着技术进步，集中控制的按需分配信道方式更加灵活、高效，逐渐取代了 SCPC 方式。

为了实现集中控制的按需分配信道，必须有一个管理所有信道池并按照需求（申请）进行信道分配与回收的控制系统，一般称其为组网控制中心（Network Control Center，NCC），简称网控中心。当某个地球站需要与另一个地球站通信时，首先要向组网控制中心发出申请，组网控制中心根据需求和可用信道情况分配一对空闲的卫星信道供其使用。

根据卫星通信网的多址接入方式，上述信道可以是卫星转发器的带宽（频带）、时间（时隙）、码字（地址码）等。信道通常是成对分配的，用于实现两个地球站之间的全双工通信。一旦一对信道被分配给一对地球站使用，网络中的其他地球站就不能再使用，否则就互相干扰。在 FDMA 方式的信道分配中，信道（载频）与信道（载频）之间还会互相干扰，同时在用的载频排列、不同载频的信号强弱都会使相互的干扰情况有所不同。因此，组网控制中心的信道池管理和优化分配是非常重要的。

按需分配信道的多链路网络结构如图 1.15 所示。全网设有一个控制中心，也称组网控制中心，组网控制中心一般与某个大型地球站共用射频部分。组网控制中心与所有地球站之间建立一个专用的星形控制指令传送信道（如图中虚线所示），也称公用传信信道、控制信道或信令信道（本书后续将统一使用"控制信道"一词），用于地球站向组网控制中心发送信道分配申请，以及组网控制中心向地球站发送信道分配指令。这个控制信道的带宽不必太大，因为信道分配申请和分配指令都是简短的数据报文，每个地球站也不会太频繁传送，但必须随时连通，以便信道分配申请能够及时发出。控制信道一般使用特殊的协议，如 ALOHA 协议来实现较低速率的多站共享接入。

网络中的任意两个终端都可以进行全双工互通。不过在通信之前，终端需要向组网控制中心申请信道。比如，终端 A 需要与终端 B 通信，终端 A 首先通过控制信道向组网控制中心发出信道申请；组网控制中心收到申请后，根据信道池的情况和终端 B 的情况，为其分配一对合适的信道；组网控制中心将信道分配指令通过控制信道发送给终端 A 和终端 B；收到信道分配指令后，终端 A 与终端 B 使用分配的一对信道建立单跳的全双工卫星链路，这条链路并不经过组网控制中心。这样，终端之间的链路（连接）就构成了一个动态变化的网状网（如图 1.15 中实线所示）。

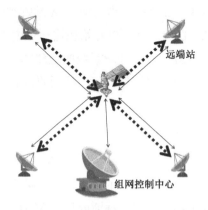

远端站

组网控制中心

图 1.15　按需分配信道的多链路网络结构

组网控制中心分配的信道就是转发器资源的带宽（频带）、时间（时隙）或码字（地址码）等。在 FDMA 网络中，分配的信道是频带，一般要用载频和带宽两个参数来表示，但在等带宽分配信道的网络中就可以简化为用载频表示。在 TDMA 网络中，分配的信道则是时隙，但也需要先指定载频，除非载频是预设或默认的。

# 1.4　VSAT 网络

## 1.4.1　VSAT 网络

前面所述的几种组网方式，不管是预分配信道还是按需分配信道，不管是点对点还是多点的组网方式，收发双方都是通过卫星转发信号实现单跳通信的。由于卫星通信的信号传播距离远，尤其是 GEO 卫星，链路传播损耗非常大，需要地球站具有较高的 EIRP，也就意味着需要较大口径的天线和较大的发射功率。这就对地球站的建设、维护、使用都有了较高的要求。随着卫星通信的普及，在有些场合，可能业务量并不是很大，又没有其他更好的通信手段，往往希望以一种相对较低的成本，方便快捷地接入卫星网络。因此，VSAT 卫星通信网（简称 VSAT 网络）应运而生，即全网设置一个大型的中央站，与众多的 VSAT 互通。

VSAT 网络是 20 世纪 80 年代发展起来的一种卫星通信网。所谓 VSAT，是指一类具有甚小口径天线的智能化小型或微型地球站，这类小站可以很方便地安装在用户处，成本比较低。通常，大量小站与一个大型中央站构成一个星状卫星通信网，能够支持范围广泛的单向或双向数据、语音、图像及其他综合电信与信息业务。

常见的 VSAT 网络大多工作在 C、Ku、Ka 频段。要达到同样的增益，天线的口径大小与射频载波的波长成正比，与频率成反比。因此，工作频段越高，相应的天线口径就可以越小。通常情况下，这三个频段对应的 VSAT 天线口径分别为 2m、1m 和 0.5m 左右。

VSAT 网络的主要特点如下。

（1）远端站设备简单，体积小，质量小，发射功率小，成本低，安装、维护和操作简便。

（2）远端站对使用环境要求不高，组网灵活，接续方便。

（3）通信效率高，质量好，可靠性高，通信容量可以自适应，适用于多种数据传输速率和多种业务类型。

（4）一般只面对单一用户，可以与用户终端直接连接，避免了一般卫星通信系统信息落地后还需要地面线路引接的问题。

（5）集成化程度高，智能化（包括操作智能化、接口智能化、支持业务智能化、信道管理智能化等）功能强，可无人操作。

（6）VSAT 很多，但每个站的业务量较小。

（7）便于在中央站实现一个较强的网管系统。

（8）一般用作专网，用户享有对全网的控制权。

（9）VSAT 之间的通信需要经中央站转发，实现双跳卫星通信，时延大。

（10）利用卫星信道的广播特性，中央站可以高效地实现向大量地球站的数据广播。

VSAT 网络若用于传输数据，则称为 VSAT 数据网，其还具有如下特点。

（1）数据传输和交换可以是非实时的。

（2）传输数据时随机地、间歇地使用信道。

（3）突发式传输数据时，数据传输速率可以比较高，达每秒数千比特。

（4）数据业务种类繁多，如数据终端之间的通信、人机对话、文本检索和大容量的数据传输。

（5）由于要传输的数据长短不同，各种数据又可以非实时传输，因此，为了提高卫星信道利用率，可以采用分组交换方式。

## 1.4.2　VSAT 网络组成

　　早期的 VSAT 网络都是靠中央站转发的，因为小型 VSAT 之间无法单跳互通，只能利用大型中央站转发来实现双跳互通。典型的中央站转发 VSAT 网络由主站、卫星和众多小站三部分组成，如图 1.16 所示。

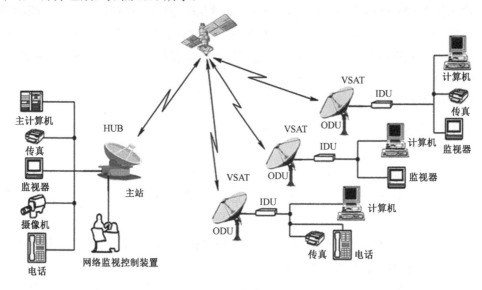

图 1.16　VSAT 网络的组成

　　主站又称中心站、中央站或枢纽站，是 VSAT 网络的心脏。它是一个大型地球站，有大功率的射频放大器，并且配置大口径天线，EIRP 高，$G/T$ 值大，使得它能够与每个 VSAT（小站）实现单跳互通。在常见的 VSAT 网络中，主站天线口径一般为 3.5～8m（Ku 频段）或 7～13m（C 频段），并配有高功率放大器（HPA）、低噪声放大器（LNA），以及地球站必备的上/下变频器、调制解调器与数据接口设备等。

　　VSAT 网络的主站既是一个大型地球站，又是业务中心和数据转发中心。主站通常与业务处理计算机建在一起，或者通过地面高速线路与业务处理计算机连接，因此也是众多小站的业务中心，这种结构使大部分业务数据流都在主站和小站之间。如果小站有数据要发送给另一个小站，主站也负责数据的转发，因此它也是一个数据转发中心。由于所有小站都必然与主站互通，在主站内设一个网络管理中心，可以对全网实现集中式的监测、管理、控制和维护，比如掌握每个小站的工作状态、调整每个小站与主站的数据传输速率、统计每个小站的业务流量等。网络管理中心有时也称网络管理系统或网管中心。在 VSAT 网络中，网络管理系统直接关系到网络的性能。

　　VSAT 网络的小站又称远端站或用户站，通常由室外单元（ODU）和室内单元（IDU）

组成。室外单元主要是射频设备，包括小口径天线（0.3～1.4m，与工作频段有关）、上/下变频器和各种功率放大器；室内单元主要是中频及基带设备，包括调制解调器、编译码器等，其具体组成因业务类型不同而略有不同。

天线口径小，发射 EIRP 低，接收 $G/T$ 值小，因此，若两个小站要进行数据通信，必须借助主站转发。

# 1.5 网状 VSAT 网络

VSAT 的出现，大大降低了卫星通信网的建设成本，因为每个小站的天线口径小、发射功率低、设备集成化。但是，其也存在一个明显的缺点，就是小站之间的通信必须经中央站转发，结果就是，两个小站之间的传输需要双跳，端到端传输时延至少 500ms，且需要两次利用卫星信道资源。这样的传输时延，对于时延不敏感的数据业务来说无关紧要，但对于双向语音对话来说就会明显让人感觉对方反应迟钝。

为了让 VSAT 网络较好地支持语音业务，可以在原有 VSAT 小站的基础上适当放大天线口径、提高发射功率，使得小站与小站之间可以单跳互通一路低速语音（如 2.4kbit/s 的声码话）或低速数据，这样就出现了网状拓扑结构的 VSAT 网络。每个小站仍然是比较小的，任意一对小站之间的业务量都比较小，因此其卫星通信链路一般都是按需动态建立的，往往采用集中控制的按需分配组网方式，全网需要设置一个组网控制中心，与所有的小站随时通信，以传输分配需求。

与通过中央站转发的 VSAT 网络不同，在网状 VSAT 网络中，组网控制中心可以部署在任何一个小站，因为小站之间都是能够单跳互通的。但是，通常还是会把组网控制中心设在比较大的"小站"中，以便组网控制中心与其他小站的控制信令传输质量更容易得到保证。组网控制中心所在的小站就称为控制中心站。网状 VSAT 网络的业务传输子网是网状网，各站之间的业务传输信道一般是由组网控制中心按需分配的。网状 VSAT 网络的控制子网则以控制中心站为中心构成星状网，需要建立独立的、随时可用的控制信道。

## 1.5.1 网状 VSAT 网络的拓扑

网状 VSAT 网络的业务传输子网是网状网，控制子网则是以控制中心站为中心的星状网，如图 1.17 所示。其中，虚线表示控制链路，实线表示业务传输链路。注意，图中并不是所有的小站之间都有直通的链路，这些链路是按需分配了信道后动态建立的。

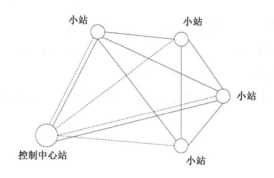

图 1.17　网状 VSAT 网络的拓扑结构

网状结构的业务传输子网通常采用电路交换方式，当两个小站有通信需求时临时建立一条单跳的链路。业务传输子网多采用 SCPC 频分多址接入方式，信道资源由控制中心站集中控制，实行按需分配，全网所需的卫星信道数量通常可以少于地球站数的一半（与每个地球站的业务量有关），因为全网所需的卫星信道数只要达到同时互通的单跳链路数即可。控制子网则相当于控制中心站与众小站之间的一个数据网，呈星形结构。控制中心站与小站之间的控制信令传输通道也称控制信道，一般采用 TDM/ALOHA 多址协议，即外向（控制中心站向小站）传输采用 TDM 链路，内向（小站向控制中心站）传输采用随机接入多址协议，如 ALOHA 协议、S-ALOHA 协议或其他改进型 ALOHA 协议。

## 1.5.2　网状 VSAT 网络的按需分配

在网状 VSAT 网络中，小站之间的链路是按需动态建立的，链路建立的过程也称按需分配过程、呼叫过程，有以下三个基本阶段。

（1）呼叫阶段：主叫方（通信发起方）通过控制信道向组网控制中心发出呼叫申请信息，组网控制中心在确认卫星信道和被叫方设备有空闲的条件下，向主叫方和被叫方分配卫星信道，主叫方和被叫方利用分配的信道收发信号，一般先进行导通测试，确认收发正常就算完成了业务链路建立。在这个阶段，组网控制中心的主要任务是在限定的时间内发出卫星信道分配或不能分配的指令，并且使分配的信道尽可能最优。

（2）传输阶段：单跳的双向互通业务链路建立后，通信双方（地球站）经过卫星转发开始传输业务数据，包括数字语音。这个阶段与组网控制中心无关。

（3）拆链阶段：数据传输或通话结束后，主叫方、先结束通信的一方或通信的双方（取决于系统设计）向组网控制中心发出通信结束信息，组网控制中心发回确认信息并回收卫星信道资源，同时标记主、被叫方为空闲状态。在这个阶段，组网控制中心的主要任务是及时、准确地回收卫星信道资源，并准确记录小站的空闲状态。

典型的网状 VSAT 网络为美国休斯公司的 TES，它是为满足偏远地区的语音传输而设计的，当然也能传输数据。它采用频分多址的 SCPC 体制和 DAMA 方式，语音传输速率支持 9.6kbit/s、16kbit/s、32kbit/s，数据传输速率支持 4.8～64kbit/s。

# 1.6 混合拓扑网络

为了满足不同用户的不同业务需求，结合星状网和网状网的优点，出现了混合拓扑网络，简称混合网。采用混合网结构的 VSAT 网络最适合既有分布式点到点，又有集中式点到多点综合业务传输的应用环境。支持网状拓扑的节点之间可以实现点到点单跳互通，支持实时性业务传输（如语音通信）；只支持星状拓扑的节点则只能实现点（中央站）到多点（众小站）间的互通，主要支持非实时数据传输。其中，部分节点（可以充当中央站）可以工作在两种拓扑方式下。在星状网部分的节点间和网状网部分的节点间，可以分别采用不同的多址接入方式。混合网允许两种差别较大的 VSAT 站在同一个网内较好地共存（小用户用小站，大用户用大站），既可以进行综合业务传输，也可以选择更实用的多址接入方式。

简单一些的混合网可以只由一个中央站、一批支持网状拓扑的中等站和一批只支持星状拓扑的小站组成，小站只能与唯一的中央站单跳互通。复杂一些的混合网则可以是多级网，其拓扑结构如图 1.18 所示。大站之间构成网状网，若干组小站则以各自的大站为中心构成星状网。混合网的卫星资源利用率比较高，网络规模比较大，传输业务范围比较广，适合既有语音业务又有数据业务的情形，但网络结构比较复杂，尤其是卫星信道资源的管控会比较复杂。

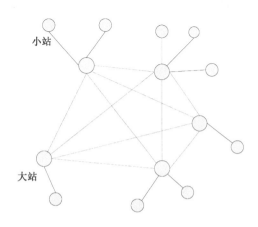

图 1.18 混合网拓扑结构

# 1.7 DVB 网络

覆盖范围大是卫星通信与生俱来的优势，因此用卫星通信来实现电视广播是顺理成章的。在电视信号由模拟向数字转变的过程中，DVB 标准应运而生。DVB 标准是于 1993 年建立起来的一种面向市场的数字服务体系结构，旨在推广基于 MPEG-2 编码标准的电视服务。DVB 标准包含 DVB-C、DVB-S、DVB-T、DVB-H 及其对应的升级版等一系列标准。其中，DVB-S 标准作为当今广播电视领域的主流卫星广播传输标准，自 20 世纪 90 年代初问世以来，在世界范围内得到了广泛应用。在地面有线电视网络纷纷转向数据传输应用的背景下，利用 DVB 标准实现卫星数据通信也渐渐成为趋势。但 DVB-S 标准只提供单向数据广播，要实现双向交互式通信，就必须有回传信道，这就是后来出现的卫星回传信道（Return Channel via Satellite，RCS）。DVB-RCS 标准是第一个为基于通信卫星的交互式应用而定义的行业标准，并有可能成为全球标准。为了进一步满足新业务不断增长的需求，在 DVB-S 和 DVB-RCS 标准的基础上，采纳最新技术，形成了相应的第二代标准 DVB-S2 和 DVB-RCS2。

## 1.7.1 DVB-S

早期的卫星 DVB 系统只支持单向数据广播业务。单向卫星广播系统的组成如图 1.19 所示，整个系统由卫星、地面主站和大量的用户终端组成。为了支持用户请求等信息的传送，在用户终端和地面主站之间采用地面数据链路（如电话线数据链路）作为回传信路。

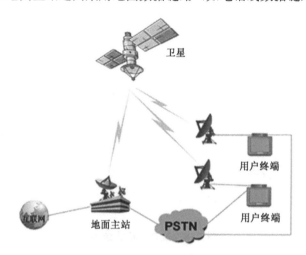

图 1.19 单向卫星广播系统的组成

地面主站通过网关实现卫星链路的广播数据业务和来自用户的反向链路数据的选路（IP 分组转发），并完成数据链路控制、数据封装、信道分配等功能。地面主站将 IP 分组经网关封装后，经过加扰、复用及调制，发送到卫星信道。用户终端则由接收天线、机顶盒、数据终端（如计算机）等组成，执行解调、解扰、解复用、IP 分组重组及内部选路等操作。

## 1.7.2　DVB-RCS

早期的 DVB 系统只是单向数据广播，为了实现交互式通信，ETSI 发布了交互信道标准 DVB-RCS。其通过专用的反向传输信道，构造基于 GEO 卫星的交互网络。

DVB-RCS 标准用来规范卫星交互网络中具有固定回传信道的卫星终端。只要符合 DVB-RCS 标准，小尺寸的经济性终端就可以支持基于卫星的宽带交互式业务。RCS 支持基于 DVB、IP 和 ATM 的数据连接，与具体应用无关，因此可承载多种业务。成熟的 RCS 终端还可以通过网关与其他网络互联。

典型的 DVB-RCS 网络由卫星、服务提供者、网关站、管理控制中心和数量众多的远端 RCS 终端（RCST）组成。网关用于把 DVB-RCS 网络接入地面骨干网络，RCST 则负责把用户终端接入 DVB-RCS 网络。DVB-RCS 网络是可扩展的，一个单网关网络可支持数千个 RCST，一个具有分布式多网关结构的网络可以为成千上万个用户终端提供集成服务。在 DVB-RCS 网络中，服务提供者采用 DVB 向终端高速广播，RCST 则可以用多频时分多址（MF-TDMA）接入方式向网关站发送低速数据，其大多采用 QPSK 调制，支持多种信道编码方式（如卷积码、RS 码或 Turbo 码）。

图 1.20 是采用 DVB-S 广播信道和 DVB-RCS 交互回传信道共同构成的卫星交互网络的结构图，其中前向链路和回传链路也可以在不同的卫星上实现。

在上述网络中，服务提供者（中央站）和 RCST（远端站）以非对称的前向链路与回传链路实现双向通信。从服务提供者到远端站（用户）之间是一条单向的高速数据广播信道，采用 DVB-S 标准，可以传输视频、音频和数据，也可以包括一些控制数据（指令）。从远端站到网关站的数据通道为回传交互路径（Return Interaction Path），通过该通道向服务提供者发送请求或应答，或者传送简短数据，这个回传交互路径是众多远端站共用的。从服务提供者到用户（远端站）的通道有时也称为前向交互路径（Forward Interaction Path）。

DVB-RCS 网络中有大量远端站，远端站与服务提供者之间的回传交互路径必须动态共享，一般采用 MF-TDMA 方式。回传交互路径的传输带宽的动态分配过程通常如下。

（1）用户在发起一个呼叫时，即呼叫建立阶段，首先经回传交互路径的信令时隙向中央站发送连接请求，该连接请求包含终端所请求业务的特征描述（如业务类型、连接请求类型等），以及服务质量（QoS）等连接参数的描述（如最小速率、峰值速率、最大时延、时延抖动等）。

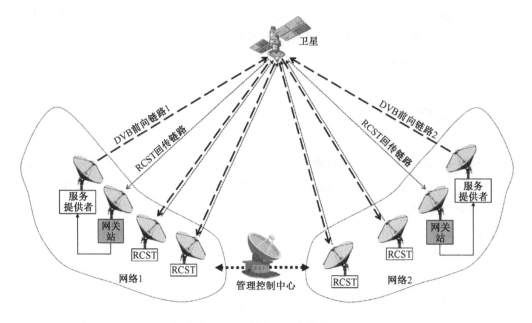

图 1.20　卫星交互网络结构图

（2）中央站接收到终端的连接请求后，运行呼叫接入控制（CAC）算法，判断该终端的连接请求能否被接纳。CAC 算法要保证该连接的接入不会影响其他已接入连接的QoS，同时该连接的 QoS 也能够得到满足。

（3）如果 CAC 算法允许终端的连接请求，则给终端发送接入允许信令，进入下一阶段，终端开始执行带宽按需分配（BoD）的请求过程。

（4）在 BoD 过程中，终端根据当前状态（如数据到达速率、缓冲区队列长度等）实时计算所需的带宽资源，并生成相应的 BoD 请求，发送给中央站。

（5）BoD 功能模块对终端的 BoD 请求进行处理，根据一定的公平性和效率方面的要求，以及在频率/时隙矩阵中的资源分配限制，为上行时隙分配模块提供必需的信息。

（6）上行时隙分配模块负责在 MF-TDMA 帧中分配上行链路时隙，生成相应的时隙分配表（TBTP）并广播给终端。

（7）终端对接收到的 TBTP 进行解析，并根据分配的时隙进行数据传输。

### 1.7.3　IBIS

DVB-S 标准和 DVB-RCS 标准都应用于包含透明转发器的卫星环境中，而综合广播交互系统（Integrated Broadcast Interaction System，IBIS）把这两种标准集成到一个具有星上处理和星上交互功能的多波束卫星通信系统中，在任意两个波束之间都可以进行全交叉连接。在 IBIS 中，上行链路兼容 DVB-RCS 标准，允许用户使用标准的 RCST，终端费用低廉。个人用户和发送广播数据的服务节点可以在任意的上行波束中发送数据，采用 MF-TDMA 方式接入；而下行链路完全兼容 DVB-S 标准，并基于 MPEG2-TS 传输报文。为了避免星上协议转换和再封装，IBIS 上行链路预先采用 MPEG2-TS 封装。

IBIS 最主要的特性是通过上行链路和下行链路之间的全交叉连接，由卫星转发器实现从上行波束数据到下行波束数据的转发。卫星转发器对接收的上行 DVB-RCS 数据进行解调、解码及分路，以进行波束间交换，再重新把数据复用到相应波束的 DVB-S 格式的下行链路数据流中。星上交换和复用按照动态复用表进行，每条下行链路都有一个复用表。通过信令信道，可以对复用表进行快速的重新配置。

IBIS 信令信道采用星状结构，如图 1.21 所示，主要用于登录、同步及资源请求。卫星通过信令信道进行快速配置和星上处理的管理，服务提供者和用户也可以通过该信道与组网控制中心联系。

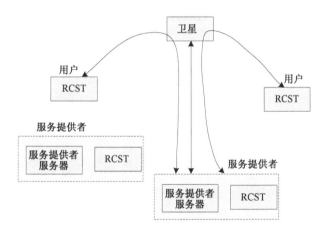

图 1.21　IBIS 信令信道

集中的资源管理和对称的用户连接方式使 IBIS 非常适合构造业务传输单跳、信令传输星状拓扑的网状网。与通过透明转发器转发的 DVB-RCS 网络相比，IBIS 在源站点和目的站点之间传输实时业务只需要一跳，大大减小了时延，使 VoIP、视频会议等实时业务的 QoS 能够得到保障，并且其对带宽的需求也减小了一半。

# 1.8　小结

本书的目的是介绍现代卫星通信组网控制和运行管理的原理与技术，因此本章专门做个铺垫，介绍了卫星通信网的基础知识，以便学习计算机、网络、软件相关技术的读者了解管控的对象——卫星通信网，主要参考了文献[1]。

本章概要和相对通俗地介绍了无线通信和卫星通信的基本原理与设备组成，如通信卫星及其转发器的基本组成和特点，卫星通信的工作频段、数字化传输链路，卫星通信地球站的组成和功能，以及卫星通信射频信号的传输损耗等。

卫星通信组网的基本问题是地球站的多址接入方式，其解决的是众多地球站如何利用同一个卫星转发器的频带资源的问题，使得每个地球站都能利用卫星转发器向别的地球站发送信号，且互不干扰。卫星通信的组网方式则解决地球站与地球站之间的互通关系，用网络拓扑图来描述地球站之间的通信关系，如两两直通或经过转发等。共享同一组（一颗或多颗）通信卫星的转发器资源以实现连通的所有节点（地球站）的集合就构成一个卫星通信网。卫星通信网的拓扑结构相对地面网络要简单一些，可以简单分为星状网、网状网和混合网三类。按需分配卫星通信频率资源的集中控制网状网是本书管控技术面向的主要网络，需要由一个中央站为各业务站根据申请分配卫星通信频带和时隙，适用于 FDMA 接入方式，也适用于 TDMA 和 MF-TDMA 接入方式。

# 第 2 章

# 网络管理原理与技术

●●●●●●●●

通信网络的高速发展给全世界的人们带来了极大的方便,但同时网络自身的管理和控制也向人们提出了挑战。

网络的建设费用是昂贵的,而每个用户对网络设施的使用率往往是比较低的,因为大部分用户并非每时每刻都在使用网络。如果一个电信网设计得可以保证所有用户随时都可以打通电话,那么整个电信网的利用率将是很低的。让网络设施为所有用户共享是提高网络设施利用率的主要途径,但这就不能保证每个用户都可以随时全速利用网络。因此,网络的设计要兼顾两个矛盾的方面:一方面要保证有足够好的服务质量,保证因网络繁忙而不能满足用户通信需求的概率足够小;另一方面要从经济的角度考虑,使网络具有合理的容量,避免浪费。因此,所有的网络都具有其设计的负荷容量。当网络中的业务量经常远低于设计的负荷容量时,网络设施就没能被充分利用,因此有些运营商会以较低的费率鼓励大家在低业务量的晚间使用网络;当网络中的业务量比较接近设计的负荷容量时,网络运行在高效的高负荷状态;当网络中的业务量过于接近甚至超过设计的负荷容量(极限)时,就不能保证网络正常、有效地运行,也就不能保证向用户提供良好的服务。

网络过负荷可能是网络自身(负荷能力下降)和网络外部(业务量上升)两方面的原因引起的。网络自身的原因有传输、交换部件的故障,网络配置失当,路由选择错误等,造成网络的负荷能力下降。网络外部的原因则很多,包括政治上、社会上或商业上的事件,如狂欢节、促销活动、恐怖活动和战争等都可能会导致大量的业务,使业务量大大超过正常情况下的网络负荷容量。而像地震、风暴、洪水、火山爆发等自然灾害则不仅会造成网络自身的故障,使其负荷能力下降,而且往往会激起无比巨大的业务量。一旦业务量超出了网络的负荷能力,通信网络就面临局部甚至全部瘫痪的危险。

网络管理(NM)就是为了保证网络正常运行而出现的,其作用主要包括两个方面：一是通过监控及时发现网络问题或故障，并及时调整网络配置或提醒管理人员排除故障，使网络的负荷能力始终处于最大化；二是当业务量过于接近甚至超过网络负荷容量而使网络处于困境时，通过对网络的适当调整控制，使得网络承载用户业务量的能力始终处于最佳水平。有效的网络管理可以及时发现问题，并通过采取适当的措施，保证网络可靠、有效地运行，确保用户得到最好的服务。

由于需要管理的网络存在异构性，为了实现不同类型、不同厂家、不同时期生产的网络设备的统一管理，网络设备需要支持统一的管理接口或协议，网络管理需要标准化。这方面国际公认最著名、最具权威的标准化组织是国际标准化组织（ISO）和国际电信联盟电信标准部［ITU-T，即原来的国际电报电话咨询委员会（CCITT）］。ISO 对网络管理的标准化工作始于 1979 年，制定了面向 OSI 七层协议栈的公共管理信息服务（CMIS）和公共管理信息协议（CMIP），早早就采用了先进的"面向对象的接口"。但由于 ISO 的 OSI 网络体系结构并未在计算机网络中得到实质性推广，其 CMIS/CMIP 在数据网络中也没有得到应用。但 ITU-T 在 CMIP 的基础上制定了电信管理网（TMN）系列标准（建议书），CMIP/CMIS 在电信网的管理方面得到了大量应用。

除了权威的国际性标准化组织，IETF（Internet Engineering Task Force）为 TCP/IP 互联网制定了两个网络管理协议：简单网络管理协议（SNMP）和 TCP/IP 之上的公共管理信息协议（CMOT，以 TCP/IP 为底层的 CMIP）。因为 CMIP 本身在计算机网络中没有得到应用，所以 CMOT 也就渐渐地淡出了人们的视野。而随着基于 TCP/IP 的互联网技术渐渐统一了全球计算机网络，为 TCP/IP 网络量身定制但只提供简单命令服务的 SNMP 也就成了计算机网络事实上的网络管理标准，其支持"面向属性"的管理服务。

本章将从网络管理的模型、功能、信息库、协议等方面对网络管理的理论和技术做全面但简要的介绍，这也是卫星通信网管控的理论基础。

# 2.1　网络管理模型

网络管理系统的重要任务是收集网络中各种设施设备的工作参数、运行状态等信息，显示给管理人员并接收他们的操作指令，根据操作指令向网络中的设施设备发出控制指令（改变运行状态或工作参数），然后监控指令的执行结果，以保证网络中的设施设备按照网络管理系统的要求进行工作。其中，"管理人员"的部分职能也已经由自动化软件替代。

## 2.1.1　网络管理系统的组成要素

　　网络管理系统主要为网络管理人员提供支持服务，包括显示网络当前态势，以及控制网络的运行。因此，我们一般不把人作为网络管理系统的要素，而只讨论网络管理系统的组成要素。任何一个网络管理系统都存在一个或多个实施管理职能的管理者（实体），也一定存在众多被管理的设施设备。网络管理者有时简称管理系统，被管理的设施设备就被称为被管系统。为了做出区别，本书把一个网络中由管理系统（网络管理者）和被管系统组成的大系统称为网络管理系统，或者大网络管理系统，没有加"网络"两个字的管理系统一般指网络管理者。管理系统在不同的文字中的不同含义，还请读者根据上下文判断。

　　管理系统（网络管理者）是纯粹为支持网络管理人员管理网络运行而设的，不为网络用户提供信息传输服务。被管系统则具有两部分功能：一部分是为网络用户提供信息传输服务的功能，比如路由和交换功能；另一部分是为了支持网络管理而设的功能，即向管理系统提供设备或设施的运行状态信息，接收管理系统的指令并执行相应的管理操作。管理系统与被管系统（也称被管对象）之间的信息传输，可以利用被管系统自身构成的网络实现，如 SNMP，也可以通过专门构建的网络实现，如 TMN。一个网络的管理系统与其被管系统（网络设施设备）之间的关系如图 2.1 所示。

图 2.1　网络的管理系统与被管系统之间的关系

　　网络设施设备的大部分功能都是用于提供网络服务的，只有少部分功能用于支持网络管理。如果从逻辑上把这两类功能分开，我们把实现管理功能的这部分称为管理代理（或被管代理），管理代理负责在设备内采集网络设施设备运行的各种工作参数，比如路由表、队列长度、流量统计等，或者进行控制，比如设置转发流表、转发策略等。管理代理读写的这些工作参数就代表了被管网络设施设备的全部特征，我们把这些参数称为该设施设备的被管对象，一个设施设备内的被管对象集合就是该设施设备的管理信息库。而一个网络中所有管理代理的管理信息库集合就是网络管理系统管理的管理信息库。这样，管理系统和被管系统之间就形成了如图 2.2 所示的网络管理系统逻辑模型。

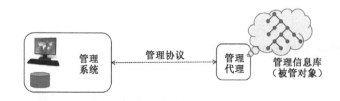

图 2.2　网络管理系统逻辑模型

这样，一个网络管理系统从逻辑上可以认为是由被管对象、管理代理、管理系统和管理协议四部分组成的。

被管对象（Managed Object，MO）是经过抽象的网络元素，对应于网络中具体可以操作的数据，如记录设施设备工作状态的状态变量、设施设备内部的工作参数、设施设备内部用来表示性能的统计参数等。一些被管对象是可以由外部对其进行控制的，如一些运行状态和工作参数；另一些被管对象则是只可读不可修改的，如计数器类参数；还有一些工作参数是为管理系统而设置的，为管理系统本身服务。这些都称为被管对象，它们反映了网络设施设备的实际运行状态和参数，能够真实、全面地反映网络设施设备的运行情况。管理信息库（Management Information Base，MIB）是被管对象的集合。

管理代理（Agent）是对本地被管对象执行具体管理操作的软件，可以接收管理系统的管理操作指令并解释执行，直接操作本地信息库，比如读写对象属性。至于如何读写就是本地的事了。

管理系统（Manager）是负责对网络中的设施设备进行管理与控制（通过对被管对象的操作）的软件，根据网络中各被管对象的变化来决定对不同的被管对象采取不同的操作，比如调整工作参数和控制工作状态的打开与关闭等。网络管理人员通过管理系统对全网进行管理。

管理协议（Management Protocol）则负责在管理系统与管理代理之间传递管理操作命令/响应。需要说明的是，管理协议是信息传输协议栈（现在一般都是 TCP/IP）中的一个应用层协议。

ISO 和互联网的网络管理就采用了上述模型。只是互联网的网络管理模型中用名词"网络元素"表示任何一个接受管理的网络资源，ISO 的网络管理模型中则采用"被管对象"这个名词。互联网的网络管理模型中还引入了外部代理（Proxy Agent），它是专为那些不支持网络管理标准的网络元素而设的，对网络管理系统而言，它就是一个符合标准的管理代理，该外部代理对设备的管理操作可能只是很简单的硬件读写操作，也可能涉及复杂的连接关系和读写过程，甚至经过一个特殊的专门网络管理协议。因此，当一个网络资源不支持标准的管理代理功能时，就要用到外部代理。例如，只有低层次协议的网桥和调制解调器就不支持复杂的管理协议及 TCP/IP 通信，无法与管理系统直接交互管理信息。

## 2.1.2  网络管理过程的驱动方式

在网络管理过程中，用来使管理系统及时掌握网络设施设备运行状态和工作参数变化情况的方法主要可以归纳为两个：一个是事件驱动方法；另一个是轮询驱动方法。

事件驱动方法是指，由网络中的各管理代理在发现被管对象的状态和参数发生了变化后及时向管理系统报告，这种报告通常称为事件报告。事件报告并不意味着发生了坏事情。例如，一个载波传输设备因为干扰过分严重而报告事件"线路故障"，确实说明发生了坏事情；但一旦干扰消失，传输系统马上就会恢复正常，这时也要报告事件，这时的"故障消失"事件则是个好消息。网络管理系统中一般都会对事件进行分类，根据事件发生时对网络服务影响的大小来划分事件的严重等级，比如分成"致命事件""严重事件""轻微事件""一般告警"等。

轮询驱动方法可以弥补事件驱动方法的不足。当设施设备发生类似"掉电"这样的故障，或者报告事件的渠道发生差错时，管理系统是无法得到此类事件报告的。所以需要有轮询措施来保证无论网络设施设备发生什么故障，都能够在一定的时间内被及时发现，以便管理系统及时采取措施，使因设施设备故障而引起的服务质量下降程度减小到最小。轮询是指管理系统主动去逐个轮流查询各网络设施设备的工作状态和参数，如果返回的结果正常，则不做处理；如果返回的结果说明设施设备有错误，甚至没有任何结果返回，则说明设施设备存在难以克服的故障，需要管理系统和管理人员采取措施予以恢复。

上述两套措施是缺一不可的。轮询虽然能够保证在设施设备发生故障后的一定时间内管理系统能够感知到该故障，但从发生故障到被感知到的时延是比较长的。试想，一个网络中有几百个、几千个甚至上万个设备和设施，把每个设备或设施都查询一遍往往要花费几分钟、几十分钟甚至更长的时间。更何况不能毫无停顿地轮询，否则因为轮询造成的管理信息传输本身就是网络很大的负担。因此，从一个设备或设施发生故障至被轮询到而发现故障的平均时延往往是数十分钟甚至更长。而事件报告则不同，当事件发生后，管理系统很快就会收到事件报告（如果能够收到的话）。可见，事件驱动方法的优点是及时性，而轮询驱动方法的优点则是完整性。轮询和事件报告各具特色，相辅相成。

## 2.1.3  电信管理网及 $Q_3$ 接口

前面所述网络管理的模型和组成要素反映了网络管理技术或系统实现的基本原理，也就是 ISO 网络管理标准和互联网网络管理规范的核心思想。但电信网的管理和运行要比计算机网络复杂一些，从电信网的业务预测到网络规划，从电信网的工程设计、系统安装到运行维护，从电信网的业务控制到质量保证，甚至到电信企业的事务管理，都要覆盖。另外，电信网不像计算机网络，其自身不提供数据传输服务，在网络管理系统中还需要专门设计一个管理信息传输网络。因此，ITU-T 于 20 世纪 80 年代在 ISO 网络管理标准的基础上，制定了独特的电信管理网（Telecommunications Management Network，TMN）系列标准（建议书）。

TMN 的主要功能是，收集各电话交换局之间的业务流向、流量，结合网络拓扑，有效调节各直达和迂回路由的话务流量，避免局部甚至全局的过负荷和阻塞扩散；随时监测网络故障，及时采取封闭、启动、倒换等措施，尽可能保持网络通信容量和服务质量。从 TMN 的名称看，它是网络，但实际上它是用来收集、传输、处理和存储有关电信网维护、运营和管理信息的一个网络管理系统，不能简单地理解为一个网络。

### 1. TMN 的组成与功能

TMN 的结构及其与电信网之间的关系如图 2.3 所示。图中虚线框内的就是 TMN，它由一个数据通信网、电信网设备的一部分（支持管理功能）、运营系统和管理工作站组成。

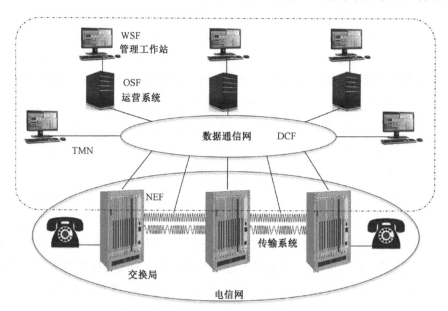

图 2.3　TMN 的结构及其与电信网之间的关系

运营系统（OS）就是电信网的管理系统，负责电信网运行管理信息的存储和处理，发出对电信网设备的控制指令，其实现的功能称为运营系统功能（OSF）。管理工作站负责向网络管理操作人员提供操作界面，其功能称为管理工作站功能（WSF）。数据通信网（DCN）用于网络管理信息的传输，是一个可靠的专用数据传输网络，其实现的功能简称为数据通信功能（DCF）。电信网设备中支持远程管理的附加功能模块，可实现对设备的本地监测、数据收集和控制等，其功能称为网元功能（NEF），是被管设备的管理抽象。

各功能块之间的连接点（接口）称为功能参考点，其中，OSF、NEF 与 DCF 的连接点称为 $Q_3$ 参考点或 $Q_3$ 接口，OSF、DCF 与 WSF 的连接点称为 F 参考点。

　　实际上，TMN 定义中还有中介功能（MF）和适配器功能（OAF），提供 NEF 与 DCF 之间的管理信息通道和向 $Q_3$ 接口的转换适配。相应地，与网元的连接点还有 $Q_1$、$Q_2$ 参考点，因为其不影响对 TMN 原理的理解，且大部分 TMN 在实现过程中也较少涉及它们，所以本书将它们省略了，后面不再提及。简化以后的功能块、功能参考点及其连接关系如图 2.4 所示。其中，F 参考点大多被认为属于一个网络管理系统的内部接口，不需要严格统一，受关注程度较低一些。

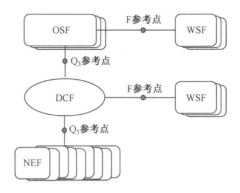

图 2.4　TMN 的功能块、功能参考点及其连接关系

　　TMN 中的 DCN 是独立于电信网的，当然也可以利用电信网的一部分来构成 DCN 的物理连接，并尽可能地遵循 CCITT X.200 建议书中的开放系统互连参考模型。但是，由于互联网的普遍应用，TMN 中的 DCN 现在也大多采用 TCP/IP 了。

### 2. TMN 的 $Q_3$ 接口

　　TMN 的功能模型中，最重要的是 $Q_3$ 参考点，其反映的接口关系也称 $Q_3$ 接口。DCN 与其他模块如 OS 和 NE 的连接都通过 $Q_3$ 接口实现，$Q_3$ 接口是实现 OS 与 NE 之间管理操作的基本接口。$Q_3$ 接口的重要性：电信网的设备从 TMN 角度看就是 NEF，是由众多不同的厂商设计实现的，这些设备要想纳入 TMN 统一管理，支持管理的接口必须统一，这个统一的接口就是 $Q_3$ 接口。所有的网络管理接口涉及三部分内容：管理信息传输协议栈、管理操作协议、管理信息模型，$Q_3$ 接口也不例外。

　　早期的 $Q_3$ 接口采用了 CMIP 作为管理操作协议，管理信息传输协议栈和管理信息模型也都按照 CMIP 执行。但由于 CMIP 功能强大且全面（近乎完美），当时被管对象要完全按照面向对象的方法去实现还有实际困难，基于 OSI 七层协议模型设计的协议栈也鲜有应用，所以采用 CMIP 的 $Q_3$ 接口难以实用。随后出现了一些不同的意见，对 TMN 的发展，仁者见仁，智者见智。ITU-T 的 SG11 研究组认为，为了充分利用和开发智能网的功能来实现 TMN 的功能，必须改变 TMN 的现有框架：不再直接管理网元、不再采用 $Q_3$

接口。也有研究小组考虑用 CORBA（Common Object Request Broker Architecture，公共对象请求代理体系结构）技术来充实和加强 TMN 框架。基于综合管理的需要，TMN 需要面对大量支持 SNMP 的网络设备，又有研究组提出将 SNMP 也纳入 Q₃ 接口。凡此种种原因，不管是 ITU-T 发布了标准，还是标准之外更受欢迎的做法，ITU-T 的 $Q_3$ 接口出现了以下四个分支。

（1）基于 CMIP 的网络管理接口。管理操作协议就是 CMIP，相应地提供 CMIS。管理信息传输协议栈是 OSI 七层协议栈，在 ACSE 和 ROSE 的支持下工作。后来又出现了 TCP/IP 支持下的 CMIP，但要在 TCP 之上加一个适配层 TPO。管理信息模型用 ISO 的 SMI 定义。

（2）基于 SNMP 的网络管理接口。对 SNMPv1、SNMPv2、SNMPv3 等各版本都支持。

（3）基于 CORBA 的网络管理接口。对象管理组织（Object Management Group，OMG）为解决分布式计算环境中的软件系统互连制定了对象管理体系结构（Object Management Architecture，OMA），OMA 包括对象请求代理（ORB）、对象服务、公共设施和应用对象四个部分。而 CORBA 就是 OMG 为 ORB 制定的规范，定义了开发面向对象的分布式应用的一种框架，因此 ORB 也称为 CORBA 的软总线，在 TCP/IP 的支持下使用。所有的被管对象和管理系统都是在 ORB 支持下互相操作的"软件对象"，管理操作就是管理系统"软件对象"对被管系统"软件对象"的对象化操作。在 ORB 的支持下，一个"软件对象"只需要给出另一个"软件对象"的对象名称或代码和操作数据，由 ORB 找到那个对象实体并完成操作即可，而不必关心对象所处的位置或其访问路径和访问方法，也无须知道操作对象的传输协议。CORBA 定义了 IDL，用来描述"软件对象"，但只针对对外接口而不涉及对象内部的具体实现，源代码语言、主机操作系统等实现细节都被屏蔽。因此，CORBA 为异构环境下分布式管理系统的实现提供了极大的方便。

（4）基于 XML（可扩展标记语言）的网络管理接口。XML 是 W3C 开发的一套标记语言，简单易用，标记功能强，可以表达各类数据。用 XML 可以非常灵活地编写网络管理操作指令和响应，也很容易被理解和执行，因此不必为管理操作预先定义一堆指令和响应。XML 本身不必绑定任何传输协议栈，可以灵活选用管理信息传输协议栈，如流行的 TCP/IP。管理信息模型，即各种管理数据的定义，也只要符合 XML 的相关规范即可，如 XML-DTD 和 XML Schema。

### 3. 小结

网络管理系统的设计必然存在许多矛盾。例如，若被管对象的一切状况都实时地反映在管理系统中，那就必然要在管理系统与被管对象之间进行非常频繁的通信，而这必然会大大增加网络资源的开销，使整个网络的通信效率降低。从理论上讲，任何一种通信都会带来一定的时延，使管理系统感知到的状态与被管对象的实际状态在任何时刻都绝对地保持一致，这在理论上是不可能的。因此，设计网络管理系统的时候，在何种程度上保持它们的一致，是一个需要综合考虑多方面因素的复杂问题。同理，通信的可靠性往往是靠增加通信的复杂性，相应地增大通信的时延换来的。因此，管理协议设计得越可靠，则管理系统与被管对象的状态、参数保持一致在时间上就会出现越长的滞后。然而，若管理协议很不可靠，则更谈不上状态和参数能保持一致。因此，管理协议的设计也要综合多方面的情况来考虑，求得一个合理、最佳的折中。

# 2.2　网络管理功能

网络管理工作涉及的事情很多，如向管理人员显示网络运行情况、发出故障警报，根据管理人员的要求控制网络部件的运行等，这些都是网络管理系统需要支持的功能。网络的管理其实就是网络变化的管理。一方面，当网络中发生变化时，要让管理人员及时知道发生的变化，比如设备或设施故障、用户的变化、网络性能的变化等；另一方面，当管理人员或设定的自动决策程序需要改变网络时，支持网络变更的实现，比如设备工作参数的设置等。再扩大一点儿说，任何管理都是针对"变化"的管理，管理活动的目的就是要知道"与预想不一样"的情况（变化）、实现想要的变更（变化）。网络管理系统的功能就是基于上述思想来设计的。

## 2.2.1　网络管理功能域

网络管理的内容很多，为了统一理念，使理解一致，各种网络管理相关的标准中大多把网络管理功能分成配置管理功能域（Configuration Management Function）、性能管理功能域（Performance Management Function）、故障管理功能域（Fault Management Function）、账务管理功能域（Accounting Management Function）和安全管理功能域（Security Management Function）五个功能域，这五个功能域分别定义了最常用的网络管理操作，分别完成不同的网络管理功能。

其中，每个功能域都定义了一系列网络管理功能；定义了与每个功能相关的一系列过程；提供了支持（实现）这些过程的服务；提供了所需的低层协议的服务支持；给出了管理操作的对象。

网络管理的五大功能域是相互关联的。配置管理功能域负责初始化并保持网络状态；性能管理功能域负责监视网络的业务量并保证有足够的容量，提供在线告警；故障管理功能域负责接收和管理所有告警信息，包括管理系统内部产生的关于性能、安全、账务、配置等事件的告警信息，还要发现、隔离并设法恢复故障设备；账务管理功能域负责网络设备的使用数据和账单数据的收集、用户可选功能的管理、用户目录的管理等；安全管理功能域负责提供用户接入身份认证、内部服务认证等一系列服务。

上述五个网络管理功能域是网络管理的基本内容，但还不能包括网络管理的全部内容，比如网络规划功能、网络资产管理功能等。各种网络管理标准中没有把这几个功能包括进去，并非是网络管理标准有很大的漏洞，而是因为网络管理标准主要考虑开放系统之间的管理互操作问题。ISO 认为，不需要在各开放系统之间交换管理信息就能完成的管理功能都属于"本地"管理工作，不需要列入标准化工作的范围。网络规划功能、网络资产管理功能相对而言属于各网络系统"本地"的管理内容。

## 2.2.2 公共管理服务

尽管网络管理的内容按照其特定的任务和作用划分成了五个管理功能域，但在实现过程中，不同的管理功能域需要的服务支撑有许多是一样的，是有重复的。典型地，日志的建立、维护和控制是多个管理功能域都要用到的，如安全管理需要建立日志档案，故障管理同样要保留日志信息，甚至其他操作如配置管理、性能管理也都需要保留网络运营历史信息。为此，ISO 把各管理功能域中共同的功能抽取出来，专门定义了如下 16 个公共管理服务（ISO 10164），用于支持多个不同的管理功能域的实现。

（1）对象管理服务，支持对被管对象的操作，如创建、删除。

（2）状态管理服务，支持被管对象的状态模型定义和操作。

（3）关系管理服务，支持被管对象之间的关系定义和操作。

（4）告警报告服务，支持五个基本差错类型的通告报告。

（5）事件报告服务，支持告警报告的分拣、转发。

（6）日志管理服务，支持网络管理操作日志的创建、读取和删除等操作。

（7）安全告警报告服务，支持各种安全告警的流程化处理。

（8）安全追查服务，与日志管理服务类似，只涉及安全日志。

（9）访问控制服务，支持用户访问被管对象前的访问控制机制和规则。

（10）财务报表服务，支持用户对资源使用进行费用核算、门限设定等。

（11）负荷监测服务，支持网络业务量监测的性能模型，根据门限发出事件。

（12）测试管理服务，支持按照测试模型进行的测试流程。

（13）总结服务，支持对被管对象的属性等信息进行处理以产生概要信息。

（14）测试服务，支持发起闭环、连通性、数据完整性等测试。

（15）对象调度服务，支持对多个被管对象的活动顺序进行协调管理。

（16）知识管理服务，支持管理系统之间不经访问被管对象的信息交互。

网络管理功能域与公共管理服务是密切联系的，网络管理功能域、公共管理服务与网络管理协议之间的关系如图 2.5 所示。在一个网络管理系统中，网络管理人员看到的是按功能分类的五个网络管理功能域支持下实现的网络管理功能，这些网络管理功能域的实现需要调用特定的公共管理服务，而公共管理服务则直接调用网络管理协议的服务完成对于对等网络资源的管理和控制操作。

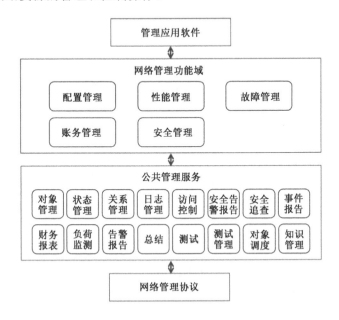

图 2.5　网络管理功能域、公共管理服务与网络管理协议之间的关系

　　限于篇幅，本节只列出了这些服务的名称和简单解释，有需要深入了解的读者可以阅读《现代通信网和计算机网管理》等参考文献。

## 2.2.3　配置管理

　　所谓网络的配置是指网络中应有或实有多少设备、每个设备的功能及其连接关系和工作参数等，反映了网络的组成及其工作状态。网络用户和运行环境是经常变化的，网络本身也要随着设备的维修、更新及网络扩容等经常调整改变。网络配置的改变可能是临时性的、短暂的，也可能是永久性的。网络配置管理就是用来识别、定义、初始化、控制和监测网络中的被管对象（设备、设施、资源、工作参数等）的功能集合。

　　配置管理功能域需要监视和控制的内容是：

● 被管对象及其活动状态；

● 被管对象之间的关系；

● 新被管对象的引入和旧被管对象的删除。

　　其中，每个被管对象有表征其工作状态和工作参数等的一系列变量，这些变量在网络管理和面向对象技术中称为对象的"属性"。网络中设施设备的状态与状况也是用属性来表示的。被管对象之间的关系则描述网络资源之间的互换性和连通性，包括操作和报告事件的传输路径等。

配置管理功能域实现对网元/网络设施设备（被管对象）的控制，负责向通信网设施设备提供运行所需的软件、数据；控制它们的工作状态，如开放业务、停开业务、转入备用、恢复运行、选择参数和进行例行维护等；监测它们的运行状态和工作参数；在用户所确定的配置得以生效之前，自动分析该配置的可行性；支持通信网设施设备的安装，包括增设和删减，并辅助执行验收程序。配置管理的功能主要包括如下方面。

### 1. 资源提供和配置

为网络设施设备提供（装载）运行软件和运行数据，比如设置路由表，指派无线频率、传输速率等，是在设施设备开始提供网络服务之前的一些管理操作。

### 2. 网络拓扑与操作

支持网络拓扑发现、拓扑存储、拓扑操作、图标编辑和多图层拓扑选择显示等管理操作。通常用基于 GIS 的网络拓扑图作为图形化的网络管理操作界面，为每类被管对象设计特殊图标，用各种连线表示设备之间的通信连接关系，用图标和连线的粗细、颜色、闪烁等表示其工作状态，并可通过图标的点击操作来查询、修改图标对应被管对象的属性等。

### 3. 状况监视和控制

能够在需要时立即监测被管对象的状况，将其反映在网络管理操作界面上，并支持必要的对象控制操作，如校核网络设备的服务状态，改变服务状况，启动内部诊断测试等。本项功能能够使发生故障的设备停止运行，重新安排别的设备投入运行，或者安排替换路由疏通业务量。

## 2.2.4　性能管理

性能管理支持对被管对象的行为和通信活动的有效性进行评价。它要收集统计数据，对这些数据应用一定的算法进行分析，以获得系统的性能参数。它要用一定的模型来评价一个系统是否满足吞吐量要求；是否有足够的响应时间；是否过载或系统是否得到有效的使用。性能管理与多个协议层次的概念和设施有关，如业务流量、队列长度、残留差错率、传输时延、链路利用率等。

为了达到有效管理的目的，管理人员必须及时知道并确定当前网络中哪些（哪个）

部件的性能正在下降或已经降低，同时必须能够确定网络的哪些部分过负荷了，以及哪些部分还未满负荷。性能管理的一系列活动用来持续地评测网络运营中的主要性能指标，以验证网络服务是否达到了预定的水平，同时找出已经发生或潜在的瓶颈，形成并报告网络性能的变化趋势，为管理机构的决策提供依据。

### 1. 网络性能管理的功能

典型的网络性能管理可以分成两大部分：性能监测和网络控制。性能监测指网络运行状态信息的收集和加工整理；而网络控制指为改善网络设备的性能而采取的行动和措施。它们完成的功能分别如下。

1）性能监测与分析

性能监测功能负责提供对管理信息流的在线监测手段，过滤有关性能的管理信息，如性能事件通报；也负责对网络业务量、响应时间等网络性能数据进行采集，以及从被管对象处收集性能统计数据。

性能分析功能包括管理网络性能模型，分析当前网络或被管对象的性能以检测性能故障，如果有性能异常则产生性能告警和性能故障事件；对当前性能与历史性能进行比较，以预测未来性能趋势；对当前和历史的性能进行分析，形成各种报表。

2）性能调节与控制

性能调节功能按照要求完成对被管对象的控制，改变网络的配置、工作参数、工作状态等，这些控制要求是由性能分析部分产生的。

性能控制功能支持操作员建立和修改性能评价准则及各种性能门限、设置控制网络运行模式的命令序列，这些命令序列是对性能事件的响应。

### 2. 反映网络性能的参数

性能管理中必须定义一组能够精确、全面又简洁地反映网络历史和当前性能的参数，即评价性能好坏的指标。参数中有代表当前性能水平的，也有反映长期性能变化过程的，最典型的当然是吞吐量和时延这两个参数。

下面是在性能管理过程中经常出现的一些网络性能参数。

1）面向服务质量等级的参数

提供令用户满意的服务是网络运营的最高目标，因此用以指示网络服务质量等级的参数也是最重要的一类参数。这类参数主要有如下几个。

（1）可用性（Availability）。它反映了用户可以使用网络服务的时间（百分比），只关心当用户需要网络服务时能否得到所需的服务。

（2）响应时间（Response Time）。响应时间在数据网中一般指从按下"回车"键到收到最后一个响应字符的时间，而在电话网中则常常指从用户拿起话机到听到拨号音的这段时间，或者从用户拨完号到听到回铃音的时间。

（3）正确性。用户希望网络提供的传输服务百分之百正确，但这实际上是不可能的。电话网一般用信噪比表示传输的正确性，数据网可用误码率或丢包率来表示传输的质量。

2）面向网络运营效率的参数

网络运营效率直接影响网络投资的经济效益。网络运营公司总是希望网络运营效率越高越好，但效率越高，也就越接近资源耗竭（效率的极限）。所以，为了保证网络的有效性，效率也并非越高越好。

反映网络运营效率的参数如下。

（1）吞吐量（Throughput）。吞吐量（严格地说，应该是吞吐率）是一个反映全网通信总容量的简单度量参数。吞吐量也可以是下面这些比较容易理解的量：

- 一定时间内各节点间的连接数目；
- 一定时间内用户之间的会话数目；
- 面向连接的网络中用户间的呼叫次数；
- 资源节点为远程批处理环境提供的作业数目。

（2）利用率（Utilization）。利用率是网络资源使用频度的动态参量，它提供的是现实运营环境下吞吐量的实际限制。网络管理系统往往可以给出各种各样网络部件的利用率，如线路、节点、节点处理机的利用率。分析网络中各部分的利用率就可以知道网络中的瓶颈在哪里、提高全网吞吐量的最佳方案是改进哪个部件等。

在典型的电话网中，能够反映网络利用率的参数通常包括下面这些：

- 呼叫次数（企图）；
- 呼叫完成次数；
- 呼叫持续时间；
- 呼叫失败或放弃次数；
- 所有干线忙时比例；
- 忙时（Busy Hour）平均负荷；
- 入网/出网呼叫次数。

从这些参数中可以得到电话网相对的利用率情况；而对数据网则可以计算精确的利用率。例如，从一条链路的额定容量（传输速率，单位为 bit/s）和监测到的每小时传送的比特数，就很容易得到每小时的链路利用率。各节点、各链路中的队列长度也可以间接反映利用率，根据排队论就可以从队列长度换算出大致的利用率。

## 3. 网络性能模型

网络性能管理的依据之一是网络性能模型，它是评估网络性能、制定网络性能调节决策的依据。网络性能模型可以是针对全网络的、部分网络的，也可以针对每个网络设备、设施、链路分别设计一个模型。网络性能模型设计中一般需要考虑以下几点。

1）轻微过负荷模型

- 轻微过负荷门限；
- 轻微过负荷清除门限。

2）过负荷模型

- 过负荷门限；
- 过负荷清除门限。

3）负荷溢出模型

- 负荷溢出门限；
- 负荷溢出清除门限。

根据网络性能模型，一旦网络（或某个设备、设施、链路）的业务量达到了某个门限，就要产生相应的事件报告或发出告警。

在现今大量引入机器学习等人工智能技术进行网络性能分析评估的情况下，网络性能模型会复杂得多，人工智能系统能够根据历史的网络性能数据自动学习获得网络性能模型，智能评估网络性能状态，提出性能调节建议。

## 2.2.5　故障管理

故障管理是用来动态地维持网络服务水平的一系列活动，包括及时发现网络中发生的故障和找出网络故障的位置及原因，必要时启动控制功能以排除故障。其中，控制功能可以包括诊断测试、故障修复或恢复和启动备用设备等。故障管理还必须支持日志控制和信息分发。故障管理是最早应用专家系统的网络管理功能域，基于人工智能的故障管理工具将越来越多。

网络管理中，故障是以特殊事件的形式表现出来的。差错事件报告提供了发现故障的线索。事件报告必须加上时间标记后作为差错日志保存，这样可以通过日志追查差错事件的相关情况。

故障管理功能域可以细分为故障发现、故障诊断、故障修复（或排除）和故障管理配置四个部分。

（1）故障发现。故障可以通过对被管对象的监视或从被管对象产生的差错报告中检测到。故障发现部分负责从网络管理信息流中检测出故障事件信息，或者接收来自其他管理功能域的故障事件。一旦检测到故障事件，就要把它们转换成一定的内部格式，形成故障日志，并传递到故障诊断部分直至故障修复设施进行处理。该部分也负责生成告警信息，以提醒管理人员。

（2）故障诊断。故障诊断是通过启动故障诊断操作序列来实现的。如果有备份配置，首先要做的是启动备用设备或设施（如迂回路由）来恢复网络的服务或恢复网络的性能，然后启动故障诊断操作序列，对有故障的服务设备或设施进行测试和分析。故障诊断操作序列的作用是设置一定的运行环境，让被管对象产生同样的差错以发现故障点。如果能够确定故障的位置和故障性质，则可以通过故障修复功能排除故障。

（3）故障修复。故障修复指利用预先定义的控制命令序列排除故障，使设备或设施能够恢复服务。对不同的故障有不同的控制命令序列，并且有的需要人工介入，比如更换部件等。有的故障是功能性的，如节点故障和链路中断；而有的故障则仅仅是性能方面的，如短时间的过载等。其中，后者只需要停止/抑制部分业务或选择迂回路由方案就可解决。

（4）故障管理配置。故障管理配置用来建立和维护故障诊断的规则、故障修复操作序列和故障日志库。该功能还需要进行网络故障趋势分析，提供预防故障的建议，为外部用户或管理人员输入人工故障报告提供支持。

事件报告是发现故障的重要手段。事件报告中需要给出许多识别信息，包括事件发生的时间、地点和事件类别等。下面是事件报告中需要包括的一些信息。

（1）时间戳。它记录事件发生的时间，一般由事件检测模块提供。如果没有时间检测模块，则事件管理功能域必须在收到事件报告时补上一个估计的时间戳。

（2）报告实体。这是产生事件报告的被管对象或监控进程的标识符，可能是一个被管对象，也可能是某个管理系统。

（3）被管对象标识。这个标识记录的是状况发生了变化、发生了事件的被管对象的标识符。发生事件和产生事件报告的可以是不同的被管对象。

（4）被管对象信息。这是发生了事件的被管对象除状态以外的有关信息，有助于事件的检查。它可以包括对象的当前属性等。

（5）事件类别。它用来区分不同的状况变化，是指事件报告中给出的"什么事件"信息，说明被管对象发生了"什么事"。事件类别可以按网络管理功能域分成配置事件、故障事件、性能事件、安全事件和账务事件五大类，在这五大类下面再进一步详细划分事件子类别。

（6）事件影响。这是指已经发生的事件在被管对象中产生的影响，可以用来确定事件的严重程度和应该采取的措施。可能的影响包括下面几个：

- 永久性影响（非外部动作不能恢复）；
- 暂时性影响（短时间后可以自动恢复）；
- 影响正在逼近（还未产生影响，但很快就会有）；
- 迟到的影响（产生影响的原因早已发生，但这时才表现出来或检测到）；
- 损伤性影响（仍然能够提供服务，但性能已经下降）；
- 禁用性影响（不能再提供服务）。

（7）原来状况。它给出发生事件（状况变化）前的被管对象的状况。这个信息并不是任何时候都能得到的，有的事件报告中没有该信息。

（8）结果状况。它报告事件发生以后被管对象的状况，可以只是事件有关的一部分状况信息。

（9）事件优先级。它可以是产生事件的进程指定的，也可以是事件管理功能实体根据事件报告内容和其他信息确定的。

（10）事件原因。它给出发生事件的可能原因，原因代码也可像事件代码一样按五个功能域来分配。它不是必需的。

（11）措施建议。为了排除事件所代表的故障，它给出建议操作员采取的措施，这些措施可能是用来诊断、排除或避免故障的。它不是必需的。

（12）系统动作。它说明了针对该事件会被自动执行的动作，可能是被管对象自己执行的，也可能是由管理系统实施的。这里指明的动作不一定是排除故障一类的活动，也可能是事件的后果。

（13）附加信息。许多附加信息是与事件类型有关的，如违反安全规则、超越门限和性能参数等信息都可作为附加信息随事件报告一起送到管理系统，这些信息将有助于故障的诊断和排除等。

## 2.2.6　账务管理

对于公用网来说，用户必须为使用网络的服务而付费，网络管理系统需要对用户使用的网络资源进行记录并核算费用，然后通过一定的渠道收取费用。用户使用网络资源的费用有许多不同的计算方法，如主叫付费、被叫付费或主被叫分担费用。不同的网络资源收费标准不同，而且不同的用户对服务质量的要求也不同，收费当然也不同。账务管理过程主要完成与费用有关的一些信息的收集、处理操作并给出报告，包括用户对网络中各种资源的使用情况等。

在大多数专用网中，内部用户使用网络资源并不需要付费，因而计费功能不是必不可少的，但这并不是说账务管理功能域在这些网络中没有用。前面已经提到，账务管理功能域的全部功能并不仅仅是核算用户费用，还包括记录用户对网络的使用情况、统计网络的利用率，以及检查资源的使用等功能。所以，账务管理功能域在专用网中也是非常有用的，可以帮助网络管理人员分析网络的利用情况。收费与不收费的主要区别就在于是否把使用资源的记录换算成费用，而费用核算只是账务管理功能域中的一小部分功能。

账务管理系统有许多事情要做。第一件事是收集每次服务中与费用有关的数据，比如使用到的网络元素、网络服务、额外开销、使用时间等。第二件事是设置明确的资费政策，按照服务的某些因素，如使用了多少资源、服务持续时间等进行资费分析，核算费用。因此，记录网络资源使用情况、核算费用、限制使用（费用达到门限而未付款）就是账务管理的重要内容。网络运营公司都千方百计地让用户在必要时可查阅到尽可能详尽和精确的计费信息，如在清单中列出每次通信的开始时间、结束时间、通信中使用的服务等级、通信中传送的信息量、通信对方等信息。

账务管理功能域可以进一步细分为四个模块，包括服务事件监测、资费管理、服务管理和账务管理配置。

（1）服务事件监测：首先从管理信息流中过滤出与用户使用网络服务有关的事件，如通信线路的使用次数、传送的数据量等，然后把这些事件存入用户账目日志，以便用户查询，再把这些信息发送到资费管理模块核算和统计费用。此外，该模块还要判断上述每个事件的合法性，如有错误或非法的事件，则自动产生账务故障事件或用户访问故障事件，并通报故障管理功能域。

（2）资费管理：依照一定的资费政策和预先定义的用户费率对用户接受的网络服务核算费用。费率可能是变化的，规则也可能很多，比如可能与用户服务的时间、日期有关，或者与服务内容和性质有关，还可能与备份资源的使用有关，也会与当时、当地的费用折扣率有关。该功能模块还必须监测一个用户的费用是否达到了上限。

（3）服务管理：对用户的可选路由和可获得的服务设置一些限制，这些限制是根据资费管理模块和账务管理配置模块发布的管控信息设置的。例如，对有的用户，在每天的一定时间内不允许使用大容量业务，或者根据用户对通信的可靠性、时效性等要求为用户提供冗余的资源，也可以根据量大优惠的原则在某用户使用网络达到一定程度后对其费率给予折扣优惠，还可以规定每个用户可以得到的网络服务（如有无长途自动直拨权）等。

（4）账务管理配置：支持操作员输入用户账号、调整费率及调整服务管理规则等本该由人工完成的操作。

## 2.2.7 安全管理

当公司、机关、团体和个人有不愿公开甚至高度机密的信息存储在网络资源中或通过网络传输时，就要考虑防止这些信息被"偷听"、被破坏或被篡改。因此，网络中需要有一些安全措施来保护这些信息，如设置口令对请求数据的用户合法性进行认证、对传输信息进行加密等。另外，网络运营公司也不希望未经注册的用户非法使用网络，因此网络必须具备用户身份认证和权限管理功能，使用户根据用户身份授权使用特定的网络功能。安全管理就是管理这些安全措施的活动。相应地，安全管理功能域成了关键的网络管理功能之一，其专门功能包括用户的身份认证和授权、网络安全态势的监测、网络安全故障的隔离、非法行为告警等。

早期的安全管理功能域想做的事就是保证网络不会被非法使用和破坏，使网络用户不会因使用网络而受到损害。随着网络安全的重要性越来越高，网络攻击和安全防护已经上升为一个专门的技术领域，甚至已经成为一个专门的一级学科——网络空间安全，与计算机科学与技术、软件工程、信息与通信工程并列，因此，广义的网络安全管理已经不再是网络管理的一个部分，而由专门的网络安全部门负责，其重要性和资金投入甚至已经超过了网络管理系统，这里就不再深入赘述了。但是，网络安全管理功能域一般都保留了用户身份认证和授权功能，防止非授权用户非法接入网络。

另外，作为网络运营和管理的核心，网络管理系统中存储着大量有关网络的核心机密数据和操作进程，如存储着用户口令、用户角色定义文件、用户计费数据、控制网络各部分运行状态的功能进程等。网络管理系统自身也需要足够的安全保护，如果网络管理系统遭受恶意的非法侵入，其损失将是巨大的，有丢失大量用户数据的危险，也有丢失计费数据的危险，甚至有使网络瘫痪的危险。因此，网络管理系统中的特殊安全问题就成了网络安全管理功能域的主要内容，也可以称为狭义的网络安全管理功能域。

从网络管理安全的角度考虑，比较好的办法是把网络管理系统的功能划分成若干部分，分别由不同的操作员负责各部分管理功能的执行和维护。这样便于把网络管理系统中最核心的功能，如安全性指示及其门限、用户口令、用户角色定义文件和安全管理有关信息的变更等，置于高度的安全保护之下。

网络管理操作会影响网络的行为，必须妥善控制。在执行某些操作之前，必须执行严格的访问控制与授权。为了尽可能避免网络管理操作对网络可能造成的不利影响，通常可以把网络管理操作分成以下三个安全等级，并按等级限制使用。

（1）由所有管理人员公用的管理操作，如账务功能、性能监测结果、各种报告的访问等，这些操作都是以查阅（读）为主的，不会对网络的运营造成影响。

（2）限制使用的管理操作，如告警处理、配置选择、故障管理、安全事件日志操作、被管对象的属性操作等。这些操作可以影响网络的一些运行状况，但不至于很严重。

（3）严格控制的管理操作，如安全告警处理、运营控制、网络设计和规划、用户口令设置和登录文件编辑等安全管理操作。这些操作将严重影响或改变网络的运行，甚至改变安全管理活动，一般只允许少数高级管理人员执行这些操作。

## 2.2.8　网络规划

网络规划（Network Planning）是网络发展和进步的基础。网络规划的目标是根据网络用户分布、业务流量预测等应用需求，加上合理的投资控制，确定最佳网络结构，确定每个网络节点的交换性能要求，确定每条传输链路的容量要求，以满足用户和投资者当前的及不断发展的需求和设定的服务等级要求。它既要使网络投资限制在合理的和可接受的范围内，又要使网络运行在高效的状态，保证网络的服务质量达到规定的水平。

网络规划是网络建设和发展的基础，可以分为短期网络规划、中期网络规划和长期网络规划等。在正确的时间、正确的位置建设恰当的网络容量不是一个简单的任务，既不能建造过多，浪费稀缺的投资；也不能拖延网络容量的扩展，因为网络瓶颈会导致糟糕的服务，并浪费其他网络资产。网络规划是一个复杂且费时的过程，要确定最佳网络拓扑和设施设备配置，并具有长远发展的可扩展性。网络规划过程需要了解投资者的业务发展计划及其变化，要考虑规划结果对现有网络的冲击，还要考虑在中短期内技术和网络体系结构的发展，在可用性、性能和成本等因素的限制下平衡各设计因素，得到最佳网络拓扑和设施设备配置。网络规划过程始于获取外部信息，由于因素很多，且又互相影响，所以最佳网络规划是很难精确达到的。

网络规划的基础是网络性能、业务流特性及其变化、资源利用率、用户需求、技术上的权衡和对未来网络需求的预测等。初始网络规划要对投资者的网络覆盖目标进行分析，对用户分布和用户流量情况进行调查及预测，对用户对现有网络服务的满意程度进行调查分析，对可能铺设传输链路和布设网络设备的地点进行预选。如果是网络变更规划，则还要掌握当前网络的运行情况，如网络吞吐量、传输时延等与网络规模和服务质量有关的数据，以现有的网络应用情况作为基础，再做上述分析。如果是应对突发事件的临时网络规划，上述分析必须根据实际情况进行必要的简化。

网络规划过程通常包括以下三个主要阶段。

第一阶段，根据用户需求和投资者的目标，收集和预测网络的流量负荷目标，这里的负荷是指用户-用户之间的业务流量，包括平均流量和峰值流量及峰值时间。如果类似的网络已经存在，可以利用这个网络的流量来推算准确的流量负荷。如果没有类似的网络，那就只能用流量预测方法来估计预期的流量强度。预测过程通常包括定义问题、采集数据、选择预测方法、进行分析/预测、形成文档和分析结果等步骤。

第二阶段，根据业务流量，参考传输成本和交换成本，设计网络拓扑，确定最优连接矩阵和交换机位置，并根据交换节点布局及其连通关系，将用户业务流量分配到不同的网络部分中，将用户业务负荷分解成各条传输链路和交换节点的负荷，形成流量矩阵和路由计划。这个阶段要考虑网络的可生存性，确保在部分故障条件下网络还能够保持服务质量，确保流量可以重新路由。

第三阶段，根据流量矩阵、路由计划及技术可能性确定各节点的交换能力和各链路传输容量的最低要求，确定组件的性能等级，以便满足通信服务质量要求，并确保网络的可靠性。涉及无线电通信的网络，还需要进行无线频率资源分配。

其中，第二、第三阶段一般都需要反复迭代进行修正，利用优化方法来设计满足成本和服务质量等条件的最佳或近似最佳的网络拓扑和设施设备配置。其中，第二阶段的拓扑优化方法主要是图论；第三阶段的优化方法通常是各种非线性优化方法。优化的过程也可以采用模拟网络运行的方法进行，需要建立复杂的模型来描述动态的网络，并模拟网络设备和路由协议的行为。目前已有一些工具可用于网络规划和模拟，常见的有网络配置工具、OPNET、NetSim、无线网络规划工具等。

大规模网络的规划，还可以进一步分解为传输网规划、接入网规划、业务网规划、支撑网规划等。当前的通信网络主要有以计算机作为终端的数据通信网络、以固定电话机作为终端的电信网络和面向移动终端的移动网络，由于网络服务的用户终端、承载的通信业务各有不同，它们的网络规划也有不同的侧重考虑。蜂窝移动通信网络规划可以进一步分解为覆盖规划、容量规划、频率规划等关键点，其特殊性在于基站规划（考虑位置、数量、信号强度、相互干扰、室内加强覆盖、城市楼房遮挡等）。数据通信网络的规划还要考虑网络地址规划和路由规划等特殊内容，合理的网络地址规划可以提高网络速度。

针对数据通信网络规划，国家管理部门设立了"网络规划设计师"资格考试，属"全国计算机技术与软件专业技术资格（水平）考试"的高级考试。其要求考生能根据需求规格说明书完成网络的逻辑结构设计、物理结构设计，选用适宜的网络设备，按照标准规范编写系统设计文档及项目开发计划；能指导制定用户的数据和网络战略规划，能指导网络工程师进行系统建设实施等。

好的规划管理系统将尽可能减少对现有网络的改变，只在必需的地方增加新设备，并能给出详细的未来网络配置任务书。

## 2.2.9　资产管理

网络资产管理主要指对与网络有关的设施设备，以及网络操作维护人员进行登记、维护和查阅等一系列管理工作，通常以设备记录和人员登记表的形式对网络物理资源及员工实施管理。设备记录中可以记录网络中使用的每台设备的参数设置（需要人工设置的部分）、设备利用率统计结果、有关制造厂家的数据（如维修部门联系电话、设备购买日期、使用期限等）、备用零部件数量及其储存地等信息。存储这些设备记录的数据库及其管理系统可以是网络管理系统的一部分，也可以是网络管理系统的附加功能，甚至可以独立于网络管理系统，因为这些数据大多是静态的数据，与网络运营过程无直接关系。

网络中除硬件（物理）设备以外，还有一些不单独成为设备的资源，如长途线路、租用线路等，这些都可以统称为设施。设施的记录可能简单些，可能只需要记录电路的容量、条数、编号、连接头位置、载波频率、工作条件、原来的用途和上次使用结束时的状况等。这些信息有助于分析这些设施的性能变化趋势，以预先发现故障苗头，及时修复，保证网络服务质量。

网络的操作维护人员是网络运营必不可少的，可以说是网络的一个重要组成部分。但在许多情况下都未把操作维护人员包括在网络"资源"管理的内容之中。其实，人员与资产一样重要，可以说人员是最有价值的"资产"之一，应该把操作维护人员的管理纳入网络资产管理的内容中。通过资产管理中的人员登记表，可将每个员工的工作经验、受教育程度、所受专门训练等人员素质信息保存在数据库中，这些信息在分配和安排操作维护任务时将非常有用。有了这些信息，好的智能化网络管理系统甚至可以根据网络的故障现象和可能的原因自动给出"让谁去维护、完成哪几个操作步骤"一类的信息（作为故障管理的延伸）。将人员包括在资产管理中还有助于制定人员培训规划。

# 2.3　网络管理信息库

网络管理系统的组成要素之一是被管对象，严格地说是管理信息库（MIB），即被管对象的集合在管理系统中的映射。管理信息模型就是描述被管对象的规定和工具，模型中规定了管理系统感兴趣的资源特性、参数及其表示方法。管理信息模型一旦建立，从管理系统的角度看，一个资源的功能和参数就完全确定了。

另外，还必须建立管理信息模型元件与物理实体或网络部件之间的实际对应关系，这样就可以实现当管理系统对管理信息模型进行操作时，物理实体也随模型元件的变化而自动变化，以达到控制的目的。反过来，当物理实体发生变化时，该实体对应的管理信息模型也能跟着变化，并使管理系统及时知道被管对象的变化。总之，模型元件和物理实体之间必须保持一致，模型的状态和参数是受管理系统和物理实体共同控制的。

要建立管理信息模型，最重要的有两个方面：管理信息结构（Structure of Management Information，SMI）和 MIB。前者是管理方和被管理方描述及理解一个被管对象信息模型的共同基础；后者是已经统一描述且各方都遵循的被管对象集合，其中的模型元件和实体之间不会"张冠李戴"。

## 2.3.1　管理信息结构

管理信息结构（SMI）是描述管理信息模型的规则和工具。SMI 定义了 MIB 中被管对象的组织模式和数据格式，以便区分不同的管理信息和描述各种管理信息元素。它还规定了如何理解 MIB 中的管理信息，以及用于定义具体管理信息的样板和工具。SMI 使用了 ASN.1 抽象句法记号（语言）。

描述管理信息、建立管理信息模型最好采用结构化的方法，目前可以利用的就是面向对象技术。ISO 的 SMI 就是用基于扩展的面向对象数据模型构造的，一个被管对象必定属于一个或多个对象类，并具有多个属性，包含可以对被管对象进行的操作、被管对象将会发出的通报等反映被管对象特性的信息。其中的主要扩展是"事件通报"特性。传统的面向对象软件中，对象和用户之间的操作采用同步模型（用户发起对对象的操作，对象被动给出响应），而事件则是随时出现的，是一种异步操作模型，即被管对象可以自发地发送事件，不必由管理系统发起操作。

MIB 中有许多具有相同管理操作、属性、行为特性的被管对象，它们属于同一个"被管对象的类"。被管对象的类（一般称被管对象类，有时也简称对象类）只是一个虚的概念或预先定义了的类别，比如"交换机类"被管对象。符合"交换机类"特性的一个具体的"A 交换机"被管对象就称为"交换机类"被管对象实例。对被管对象的操作实际上都是对被管对象实例进行的。

ISO 的 SMI 给出了概括性的被管对象定义方法，即如何说明新的被管对象类。其规定每个被管对象都要从类名、属性、操作、行为和通报五个方面进行描述。

### 1. 类名（Class）

类名规定了所定义的被管对象属于哪个被管对象类，被管对象类规定了所有该类被管对象实例应具有的特性。

### 2. 属性（Attribute）

属性只是一种称呼，用来指被管对象的特性值。给特性赋予一个名字，该特性也称为属性。每个被管对象都有许多属性，属性可以代表被管对象的各方面特性和工作状态，如不断变化的存储容量、队列长度等。属性可以是简单的变量，也可以是一个复杂的结构化数据，这样的属性有多个值。属性值是管理系统可以访问的，但修改活动不是任意的，要受内部条件和被管对象定义时的规定的限制。

ISO 还引入了"属性群"。属性群代表若干个属性，只要给出属性群的名字，就意味着给出了该群内的所有属性名。对属性群的操作实际上是对群内每个属性分别进行操作。

### 3. 操作（Operation）

被管对象一般都代表活动的实体，呈现一定的行为特性。这就需要通过对被管对象的操作来实现对相应实体行为的控制。被管对象类定义中要明确规定允许执行哪几种管理操作。这些管理操作可以分为两类：一类是对被管对象本身的操作，其操作结果会改变整个被管对象；另一类是对被管对象属性的操作。

ISO 定义了以下三个面向整个对象的操作。

● 创建（Create）：为该类被管对象创建一个新的被管对象实例；

● 删除（Delete）：删除被管对象实例自身；

● 执行动作（Action）：执行指定的动作，这个动作在被管对象类中有专门定义。

ISO 定义了以下五种面向被管对象属性的操作。

● 取属性值（Get）：将指定属性的当前值读出并返回给管理系统；

● 替换属性值（Replace）：用管理系统给出的值替换指定属性的当前值；

● 添加属性值（Add）：给多值属性（集合值属性）添加一个额外的值；

- 移除属性值（Remove）：从多值属性的众多值中删去指定的值；
- 置默认值（Set）：将指定的属性值置为默认值。

### 4. 行为（Behavior）

它描述的是被管对象的行为特性，描述形式是一系列的"条件-结果"，即在什么条件下要产生什么事件或执行什么动作，然后进入什么状态，以及对属性或对象操作的各种约束条件、在什么条件下对象不变化等，包括对象属性值改变的条件、发出通报的条件等。

### 5. 通报（Notification）

它是被管对象可能主动发出的报告类信息，用以向外部通报被管对象内部的变化或操作。

ISO 定义的被管对象看起来比较复杂，而互联网的被管对象定义就要简单一些，可以说只是上述被管对象定义的一个子集，没有"面向对象"的特性，每个被管对象就是一个或一组属性。例如，一条通信链路是一个被管对象，可以用链路速率、共享的还是专用的、半双工还是全双工等属性来描述。互联网的被管对象也采用 ASN.1（句法）结构来描述被管对象类，但又不完全遵循 ASN.1 全集，而只利用五个原语类型，即 INTEGER（整数）、OCTET（任意字节串）、STRING（ASCII 码字符串）、OBJECTIDENTIFIER（对象标识符）和 NULL（空），加上两个构词类型，即 SEQUENCE（顺序）和 SEQUENCEOF（……的顺序）。其中，整数可以是枚举类的。

## 2.3.2 管理信息库

管理信息库（MIB）就是所有被管对象实例（后面有时会省略"实例"二字）的集合，网络管理活动就是通过访问和操作 MIB 中的被管对象实现的。

被管对象就是对网络设施设备的抽象，网络管理中可以控制、管理和操作的每件"东西"，包括网络中的软硬件设备、设施和资源，都用一个全网统一的"被管对象"来表示。一个被管对象可以代表单个实体，也可以代表多个资源，如无线通信频带。被管对象与网络中的真实资源不一定要有一一对应关系，因为并非所有的资源都要有相应的被管对象去表示。反过来，也有一些被管对象并不代表实际的网络资源，它们的存在仅仅是为了网络管理上的需要，如事件日志（Eventlog）和过滤器（Sieve）。

下面介绍互联网的 MIB，通过实际的例子来介绍什么是 MIB、什么是被管对象。

互联网的 MIB 有两个版本，最早的称为 MIB-I，只定义了 114 种被管对象类，只包括故障和配置管理所必需的被管对象。MIB-I 把被管对象分成 8 个组，每组被管对象是一个整体。如果某个设备支持某组被管对象，则必须支持该组内的全部被管对象。新版本 MIB-Ⅱ是于 1989 年发布的，在保持与 SMI 和 MIB-I 兼容的前提下，增设了传输组和 SNMP 组。MIB-I 中被管对象的分组及该组内定义的被管对象类个数如表 2.1 所示。

表 2.1　MIB-I 中被管对象的分组及该组内定义的被管对象类个数

| 组名字 | 被管对象所对应的资源 | 被管对象类个数 |
|---|---|---|
| SYSTEM | 被管理的整个节点 | 3 |
| INTERFACE | 网络连接接口 | 22 |
| AT | IP 地址翻译实体 | 3 |
| IP | 互联网内部协议 | 33 |
| ICMP | 互联网的控制报文协议 | 26 |
| TCP | 传输控制协议 | 17 |
| UDP | 用户数据报协议 | 4 |
| EGP | 外部网关协议 | 6 |
| 被管对象类总数 | | 144 |

## 2.3.3　被管对象类注册树

为了便于各机构和组织在定义被管对象时互相参考，不至于重复定义相同的被管对象类，也为了避免不同机构和组织分别定义同名而不同内容的被管对象类，ISO 提出了"被管对象命名树"的概念。每当定义一个新的被管对象类，就应该按照该命名树的规则给被管对象类分配一个标识符（名字），并在管理机构注册。所以，命名树也称为注册树。在注册树中注册的对象类及其相关事项的定义必须统一使用 ASN.1 语言。

在注册树中，一个被管对象类的全局标识符（全称）是由从根开始到该被管对象类节点所经过的所有节点上的局部标识符拼接起来的。这个全局标识符在 ASN.1 语言中有一个专门的数据类型，称为 OBJECT_IDENTIFIER。

图 2.6 是由已经注册的被管对象类构成的一部分注册树，实际上注册树不标注中文，只用英文，但为了方便理解，图中用中文进行了标注。根节点上有三个分支，分别为 CCITT、ISO 和 CCITT/ISO 联合体（注：尽管 CCITT 已经撤消，但这里仍沿用 CCITT 确立的名字、术语和规定）。从图中看，按照上面介绍的方法，ComputerSystem 的全局标识符应该是 Root.ISO.member_body.Canada.OSI/NM_Forum.ObjectClass.ComputerSystem，或者用数字代码表示，应该是 Root.1.2.124.360501.3.5。

互联网的管理对象也是按照 ISO 的被管对象类注册树进行注册的。在图 2.6 中，Internet 是 ISO 节点下 IdentifiedOrganization（承认的组织）分支下 DOD（美国国防部）分支的一个分支，即互联网的所有管理对象类都是 ISO.IdentifiedOrganization.DOD.Internet 子树下的一个节点，由 MIB 管理机构在接受被管对象类注册时发布相应的被管对象类定义，在层次结构的注册目录中分配被管对象类的名字。图 2.7 中给出了互联网中纳入 OSI 命名层次结构的注册树。

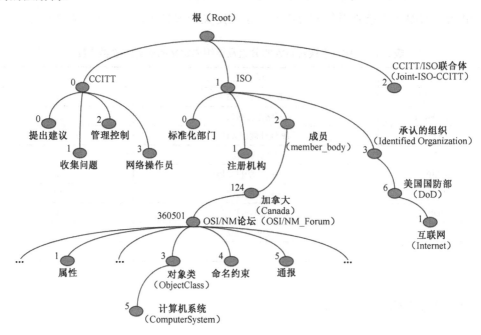

图 2.6 由已经注册的被管对象类构成的一部分注册树

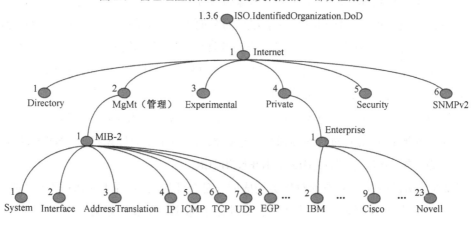

图 2.7 互联网中纳入 OSI 命名层次结构的注册树

# 2.4 网络管理协议

网络管理协议（Management Protocol）是网络管理系统的组成要素之一，负责在管理系统（Manager）与被管系统的管理代理（Agent）之间传递操作命令，管理系统通过管理协议访问"管理代理"提供的被管对象信息，包括创建、删除被管对象，以及读取属性，让它们执行一些动作，或者从它们那里接收事件通报。

管理协议是网络协议栈（现在一般都指 TCP/IP）中的应用层协议，不负责信息的可靠传输，只负责在底层传输协议的支持下收发、解释和执行管理操作命令/响应。

ISO 对网络管理的标准化工作始于 1979 年，最早的网络管理标准就是 ISO 制定的。20 世纪 80 年代初，ISO 在开放系统互联（OSI）七层协议模型的基础上，制定了公共管理信息服务（CMIS）和公共管理信息协议（CMIP）标准，用于支持管理系统和管理代理之间的管理信息交互，其采用"面向对象的操作"。CMIP 功能强大且全面（近乎完美），一度得到美国政府和众多大公司的极力支持，被寄予厚望。

但是，由于 CMIS/CMIP 采用了先进但当时还不太成熟的面向对象技术，被管对象要完全按照面向对象的方法去实现就成了一道坎，难以得到工业界的支持。另外，CMIP 是基于 OSI 七层协议模型设计的，需要第六层（会话层）协议的支持，而 ISO 的 OSI 七层协议网络体系结构并未在计算机网络中得到实质性的推广应用。因此，CMIS/CMIP 迟迟没有获得应用。

不过，20 世纪 80 年代，ITU-T 在制定电信网管理标准时选用了 CMIS/CMIP 作为其网络管理接口 $Q_3$ 的管理操作协议，并制定了电信管理网系列标准，其后来在电信网的管理方面得到了大量应用。

在 ISO 的网络管理标准出台之前，已经占据计算机网络"半壁江山"的互联网一边等一边不得不考虑临时的替代方案。为此，IETF 在原有的简单网关监控协议（SGMP）的基础上设计了简单网络管理协议（SNMP），用以管理 TCP/IP 互联网和接入的局域网。在 ISO 的网络管理标准 CMIS/CMIP 出台后，IETF 又提出了向国际标准过渡的第二代方案，即 TCP/IP 之上的公共管理信息服务与协议 CMOT（CMIS/CMIP Over TCP/IP）。其提供的是 CMIS，但其运行环境是基于 TCP/IP 的，既可以利用面向连接的 TCP 服务，也可以在无连接的 UDP 支持下工作。

最早的 SNMP 产品于 1988 年发布，之后，几乎所有的互联网设备和设施厂家都开始支持 SNMP 并开发基于 SNMP 的网络管理产品。1989 年后，SNMP 的应用发展很快，众多机构、厂家和用户都想把它作为一个已经得到验证的网络管理协议用于多厂商产品网络的管理，这已经超出了互联网的范围。IETF 的本意只是暂时先用 SNMP，待 CMIP 成熟和广泛应用后就用它来替换 SNMP。但是，直至现在，从 SNMP 向 CMIP 的迁移也并没有像预想的那样发生，临时措施反而超越 CMIP 成了事实上的计算机网络管理标准。

与 SNMP 相比，CMIP 的主要优势在于：CMIP 采用了面向连接的可靠传输机制，SNMP 采用了 UDP；CMIP 协议数据不仅用于传递管理信息，还可以执行各种操作，而 SNMP 则不能；CMIP 内置安全机制，包括访问控制、认证和安全日志，而 SNMP 的安全机制比较简单；CMIP 功能强大，在单个请求中可以实现多种功能，在异常网络条件下具有更好的报告功能。

## 2.4.1 CMIS/CMIP

标准文本 ISO 9595 定义了网络管理需要的管理信息服务支持，即 CMIS；ISO 9596 定义了用于完成管理信息交互的一个应用层协议，即 CMIP。

根据标准，执行 CMIP、提供 CMIS 的协议实体称为 CMISE，其用户就是管理系统和管理代理。CMISE 接受用户调用，基于 CMIP 收发、解释和执行管理服务请求/响应，即 CMIP 的数据单元。CMISE 又利用了 OSI 其他协议层的联系控制服务元素（ACSE）和远程操作服务元素（ROSE）来实现自己的管理信息服务。CMISE 与相关元素的关系如图 2.8 所示。

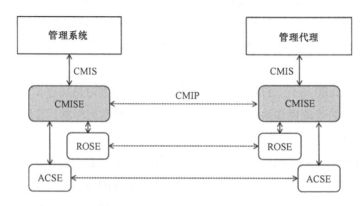

图 2.8　CMISE 与相关元素的关系

CMISE 的 CMIS 有以下两类共七个服务原语。

（1）管理操作服务（Management Operation Service）类原语：支持管理系统向管理代理暨被管对象发出管理操作，并返回响应，如创建、修改、删除被管对象，或者读取属性、执行动作等。服务原语有 M-GET、M-CANCEL-GET、M-SET、M-ACTION、M-CREATE、M-DELETE，共六个。

（2）通知服务（Notification Service）类原语：支持管理代理暨被管对象向管理系统报告被管对象发生的事件或事件集。服务原语就一个，即 M-EVENT-REPORT。

管理系统通过调用服务原语将管理操作命令 Get/Set/Action 交付给 CMISE，CMISE 按照 CMIP 将管理操作命令 Get/Set/Action 传送到管理代理方的 CMISE，该 CMISE 再通过服务原语将管理操作命令 Get/Set/Action 交付给管理代理。管理代理根据管理操作命令 Get/Set/Action 中的参数选择被管对象实例进行访问、操作。同理，管理代理可以将事件报告通过 CMISE 的事件通知服务向管理系统报告。

关于 CMIS/CMIP 的细节这里就不做详细介绍了，有需要深入了解的读者可以阅读《现代通信网和计算机网管理》等参考文献。

## 2.4.2 SNMP

推出 SNMP 的本意是临时措施,在尽可能短的时间内提供一个虽然简单但实用的网络管理协议,因此 SNMP 的设计很实用,也很简单。在 TCP/IP 成了计算机网络中事实上的标准化协议之后,临时性的 SNMP 反超 CMIP 成了事实上的计算机网络管理标准。但是,其简单性带来的缺点也显露无遗。

最初,四个工程师开发了一个协议,将其称为简单网关监控协议(SGMP),用来对通信线路进行监控。1989 年发布的 SNMPv1 就是对 SGMP 的改进。SNMP 是一种简单的请求/响应协议,即管理系统发出一个请求,管理代理返回响应。为了改进 SNMP,1992 年发布的 SNMPv2 版本主要增强了 SNMP 的管理操作能力。1998 年发布的至今仍是最新版的 SNMPv3,则主要增强了安全性。

### 1. SNMPv1 的安全框架

管理系统和管理代理等利用 SNMP 互相通信和操作的软件统称为 SNMP 应用实体,SNMP 的安全框架决定了两个 SNMP 应用实体之间的身份认证和权限检查策略。

SNMP 定义了应用实体之间的群组关系,这个关系称为团体或共同体(Community)。若干个应用实体和 SNMP 组合起来形成一个团体,不同的团体用名字来区分。一个 SNMP 应用实体可以加入多个团体。团体的名字必须符合互联网的层次结构命名法。团体用来实现 SNMP 应用实体间的身份认证,只有属于同一个团体的管理系统和管理代理之间才能执行 SNMP 管理操作。

SNMPv1、SNMPv2 都只实现了简单的身份认证,接收方仅凭团体名来判定收发双方是否在同一个团体中,若是则收下报文执行管理操作。

接收方在验明管理操作发起方的身份后,要对其访问权限进行检查。访问权限检查涉及以下多个因素。

(1)团体成员可以对哪些被管对象进行操作,这些可操作被管对象称为该团体的"可见对象"。

(2)团体成员对可见范围内每个被管对象的访问模式,可以是只读或可读写。

(3)每个被管对象的访问模式限制(比如有些被管对象只能读不能写)。

管理代理中有专门的定义文件,预先定义了加入的团体名、每个团体成员的可见范围和访问模式限制等。

很明显,这种身份认证方案还不是很可靠(安全),但这个方案有足够的通用性。

### 2. SNMP 的管理操作

SNMP 是一个异步的请求/响应协议，即 SNMP 的请求和响应之间没有必定的时间顺序关系。但是，每个请求都要有一个 RequestId，响应中带上它，用它实现请求和响应的配对。SNMP 是一个对称协议，没有主从关系，SNMP 之上的管理系统和管理代理都可以得到完全相同的服务。由于下一层的传输服务总是存在残留差错，请求或响应的丢失由发送方自己负责纠正或克服。

SNMP 中设计了以下四种协议交互过程，即管理操作，每个操作都要受前述团体及其权限的限制。

（1）读取被管对象的属性。管理系统通过 SNMP 发送 GetRequest 给管理代理，管理代理在 GetResponse 中返回被管对象的属性。

（2）读取下一个被管对象及其属性。管理系统通过 SNMP 发送 GetNextRequest 给管理代理，管理代理在 GetResponse 中返回下一个被管对象实例名及其属性。被管对象的前后关系是按照被管对象类注册树中的顺序排列的。

（3）设置被管对象的属性。管理系统通过 SNMP 发送 SetRequest 给管理代理，由管理代理完成被管对象的 Set 操作，然后用 SetResponse 返回操作结果。

（4）管理代理主动报告事件。管理代理通过 SNMP 发送 Trap 给管理系统，这个操作不需要响应。

SNMP 应用实体之间的协议数据单元（PDU）只需要有两种不同的结构和格式：一种用于 Get/Set 等操作；另一种用于 Trap 操作。SNMP PDU 的基本格式如图 2.9 所示，要包含 SNMP 的版本信息、团体名和一些操作数据。而 SNMP 应用实体之间并不互相协商版本信息，凡是收到的未知版本号的管理信息报文一律丢弃。限于篇幅，本书不对 SNMP 的 PDU 进行详细介绍，有需要深入了解的读者可以阅读《现代通信网和计算机网管理》等参考文献。

操作名=Get/GetNext/Set

| 版本号 | 团体名 | 操作名 | RequestId | 0 | 0 | {被管对象实例名，属性} |
|---|---|---|---|---|---|---|

操作名=*.Response

| 版本号 | 团体名 | 操作名 | RequestId | error status | error index | {被管对象实例名，属性} |
|---|---|---|---|---|---|---|

操作名=Trap

| 版本号 | 团体名 | 操作名 | enterprise | agent address | generic trap | agent address | generic trap | {被管对象实例名，属性} |
|---|---|---|---|---|---|---|---|---|

图 2.9　SNMP PDU 的基本格式

SNMP 的设计是独立于具体的传输网络的，它既可以在 TCP/IP 的支持下操作，也可以在以太网的直接支持下操作。TCP/IP 支持下的 SNMP，利用 UDP 传输 SNMP PDU，管理代理使用 UDP 端口 161，管理系统使用 UDP 端口 162。

上述管理操作都是在管理系统与管理代理之间进行的，SNMP 并未设计管理系统与管理系统之间的操作。因为不设应答机制，用 UDP 传送的 Trap 有可能丢失，而这些 Trap 可能正是重要的警报。尽管 SNMP 的管理操作功能有这些局限，但这也极大地减弱了 SNMP 的复杂性。

### 3. 被管对象的遍历

如前所述，SNMP 的被管对象采用了注册树命名方案，每个被管对象实例的名字都由被管对象类名字加上一个后缀构成。每个管理代理也是按照注册树的结构来存储被管对象实例的，可以称其为被管对象实例树。这种树状的存储结构为被管对象的遍历提供了可能，SNMP 的 GetNext 操作就用于按照被管对象实例树顺序地从一个被管对象找到下一个被管对象，GetNext（object-instance）操作的返回结果是一个被管对象实例名及其属性，该被管对象实例在被管对象实例树中紧排在指定标识符 object-instance 被管对象实例的后面。

这种处理方法的好处在于，即使不知道被管对象实例的名字，管理系统也能从根被管对象名开始，逐次使用 GetNext 操作找到每个被管对象实例，并读取它的有关信息。

### 4. SNMPv2

SNMPv1 的简单性带来的主要缺陷是管理操作功能少，安全机制弱，采用 UDP 传送不能保证管理报文的正确传送。为此，SNMPv2 重点增强了管理操作功能，主要有以下几个方面。

1）支持从管理系统到管理系统的操作

为了支持分布式管理，SNMPv2 允许在一个网络中建立多个管理系统来分别管理，且一个管理系统 A 可接受另一个管理系统 B 的管理操作，这时管理系统 A 就执行管理代理的功能，管理系统 A 管辖内的被管对象实例都可以被管理系统 B 操作（如果有权限）。

2）新增 Inform 操作

一个管理系统也能发送 Trap 给另一个管理系统，但采用可靠消息 InformRequest，这是需要接收方确认的，所以比 Trap 可靠。

3）新增 GetBulkRequest 操作

支持批量操作，能够通过一条操作命令检索大块的数据，特别适用于在表格中检索多行数据。

4）被管对象扩充

支持更多的数据类型，比如高速网络的 64 位计数器；定义了更丰富的错误代码，能够更细致地区分错误。

5）统一了报文格式

采用 SNMPv1 中 Get/GetNext/Set PDU 的格式来传送 Trap，只是用 sysUpTime 和

snmpTrapOID 作为 Variable bindings 中的变量来构造报文。

### 5. SNMPv3

SNMPv1 和 SNMPv2 的安全机制比较弱，团体名没有加密，很容易被监听和仿冒，因此众多设备厂商不实现 Set 操作，以免被恶意操作。1998 年发布的 SNMPv3 高层管理框架（Administrative Framework）包括 RFC 2271～ RFC 2275 等几个文档。SNMPv3 主要增强的是管理操作的安全机制，提供的安全服务有数据完整性、数据源端认证、数据可用性、消息时效性和限制重播防护。其安全协议由认证、时效性、加密三个模块组成，提供三个安全等级：高级安全既认证又加密；中间级安全只认证不加密；最低级安全既不认证也不加密。技术上，采用 USM（基于用户的安全模型）提供认证和加密功能，采用 VACM（基于视图的访问控制模型）确定用户是否被允许访问特定的 MIB 对象及访问方式。

1）USM

USM 引入了用户名和用户组的概念，可以设置是否使用认证机制和加密功能。认证机制用于验证报文发送方的合法性，避免非法用户的操作；对管理操作报文的主体部分加密，包括认证和操作数据，可以防窃听。SNMPv3 还专门设计了一个复杂的认证流程，每次操作都要先从对方获得用户认证和加密的参数，并进行时间同步。

2）VACM

VACM 定义了组、安全等级、上下文、MIB 视图、访问策略五个元素，这些元素共同决定用户是否具有访问某个对象的权限。在同一个 SNMP 应用实体上可以定义不同的组，组与 MIB 视图绑定，组内又可以定义多个用户，每个用户只能访问组 MIB 视图中的对象。

# 2.5  网络管理技术的发展

网络管理方法是随网络和计算机技术的发展而逐步演变的。随着网络规模越来越大，一个网络由一个管理系统负责集中管理越来越困难，多个管理系统共同管理一个互联的或合作的网络就不可避免，因此一个网络的一体化（综合化）管理方法应运而生。

随着面向对象设计和编程技术的进步，早期无法实现的 CMIP 也进入了实用阶段。人工智能技术的发展更是为网络管理专家系统的诞生和发展奠定了基础。

因为篇幅的关系，本节只重点介绍网络管理的综合化和智能化两个方面。

## 2.5.1　网络管理综合化

随着计算机技术和数据传输技术的应用，基于集中控制对全局控制的优势，各网络设施或其独立监控装置收集的网络运行数据一般都汇集到网络管理系统进行集中分析处理，产生有关网络调整的指令后再分发到网络设施，以便对网络实施控制，这就是集中式的全局网络管理，能够对整个网络进行全局优化。

对于规模较大的网络，只设一个网络管理系统是不够的。也就是说，需要在网络中建立多个区域网络管理系统，由它们对区域内的网络设施设备进行区域范围内的集中管理。此时，这些区域化的网络管理系统如何协作实现全局化的网络管理就成了一个重要问题。

实际上，一个规模稍大的网络，即使是一个企业的网络，往往也使用了多个厂家的产品，而厂家通常都会提供一个针对自己产品的网络管理系统。这样，一个网络中就无意地建立了多个厂家的网络管理系统，每个系统往往只能管理对应厂家生产的设备。这也是一个网络中存在多个网络管理系统的重要原因。如何让这些网络管理系统协作以实现整个网络的统一管理也成了一个重要问题。

全世界互通的网络一般是由许许多多个独立管理的专用网和公用网互联组成的，如公用电话网、移动通信网、互联网等，都是由各国家的网络互联起来的，甚至一个国家的网络还由好几个网络互联组成。一般是谁的资产，谁就会建立一个覆盖自己网络（世界网络的一部分）的网络管理系统。网络要互联，这些局部的网络管理系统当然也要协同才能实现全局网络优化，尤其是费用结算。这又涉及如何让这些网络管理系统协作以实现整个网络的统一管理的问题。

凡此种种，都涉及一个问题：多个网络管理系统之间需要协同，全局化管理整个网络。有些网络管理系统是按照国际标准设计实现的，可以按照标准协议互通；有些网络管理系统之间则不符合同一个网络管理标准，互不兼容。这些问题归结为一个问题，就是多个网络管理系统的集成问题，要实现网络管理的综合化或一体化（Integration）。即使是一个企业内部的网络也有需要综合化的。

综合化之前，互不兼容的网络管理系统共存，网络管理人员不得不通过不同的操作台管理每个子网，且熟悉不同的网管界面、操作流程等。各子网管理系统之间的信息交换要操作员手动来实现。

综合网络管理系统（Integrated Network Management System，INMS）要实现的是，协调各区域、各专网或厂家设备已有的网络管理系统，操作控制全网设备、设施和资源，从全局的视角优化整个网络，优化全局网络服务质量。对网络管理人员来说，这样就能够通过一个操作台管理所有子网，监控各子网的运行，从全局角度进行业务量引导、性能优化，并进行综合故障定位和故障排除。例如，对于一个光缆传输设备的故障，会在相应的光缆传输网管理系统和该光缆承载的电话网、数据网的管理系统中都发现"故障事件"，如果实现了综合化的网络管理，只要处理光缆传输网的"故障事件"即可；否则，承载网上的管理人员发现故障事件，费时费力地处理完了，却发现根本不是自己网络的问题。

将多个互不兼容的网络管理系统综合在一起的方法主要有以下三种。

（1）综合化方法，即在各子网管理系统上加一层更高一级的综合管理系统。

（2）翻译方法，即各子网管理系统之间互相转换格式，以便互相识别和共存。

（3）标准化方法，即以标准为基础实现公共管理语言和公共管理功能集合。

前两种方法的示意如图 2.10 所示，而标准化方法则可以认为是它们的特例。翻译方法在异构网络管理系统较多时就比较麻烦，$N$ 个子网管理系统综合，要设计 $N(N-1)$ 个管理协议翻译器。如果各子网管理系统是同步建设的，最好采用标准化方法。

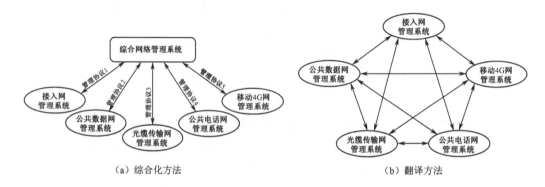

（a）综合化方法　　　　　　　　　　　　（b）翻译方法

图 2.10　综合化方法和翻译方法示意

网络管理技术出现、网络管理国际标准发布已经三十多年了，网络管理技术已经相当成熟，网络管理系统也大量存在，近十多年来研制的大型网络管理系统也大多已经按照综合化方法或标准化方法实现了综合化。

## 2.5.2　网络管理智能化

现代通信网已经发展到使网络的维护和操作相当复杂的程度。当前，集中维护和控制网络的趋势越来越明显了。人工维护和故障诊断往往费时，而且不能在线进行。尤其是对间歇性的故障，人工维护往往无法及时发现和排除。引入人工智能技术实现网络管理的自动化和智能化势在必行。专家系统作为技术专家的辅助工具，是最早被应用于网络管理的智能技术。专家系统是解决问题的软件，它可以处理不完整和不确切的数据，可以捕获间歇和偶尔出现的问题，可以处理复杂问题，提供处理结果的解释，甚至可以自动学习和积累经验。

人工智能在网络管理中的应用可以分成以下四类。

（1）在网络规划和设计（包括网络配置）中用于在线分析，可支持网络配置的动态修改。在网络操作中，智能系统可用于故障发现、故障诊断和路由选择，采用分布式人工智能技术，可使智能系统的响应时间达到实时的水平。在网络的运行监视中，智能系统可用于（主要是离线进行）网络历史运行数据分析、告警数据分析，以便预报故障和支持新设备的安装规划等。智能数据库可用于存储数量庞大的网络管理数据。

（2）在故障发现和分析诊断中用于解释网络运行中的差错信息、诊断故障和提供处理建议。将来，性能监测智能系统可分析运行参数和数据，在用户感知到网络故障之前预测和排除故障。分布式的智能技术将提供故障诊断和故障修复的紧密结合，提供自动通知修复功能。实时智能系统的意义在于，智能系统能跟上网络元素发出的告警信息，它不仅给操作员提供原始的告警数据，而且给出操作建议。

（3）有人工智能的支持，可以实现用户可剪裁的服务特性，必要时可以轻松地重构服务配置。智能系统可以帮助用户分析并实现剪裁服务。

（4）开发环境中的人工智能可以提高网络管理软件的质量。

故障诊断和网络自动维护是最早应用人工智能的网络管理领域。

# 2.6　小结

随着网络的应用与发展，计算机网络和电信网的管理已经形成了专门的知识领域，ISO 制定了开放系统互联的网络管理标准和网络管理协议 CMIP，IETF 对 TCP/IP 网络的管理制定了 SNMP 系列规范，ITU-T 则发布了电信网的管理标准，这些网络管理的标准和规范逐步融合，出现了交叉使用和协作共存的现象。

卫星通信网管控也是在各种网络管理标准和规范的基础上发展起来的，卫星通信网也离不开配置管理、性能管理、故障管理、账务管理、安全管理等各种管理功能。本章的目的是对网络管理的理论做一些概括性的介绍，主要参考了文献[3～5]，对网络管理的模型、功能、信息库、协议等进行了介绍，以使读者能更好地理解后续章节的内容。

# 第 3 章

# 按需分配卫星通信网组网控制架构

·······

根据第 1 章的介绍，卫星通信地球站组网应用方式总体上可以分为以下两类。

（1）固定预分配方式。哪个站与哪个站建立卫星传输链路要预先规划设计好，传输链路的载波中心频率和带宽（如果采用 TDMA 方式则还要划分时隙）等也是预先设定的。这种方式下，建站时把各地球站的卫星通信参数设置好，链路开通以后就可以正常提供传输服务了。如果不考虑设备是否故障、通信是否正常，可以不采取管理控制手段。这种方式适用于地球站数量不多、站间通信业务量较大且波动较小的场合。

（2）按需动态分配方式。每个地球站的通信业务量都相对较小，哪个站与哪个站需要建立传输链路是经常变化的。如果采用固定预分配方式组网通信，要使每两个站之间都互通，则链路的数量将会非常多，每条链路的带宽就只能很窄，且大部分时间空闲不用。针对这种情况，最好的组网方式是，哪两个站之间需要传输链路了，就临时给它们分配卫星信道（中心频率和带宽，如果采用 TDMA 方式，则还要分配时隙）建立双向的传输链路，通信结束即收回卫星信道，这种组网方式就是 DAMA 方式。这就提出了一个新的要求，必须建立一个自动化的控制系统，有用户需要通信了就向控制系统发出申请，控制系统按需为申请通信的两个地球站动态分配卫星信道。早期的 SCPC 试图实现分布式的按需分配，但最后还是被集中式组网控制中心取代了。

对于上述两种组网方式，第一种方式要简单得多，早期大多采用这种方式。第一种方式也可以作为第二种方式的特例。因此，本书主要讨论如何实现第二种方式的组网控制。

# 3.1 按需分配的卫星通信网组网方式

根据前面所述，在按需动态分配这种方式下组网通信的地球站，每个站的通信业务量都相对较小，哪个站与哪个站需要通信、通信的链路速率需求，都是经常变化的。为此必须建立一个组网控制中心，按申请为需要通信的两个业务地球站（简称业务站）动态分配卫星信道。这个组网控制中心也简称网控中心，结合其他功能，也可以用一个更加通用的名称来表示，即网络管理控制系统，也简称网络管理系统、管理控制系统，或管控系统。相对而言，网络管理控制系统的功能更加全面一些。在基于组网控制中心的按需动态分配这种组网方式下，为用户提供传输服务的通信链路是在业务站之间按需临时建立的，但为了接受组网控制中心的统一管理和控制，每个业务站还必须能够与组网控制中心建立控制链路，以传输管理控制信令（简称管控信令）。基于组网控制中心按需动态分配组网的卫星通信网架构如图 3.1 所示。

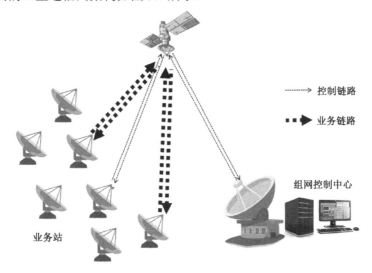

图 3.1 基于组网控制中心按需动态分配组网的卫星通信网架构

其中，所有通信业务站与组网控制中心之间都要保持持续但速率相对较低的管控信令传输链路（简称控制链路），业务站与业务站之间的业务数据传输链路（简称业务链路）则是按需动态建立的。以一个 FDMA 网络为例（如果是 TDMA 网络，分配的信道还要加上时隙参数），一般的通信过程如下。

（1）业务站 A（简称 A 站）与业务站 B（简称 B 站）有通信需求时，A 站通过控制链路向组网控制中心发出申请。

（2）组网控制中心检查 B 站的通信状态，当 B 站空闲可以与 A 站通信时，组网控制中心分配一对卫星信道 $f_1$、$f_2$（以信道载频代表信道，以下同）给 A、B 站，并告知其他必要工作参数，如带宽、速率、调制解调方式等。

（3）A、B 站用 $f_1$、$f_2$ 这对信道按照指定参数建立业务链路。

（4）A、B 站通信结束，终止业务链路，并向组网控制中心报告。

如果业务站数量比较多，每个站的业务量又比较小，这种按需分配建立传输链路的方式能够高效利用卫星信道资源。

为了有效实现上述通信过程，组网控制中心需要预先知道每个业务站每个时刻所处的状态。尤其对于业务量较小和移动的业务站，其有时可能关闭不用，也有可能因为移动而处于短暂信号遮蔽、对星不准等不可通信状态。因此，一般的卫星通信网都会设计业务站的开机入网流程，业务站开机并能接收到控制链路的信号以后，向组网控制中心发送"入网请求"之类的信号，让组网控制中心知道它具备通信条件了。开机入网流程一般如下。

（1）业务站开机，搜索控制链路信号，能够接收到管控信令后向组网控制中心发出开机入网请求，其中要包含业务站的身份认证信息。

（2）组网控制中心检查业务站的身份认证信息，确认属于合法用户后，告知其允许入网，并记录其为空闲可通信状态。

业务站关机时也应该执行一个退网报告流程，让组网控制中心知道其已经关机，处于不可通信状态。

# 3.2  组网控制架构

为了实现 3.1 节所述的按需动态分配组网方式，必须在业务站之外建立以下两套设施。

（1）一个组网控制中心，用于根据业务站的申请按需分配卫星信道，控制主被叫业务站之间业务链路的建立和拆除。

（2）一组控制链路，用于组网控制中心与业务站之间的管控信令传输。控制链路的一端是组网控制中心，另一端是各业务站。管控信令传输是断续发生的，但也是频繁发生的。

## 3.2.1  业务站的组成

本书假设一个业务站只有一套天线和射频设备。每个业务站既要按需与其他业务站建立业务链路,又要与组网控制中心保持控制链路,这两种传输链路未必是一样的速率、一样的波形。因此,一个业务站往往有两类终端设备(中频调制解调和基带处理)。其中,用于实现用户之间业务传输的终端设备称为业务信道单元(Service Channel Unit,SCU),根据业务传输需要,在两个 SCU 之间利用动态分配的卫星信道(中心频率和带宽,如果采用 TDMA 方式则细分到时隙)建立指定速率的业务链路;用于实现管控信令传输的终端设备则称为控制信道单元(Management Channel Unit,MCU),由管控信息传输协议栈和地球站管控代理组成。

为了实现一个业务站同时与多个其他业务站通信,一个业务站还可以配置多个 SCU。SCU 的管控功能比较简单,大部分管控操作由 MCU 实现。而为了节约成本,也可以把 MCU 功能与 SCU 功能集成在一个终端设备中,但这样的集成终端设备无法实现业务传输与管控信息传输并发,一旦建立了业务链路,与组网控制中心的管控信息传输也就中断了。业务站的组成与分类如图 3.2 所示,一个 SCU 支持一路业务数据传输。其中,集成站也可以构成多路站,只是每个信道单元具备管控功能和业务通信功能,本书后续部分将主要介绍 MCU、SCU 独立配置的业务站,集成站的功能通过 1MCU+1SCU 实现,本书不再专门介绍。

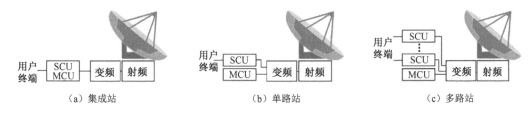

（a）集成站　　　　　　　　（b）单路站　　　　　　　　（c）多路站

图 3.2　业务站的组成与分类

## 3.2.2　组网控制中心站的组成

参考第 2 章的说法,组网控制中心(NCC)就是一个网络管理系统(Network Management System,NMS),包含一组计算机软硬件设施,负责为业务站按需分配卫星信道,并实现整个卫星通信网的配置、性能、故障、安全和账务管理。组网控制中心的计算机硬件一般不支持卫星通信,为了实现与业务站的管控信息传输,必须设计一个管理控制信息网关(有时简称管理信息网关或管控信息网关,在本书意思相同;Management Information Gate,MIG),其负责卫星传输链路与计算机通信网络的协议转换和衔接。

组网控制中心所在的地球站称为组网控制中心站,也称网控中心站。组网控制中心站的基本构成如图 3.3 所示。其中,"射频"泛指天线之外的射频模块,可以包括射频功率放大器、低噪声放大器等,本书将射频模块和天线合称射频终端(Radio Frequency Terminal,RFT);为 MIG 提供卫星链路数据传输的终端设备(中频调制解调和基带处理)

称为管控信息传输信道单元（CCU），简称控制信道单元。MIG 是通过 CCU 实现与被管业务站之间的管控信息传输的，因此有时也把 MIG 称作管控信息传输控制器。MIG 功能与 CCU 功能也可以集成设计，每个 CCU 中集成了 MIG 功能，这样一个组网控制中心就是多个 MIG 配置，而每个 MIG 只接一个 CCU。

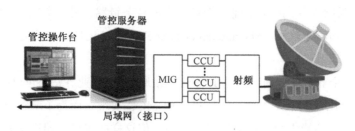

图 3.3　组网控制中心站的基本构成

　　管控服务器是组网控制中心的核心，用于实现各管控功能和管控信息的数据库存储。其最简单的配置是一台服务器，既作为数据库服务器，又运行管控功能软件。规模较大的网络可以配置多台服务器，甚至配置磁盘存储阵列，分别用于运行数据库管理系统和管控功能软件。管控操作台原则上没有数量限制，便于多人同时操作管理，也可以通过网络连接部署在远处，实现远程的管理操作。在组网控制中心内部，管控服务器、管控操作台、MIG 之间一般采用局域网连接，传输速度快、质量好、成本低。大型组网控制中心站的设备配置如图 3.4 所示，磁盘存储阵列提供可靠数据存储，在一台管控服务器上安装数据库管理系统，在其他服务器上运行各管控功能软件。

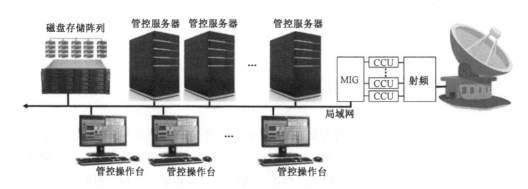

图 3.4　大型组网控制中心站的设备配置

### 3.2.3　组网控制系统的组成

　　一个按需分配卫星通信网的组网控制系统（简称网控系统）包括一个组网控制中心与众多的业务站 MCU，被控制的是各业务站的 SCU（是否通信、通信的频率和带宽等）。图 3.5 是按需分配卫星通信网的组网控制系统架构。

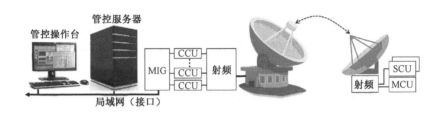

图 3.5   按需分配卫星通信网的组网控制系统架构

根据前面所述业务站和组网控制中心的组成结构，一个业务站的管控信息由 MCU 经射频模块和卫星信道传输到 CCU，由 CCU 汇聚到 MIG 后，再经局域网传递给管控服务器。反过来，管控服务器的管控信息先要发给 MIG，再由 MIG 选择合适的 CCU 经射频模块和卫星信道传输到 MCU。管控信息的传输方式和传输协议将在第 4 章介绍。

### 3.2.4   组网控制中心的备份

在上述组网控制系统的基本组成中，全网由一个组网控制中心实现管理和控制。这种由一个中心对全网的运行进行实时控制和信道分配的星形管控模式，存在非常典型的"单点故障"问题，即一旦这个组网控制中心（一个点）失效，那就意味着全网（所有点）瘫痪。因此，要采取措施来提高组网控制系统的可用性，以保证卫星通信网的正常运行。

大多数卫星通信网的组网控制系统一般都会设计本地备份方案，即在组网控制中心内部部署两套管控服务器，一套作为当前管控服务器运行；另一套作为热备份，随时接替作为当前管控服务器。本地备份的主/备管控服务器一般都在同一个局域网内，可以共用同一套管控信息传输设备（MIG/CCU）和射频设备。

在对卫星通信网运行的稳定性和可用性要求更高的场合，组网控制系统的部署还必须考虑异地备份方案，以便应对地震、狂风、大范围停电等"特殊的天灾"情况，一旦当前组网控制中心失效，备份的组网控制中心即时接替运行，以免全网瘫痪。

关于组网控制中心的本地热备份和异地备份的技术与实现，将在第 7 章详细介绍。

## 3.3   组网控制模型

根据前面所述组网方式和组网控制系统的物理组成，图 3.6 是按需分配卫星通信网组网方式的组网控制逻辑架构，由一个组网控制中心和众多业务站的 MCU/SCU 组成。组网控制中心端实现管理系统（Manager）功能，每个业务站的 MCU/SCU 实现管理代理

（Agent）功能，被管对象（MO）主要是各 MCU/SCU 的属性和动作。该逻辑架构划分成两个层次，底层是针对卫星通信网的传输特点专门为管理控制设计的管控信息传输协议栈，也可称为传输层，用于传输管控信令；在传输层之上是管理控制层，实现组网控制与网络管理功能，Manager 与 Agent 之间按照管控操作协议实现管控操作。传输层的作用类似于 TMN 中的 DCN，是经卫星信道实现的管控信息传输通道。

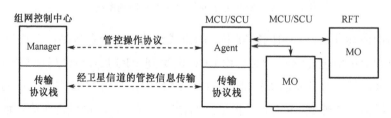

图 3.6　按需分配卫星通信网组网方式的组网控制逻辑架构

这个模型是一个星形的结构。Manager 处于组网控制中心的计算机内，而各 Agent 及其直接操作的 MO 则分布在各业务站中。Agent 就是一个业务站负责对本地所有软硬件实施管控的软件集合，它接收 Manager 的指令，对指定的 MO 实施控制，为各 MO 向 Manager 发送报告和请求等。MO 包括所有可接受管理和控制的硬件与软件，也就是各业务站的信道单元（MCU/SCU）和 RFT，MO 的属性就是 MCU/SCU/RFT 的工作状态和参数等。

Manager 实现对参与组网的设备、设施和资源的全面有效监测、控制和管理，其目的是保证全网可靠地运行。Manager 负责发出所有的控制指令，发出指令的依据则取决于各 MO 所处的状态。例如，当某个 SCU 处于申请建链状态时，Manager 就应当分配适当的卫星信道（中心频率和带宽，如果采用 TDMA 方式则还要加上时隙）给主叫 SCU 和被叫 SCU。又如，当某个 SCU 出现某种事件或故障时，Manager 应及时发出相应的处理指令，以消除、缓解故障或避免故障扩散。

Manager 必须随时掌握各 MO 的状态。由于各信道单元（MCU/SCU）的状态不断地随时间变化，在任意一时刻，Manager 所记录的各 SCU 的状态，很难与 MO 在该时刻的实际状态实时地一致。为了使 MO 的状态能及时地反映在 Manager 中，管控操作协议中必须设计"状态一致保持机制"。MCU 端的状态一致保持机制要实现：

（1）向 Manager 及时报告该业务站内各 MO 的状态变化和所发生的事件；

（2）执行 Manager 发布的指令，在这些指令的作用下，MO 从一个状态转移到另一个状态。

Manager 中的状态一致保持机制要实现：

（1）根据状态变化向 MO 发布指令，控制 MO 实现所需的状态变化；

（2）接收 MO 的状态变化报告和所发生的事件或告警报告，及时更新 MO 的状态记录。

从上述组网控制模型可以看出，卫星通信网的组网控制系统的设计必然存在许多矛盾。例如，若 MO 的一切状况都实时地反映在 Manager 中，那么就必然要在 Manager（组网控制中心）与 Agent（MCU/SCU）之间进行非常频繁的信令传输，而这必然会增加信令传输资源的开销，使整个卫星通信网的通信效率降低。从理论上讲，任何一种信息传输都会带来一定的时延，要想使 Manager 中记录的状态与 Agent 中 MO 的实际状态在任何时刻都绝对地保持一致，在理论上是不可能的。因此，在何种程度上保持它们的一致，是一个需要综合考虑多方面因素的复杂问题。同样，信令传输的可靠性往往是靠增加传输控制的复杂性并增加传输时延换来的。因此，通信协议设计得越可靠，则保持 Manager 的记录与 MO 的真实状态一致的滞后时间就越长。然而，若管控信息传输协议很不可靠，则更谈不上保持一致。因此，管控信息传输协议的设计也需要综合考虑多方面的因素。

# 3.4　组网控制功能

为了实现按需分配卫星通信网的组网控制和运行管理，组网控制系统中的 Manager 在各业务站 Agent 的配合下实现业务站工作参数的配置、业务链路的按需建立、网络运行效率和质量的管理与评估分析，组网控制的"大脑"就是 Manager。业务站的一些固有属性，如 RFT 增益、接收灵敏度等参数可能是在这个业务站初始建立时就确定了的；业务站的动态工作参数，如信号发射功率，则可以在业务站开机入网后由 Manager 远程为其设置，甚至业务站的一部分软件也可以在入网后由 Manager 为其远程装载。而业务站的业务链路毫无疑问是在 Manager 为其分配载频（或包括时隙）后才建立的。

根据以上所述按需分配卫星通信组网控制需要，结合第 2 章所述网络管理系统的一般功能，组网控制中心 Manager 的主要功能可以分为七个方面，如图 3.7 所示。其中，网络配置管理（入退网控制、参数配置和软件装载等）和（业务）链路按需建立的控制功能必须对业务站发来的管控信令做出实时反应，因此属于组网控制中的实时控制功能，将在第 5 章详细介绍；网络的性能管理、账务管理、故障管理等控制功能主要支持网络管理人员对卫星通信网的运行情况进行了解，属于非实时控制功能，将在第 6 章详细介绍；网络安全管理（地球站身份鉴别和传输密钥管理等）控制功能也需要对地球站的运行做出实时反应，将在第 8 章专门介绍。

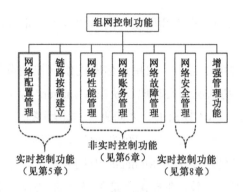

图 3.7　组网控制功能分解

### 3.4.1　网络配置管理

网络配置管理的主要内容包括以下方面。

（1）支持操作员建立允许入网通信的各业务站（用户，地址，RFT、MCU 和 SCU 的固有属性）的配置初始记录，并预设全网和各业务站的基本工作参数，如业务站的天线增益、功放增益、接收灵敏度，以及 SCU 支持的信号波形和组网机制（FDMA、TDMA）等。

（2）为各业务站及其信道单元（MCU/SCU）命名、分组、编号和分配网内工作地址。

（3）在业务站入网时为其设定信道单元（MCU/SCU）的工作参数和应处的状态（并非一入网就自动进入空闲可用状态）。

（4）在业务站入网时为其信道单元（MCU/SCU）选择和装载、重装、更换部分或全部功能软件等。

（5）在其两端的业务站都入网后，为预先分配的永久/半永久业务链路自动分配卫星信道，并指令其建立业务链路。

（6）实时掌握全网的业务站数目和信道单元（MCU/SCU）数目，掌握网内各业务站、各信道单元的工作状态和属性参数。

（7）支持操作员按需修改各业务站、各信道单元的配置（参数、软件），指令业务站或其中某个信道单元（MCU/SCU）关闭、重启（执行入网流程）。

（8）支持操作员进行可用卫星信道资源的初始配置、用户群的划分、封闭用户群的设置。

### 3.4.2　链路按需建立

在按需分配的卫星通信网组网方式中，一个业务站的 SCU 与另一个业务站的 SCU

之间的业务链路是按需动态建立的，用完就拆除。因此，业务链路的按需建立是本书所述按需分配卫星通信网的组网控制和运行管理的特殊功能，也是核心功能之一。每个 SCU 只有一路通信能力，平时在控制链路上与组网控制中心通信（收发信令），一旦业务链路建立就在一对 SCU 之间互相通信，传输用户业务数据。在按需分配多址，即按需分配卫星信道资源的链路建立过程中，组网控制中心的功能如下。

（1）接收来自业务站 SCU（这里称其为主叫 SCU）的链路建立请求信令（也称连接请求或呼叫请求，Call Request），取出统一编码的被叫用户号码（或其他标识）。

（2）在配置数据库中查询获得被叫用户号码对应的被叫业务站，如果该站有多个 SCU，则根据一定的规则选择其中一个处于空闲状态的 SCU（这里称其为被叫 SCU）。

（3）根据主叫 SCU 权限、被叫 SCU 性质、封闭用户群关系等因素，确定本次链路建立请求的访问权限和优先级。

（4）根据本次请求的访问权限和优先级，以及卫星信道资源分配使用规则（要考虑不同优先级的可用信道预留策略，要考虑在用频点之间的转发器互调干扰等因素，将在第 5 章详细论述），选择一对空闲可用卫星信道（中心频率和带宽，如果是 TDMA 方式，则还包括时隙）。

（5）构造信道分配信令（也称呼叫分配，Call Assignment）发送给这对主叫 SCU 和被叫 SCU，并标记这两个 SCU 为"忙"状态（"通信"状态）。

如果上述（2）～（4）对应的操作均失败，则构造拒绝分配信令发给主叫 SCU。

最后，无论是否成功完成呼叫分配，都为本次链路建立请求生成一条呼叫记录。

业务站的用户发出通信结束的信号后，任何一个 SCU 都可以发起业务链路的拆除过程；或者组网控制中心需要提前拆除业务链路，以便空出 SCU 或卫星信道时，可以通过 MCU 发出链路终止信令（Call Abort），然后 SCU 发起业务链路拆除过程。所谓链路拆除，就是一对 SCU 各自停止在分配的卫星信道上收发数据，调整收发频率，回到控制链路上收发信令，并且主叫和被叫 SCU 要在链路拆除后发出呼叫完成报告信令（Call Finish）。组网控制中心要支持业务链路拆除和卫星信道的回收再用，主要完成以下工作。

（1）接收来自处于"忙"状态 SCU 的呼叫完成报告信令，将分配给该 SCU 使用的卫星信道回收，不论该 SCU 是主叫还是被叫，将这一对 SCU 均标记为"空闲"状态。

（2）为本次呼叫完成修改呼叫记录，比如补充链路拆除时间等信息。

## 3.4.3　网络性能管理

网络性能管理是任何一个网络管理系统的必备功能，但每个网络关心的性能指标是不尽相同的。按需分配卫星通信网的组网控制和运行管理中的网络性能管理功能主要包括性能监测与分析、性能调节与控制。

### 1. 性能监测与分析

其基本功能是，对全网的业务量、业务传输质量、业务链路建立时延等反映网络性能的数据进行采集，建立按需分配卫星通信网的性能模型，分析当前网络或每个被管对象的性能变化，对当前性能与历史性能进行比较以预测未来性能发展趋势，如果有性能异常则产生性能告警和性能故障事件，形成各种性能报表。

按需分配卫星通信网的性能指标如下。

（1）反映服务质量的指标：

- 业务链路传输质量；
- 互调干扰大小；
- 业务链路建立时延；
- 业务链路建立成功率，以及区分原因的失败率。

（2）反映网络效率的指标：

- 卫星信道利用率；
- 卫星转发器功率利用率；
- 组网控制中心的连接请求队列长度；
- 每分钟/小时的连接请求数；
- 业务链路持续时间。

（3）反映管控信息传输信道性能的指标：

- 管控信息传输信道的利用率；
- 信令传输时延；
- 信令丢包率。

以上这些性能指标，可能还要包括其不同时间段（分、时、日）的均值、方差，甚至还要区分忙时和平时的不同数据。

### 2. 性能调节与控制

根据对网络性能指标的实时监测情况，当发现性能故障（不达标）时，应该及时调整组网控制中心的运行策略，使得性能故障逐渐消除。例如，可以通过调节性能模型、调节优先级控制策略，或者改变网络的配置（如增加卫星信道总带宽）、工作参数，限制部分业务站的入网运行，修复故障的设备/部件等措施，使网络的运行指标符合性能模型。

## 3.4.4 网络账务管理

专用的按需分配卫星通信网比较多，但也有公用的网络，它是按照使用量收费的。但不管是否核收费用，记录网络资源使用情况都是非常有用的，这些信息可以作为网络扩容规划的依据，还可以作为网络服务质量、服务协议分析的依据。另外，网络运营公司都千方百计地让用户在必要时可查阅到尽可能详尽和精确的计费信息，如在清单中列出每次通信的开始时间、结束时间、通信中使用的服务等级、通信中传送的信息量、通信对方等信息。这些记录现在也被用于对网络运行的智能分析评估，这是人工智能技术应用的领域之一。

在 3.4.3 节中已经提到，每次呼叫都会留下呼叫记录。网络账务管理的功能是，根据呼叫记录计算每次按需建立的业务链路的带宽时长乘积，以此作为用户使用网络的基本单位进行统计。

在上述统计的基础上，可以对用户使用网络核算费用，也支持操作员为用户设置费用上限或网络使用量（带宽时长乘积）上限。

## 3.4.5　网络故障管理

尽管故障管理功能域细分成了故障发现、故障诊断、故障修复（或排除）和故障管理配置四个部分，但一般的网络管理系统重点支持和实现故障发现，至于故障诊断、故障修复等功能，因为需要较多的人工介入，自动实现还有一定的困难。需要较多人工介入的故障诊断和修复工作或可利用当下渐趋成熟的人工智能技术来实现，基于人工智能技术实现故障的自动发现是当前的研究热点之一，本书就不再深入介绍了。

常规的故障发现渠道通常有以下四个。

（1）用户人工报告故障，如通过电信的 112 故障台，由接线员记录故障信息。

（2）地球站发现事件即报告，即各业务站的 Agent 发送给组网控制中心的事件报告中有一部分事件是关于差错现象的，这些现象反映某处存在故障，但不一定就是故障本身。

（3）组网控制中心发现操作顺序异常即报告，即收到了不该收到的业务站信令就可以认为存在一些差错，也可能是存在故障，这时便以内部事件的形式来记录和提醒操作员关注与处理。例如，收到处于"忙"状态的 SCU 的呼叫请求，或者收到处于"空闲"状态的 SCU 的呼叫完成报告信令等。

（4）组网控制中心例行检查各业务站的工作情况，如周期性地轮询各业务站的工作状态，可以发现因严重故障而无法发出事件报告的业务站，也可以发现实际状态与组网控制中心记录状态不一致的情况。这些都可以以内部事件的形式来记录和提醒操作员关注与处理。

要注意一点，事件报告不能等同于故障报告，被管对象的主要变化都应该通过事件的形式报告到组网控制中心，以便组网控制中心掌握被管对象的实时情况和变化情况。例如，业务链路会因为临时性干扰、移动站天线短暂遮蔽等连接中断，一段时间后自动恢复，这时中断和恢复就应该作为先后两个事件报告到组网控制中心，前者是一种通信故障，而后者就不是"发生了故障"。

故障管理配置功能要接收事件报告，形成和维护差错日志，支持事件的存储和管理。故障管理配置功能要从事件报告中过滤故障现象，要从其他渠道汇集故障信息，并把它们全面但可选择地展现在操作员面前，必要时提醒操作员查看事件，观察故障现象，分析判断故障的可能原因。故障管理配置功能还要对故障修复提供一定的支持，利用预先定义的控制序列进行诊断、排除故障、切换信道、替换 SCU 等，使地球站设备和传输链路能够恢复服务。

### 3.4.6　网络安全管理

这个功能实际上涉及网络运行安全和网络管理安全两个方面，主要包括以下方面。

（1）业务站及其信道单元（MCU/SCU）的身份认证，实现业务站的接入控制，避免非授权业务站接入网络。在移动通信网中，一般利用 SIM 卡来实现强身份认证，但卫星通信网有时也会采用简化的方案。

（2）卫星链路的传输加密，包括用户之间业务链路的数据加密和经卫星信道传输的管控信令的加密。前者是点到点链路，后者是一点到多点链路，加密的方法需要有所区别。

（3）网络管理人员的身份认证和管理权限授权。

（4）网络管理操作的日志记录和审计追查。

### 3.4.7　增强管理功能

除了以上六项主要功能，按需分配卫星通信网的组网控制系统还可以引入一些有助于提升网络管理效能的技术，实现一些更高级的管理控制功能，使得卫星通信网的管理时效性、资源利用率、设备可用率和安全性等更高。例如，引入并实现卫星资源的智能规划和优化分配技术、网络运行态势的综合呈现技术、网络运行状态的自动评估分析技术、通信加密的密钥管理技术等。其中，相对成熟的一部分技术将在后续章节中介绍。

## 3.5　被管对象模型

按照前面所述组网控制和运行管理的架构与模型，组网控制中心的功能实现有赖于被管业务站及其被管对象的支持。组网控制中心依据被管对象的动态模型来实施对各被管实体的管理和控制，被管实体则依据被管对象模型执行组网控制中心的操作指令以完成指定的动作、改变状态和属性，或者发出与管理控制有关的信息（信令）。被管对象模型定义了每个可控制单元（实体）的状态、状态转换的触发条件，以及伴随状态转换而输出的信息和内部属性的变化。被管对象模型还规定了各被管实体的属性、描述符和对等的有关控制实体等参数。被管对象模型是组网控制中心与各被管实体达到步调一致、协同动作的关键所在，被管对象模型就是被管实体在组网控制中心的逻辑状态。

按需分配卫星通信网的管控信令可以分成两大类，即为了实现按需建立业务链路而设计的呼叫申请和信道分配信令，以及链路拆除后的呼叫完成报告信令等，我们把这类信令称为 DAMA 类信令。除此之外的其他信令是对业务站本身进行管理和控制的，统称为管理控制类信令，简称管控类信令。

在按需分配的卫星通信网中，被管实体主要包括 MCU、SCU 和 RFT 等业务站的组成部件。对 RFT 的管理控制只有参数而无状态，比较简单，因此这里不做详细的介绍。下面以信道单元（MCU/SCU）作为被管实体进行重点介绍。

### 3.5.1　被管实体命名

一个业务站只有一套 RFT、一个 MCU，可以有多个 SCU，且 MCU 负责对站内所有 SCU 和 RFT 进行管控。因此，MCU 也可以代表一个业务站。而且，每个业务站的 Agent 就在每个 MCU/SCU 中，因此与组网控制中心交互管控信令的就是 MCU/SCU，管控信令就是发给 MCU/SCU 的。因此，管控信令中的收发方地址就是 MCU/SCU 地址。

在按需分配的卫星通信网中，业务站的被管实体命名树如图 3.8 所示。图中标示了每个实体的名称。通常可以用三个不同的"名称"来标识一个业务站及信道单元（MCU/SCU），其中每个都可以唯一确定一个业务站或一个信道单元。

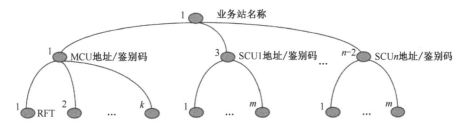

图 3.8　业务站的被管实体命名树

#### 1. 业务站名称

业务站的名称一般由操作员在一个地球站入网注册登记时分配，是人为指定的，作为操作员访问一个业务站的逻辑标识。这个标识可以是一个有限长的字符串，只要便于管理、全网唯一就行。一个业务站总是属于某个用户的，并且一般都有地理位置属性，因此，一个业务站的名称往往与用户、地理位置挂钩。

### 2. 鉴别码

每个信道单元（MCU/SCU）有两个名称，其中一个为鉴别码，是为鉴别该 CU 是否为合法用户而设的，类似手机的 SIM 码。如果想要鉴别能力比较强，通常鉴别码就要比较长，并且可以通过一些特殊的认证算法来生成。最简单的做法是在出厂时给每个 CU 分配一个出厂序号，永不重复，作为每个信道单元（MCU/SCU）的永久标识。复杂的做法则可以像手机 SIM 卡一样，采用可变的插卡。

### 3. 地址码

每个信道单元（MCU/SCU）的另一个名称是地址码，是当一个业务站执行开机入网过程时由组网控制中心分配的网内通信地址，网络内部各种管控信令和业务链路建立都以地址码作为分组或数据帧中的收发方地址（标识）。为了减少信令传输协议的开销，这个地址一般比较短，只要网内不会重复就行，因此对于小规模网络，1Byte 也是够用的。但是，为了具有一定的通用性，一般选择 2Byte（16bit）长度的地址码，理论上有 65535 个不同的地址。

管控信令只在 Manager 与 Agent 之间交互。业务站的各 MCU/SCU 处在不同的状态下所使用的信令地址是不同的。当 MCU/SCU 向组网控制中心发送入网请求时，信令中使用的地址码可以是一个随机产生的地址码或特设的公共地址码，并在信令内容中携带完整的鉴别码。其入网后将获得一个网内唯一的地址码，在网期间就使用该地址码与组网控制中心交互管控信令。

### 4. 组地址

为了管理和控制的方便，除了有全网唯一的地址码，每个 MCU/SCU 还可拥有其他一个甚至多个地址，这个地址是网内若干 CU 共有的，称为组地址或组号。凡拥有同一组地址的各 MCU/SCU 就是属于同一组的，组地址就用来指称这一组 MCU/SCU。每个 MCU/SCU 在接收来自组网控制中心的管控信令时，除收下直接指向本单元地址码的信令外，还须收下指向本单元所属组地址的信令。通常规定，每个 MCU/SCU 都属于"全网组"，这个组是隐含的，全网所有的 MCU/SCU 都在这个组内。每个 MCU/SCU 可以不属于某个非全网组，也可以属于一个或几个非全网组，一般由操作员在配置操作时设置。

为了支持组地址操作，上述地址码的编码必须遵循一定规则，以便各 MCU/SCU 很容易区分是单独地址还是组地址。图 3.9 是 16 位组地址编码的一个例子。这个例子的优点是以 8 个全 1 作为组地址的特征，串行接收电路根据特定地址接收的同时，遇到 8bit 全 1 地址就作为广播地址接收，非常便于硬件电路识别组地址。这个方案的缺点是只有 255 个不同的组地址。

| 组地址 | 1 1 1 1 1 1 1 1 | × × × × × × × × |
|---|---|---|

| 全网地址 | 1 1 1 1 1 1 1 1 | 1 1 1 1 1 1 1 1 |
|---|---|---|

图 3.9　16 位组地址编码的一个例子

## 3.5.2　被管对象状态

在按需分配卫星通信网的管控过程中，可以把业务站各信道单元（MCU/SCU）的工作过程划分为以下三个状态。每个状态还可细分为若干子状态（有的地方为了区别，也把子状态称作状况）。

### 1. OUT_of_Service 状态（简称 OUT 状态）

对于处于 OUT 状态的信道单元（MCU/SCU），组网控制中心视其为不在控制范围之内。任何信道单元（MCU/SCU）一开机都自动进入该状态。处于 OUT 状态的信道单元（MCU/SCU）必须先执行入网过程，进入其他状态后才能接收组网控制中心的全部管理和控制。

处于 OUT 状态的信道单元（MCU/SCU）可以接收发给全网地址（全 1）的管控信令，其中会发布一些全网性参数，包括用于向组网控制中心发送管控信令的物理信道参数等。处于 OUT 状态的信道单元（MCU/SCU）只能向组网控制中心发送入网请求并准备接收入网信令。处在 OUT 状态的信道单元（MCU/SCU）不接收其他控制信令，也不能发出其他管理信令。

### 2. MainTenance 状态（简称 MNT 状态）

处在 MNT 状态下的信道单元（MCU/SCU）可以接收组网控制中心对本单元的各种管控信令，也可以向组网控制中心发出关于本单元的各种管控类信令，但不能接收来自用户终端的各种服务请求/数据。

处于该状态的 MCU，只能收、发有关 MCU 自身的管控信令、报告和响应等，而不对业务站内的 SCU 和 RFT 执行管理和控制操作。

### 3. IN_Service 状态（简称 INS 状态）

处于该状态的不同信道单元（MCU/SCU）有不同的动作和行为规则。

对 MCU 而言，处在 INS 状态就表明该 MCU 工作正常，可以执行 Agent 功能，可以接收组网控制中心对本站 SCU 和 RFT 的管控类信令，并对 SCU 和 RFT 进行管理和控制，包括为本站的各 SCU 和 RFT 向组网控制中心转发各种请求、报告或响应。

对 SCU 而言，处于 INS 状态就表明该 SCU 工作正常，可以接收或已经接收用户的业务请求（比如电话拨号），正在建立或已经建立用户间业务链路。只有处在该状态的 SCU 可以在控制链路上接收和发送 DAMA 类信令，可以根据用户的指令拆除点到点的传输链路。在 INS 状态下还可以区分若干子状态，比如"发出呼叫申请"（等待分配信道以建立业务链路）、处于"通信"（收到信道分配信令并已经建立了双向互通的业务链路）等。

对预分配的 SCU 而言，处在 INS 状态就表明它已经从组网控制中心获得业务链路的信道中心频率、带宽（如果是 TDMA 则还有时隙）、对方的 SCU 地址等工作参数，正在建立或已经建立业务链路。

处在 INS 状态的所有信道单元都可以向组网控制中心发送各种管控类信令，也必须接收组网控制中心对该单元的管控类信令。如果 SCU 处于已经建立业务链路的状态，则管控类信令必须经 MCU 转发后才能被收到。

### 3.5.3 状态转换模型

MCU 开机初始化完成后必须执行入网过程，在组网控制中心的控制下依次进入 MNT 和 INS 状态。各 SCU 的状态转换则在 MCU 和组网控制中心的共同控制下完成。每个 SCU 开机后处于 OUT 状态，并向 MCU 申请进入 MNT 状态。处于 INS 状态的 MCU 负责控制开机的 SCU 进入 MNT 状态，这个过程对组网控制中心透明。已进入 MNT 状态的 SCU 则等待组网控制中心的状态控制指令，以便进入 INS 状态。MCU 必须在站内各 SCU 进入 MNT 后为其设置工作参数，这些参数存放在 MCU 的本地库中；然后向组网控制中心发送关于 SCU 的入网请求，并在接收到组网控制中心的处理指令（对欲入网的 SCU 的状态控制指令）后控制 SCU 进入组网控制中心指定的状态。在此之后，还可能继续接收到组网控制中心对 SCU 的状态控制指令，MCU 都必须及时地控制指定的 SCU 进入指定的状态。

MCU 在各种状态下可以向组网控制中心发送的报告、请求，在各种状态下必须接收并执行的组网控制中心指令，以及在各种状态下收发指令后执行的动作和进入的新状态都呈现在 MCU 的状态转换图中，如图 3.10 所示。

处在 OUT 和 MNT 状态下的 SCU 由 MCU 直接管理。组网控制中心可能对 SCU 进行的操作和控制都反映在 MCU 与组网控制中心之间的信令交换中。处于 INS 状态的 SCU 的非用户业务类管理和控制都经由 MCU 实施，组网控制中心对 SCU 的控制指令反映在 MCU 收发的信令和 SCU 的状态转换图中，如图 3.11 所示。

处于 INS 状态的 SCU 需要根据用户指令或组网控制中心的指令为用户提供点到点的通信服务。为了使 SCU 正确提供服务，被管对象模型中将 INS 状态进一步划分为空闲、等建（链）、试通、通信、等拆（链）五个子状态（见图 3.12），并明确规定在不同子状态下可以接收的用户指令、可以发出的请求/报告和可以接收执行的组网控制中心指令。

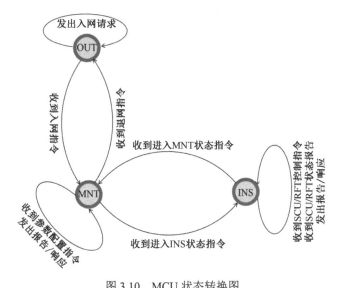

图 3.10 MCU 状态转换图

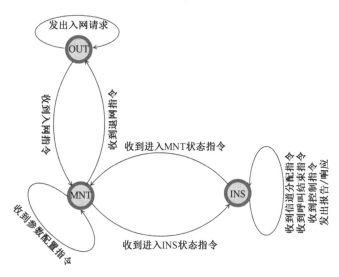

图 3.11 SCU 状态转换图

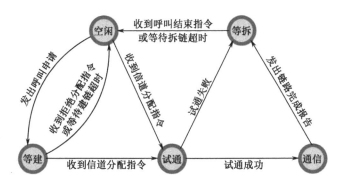

图 3.12 SCUINS 状态下的子状态转换图

状态转换图是 MCU/SCU 控制的基础。凡是在某（子）状态下收到了状态转换图中没有标示的信令，就说明出现了某种差错：也许是中间有信令丢失，也许是 MCU/SCU 发生了特殊的事件，如软件错误、掉电等。

# 3.6 星地资源联控

通信卫星发射成功以后，在卫星寿命期内，地面测控站要对卫星进行长期遥测和遥控。遥测是获取星上各分系统的工作状态和环境状态信息，如卫星定点保持、姿态、转发器工作状态等；遥控则是向卫星发送各种指令，以完成实时或程序控制任务，使卫星保持在设定的轨道位置、保持所需的姿态、调整转发器的工作参数（如增益、波束指向）等。

针对卫星转发器（通常称为有效载荷）的测控称为业务测控，用于了解转发器的工作状态，并按需进行控制。现在的同步卫星一般有多个转发器，每个转发器可以有不同的波束覆盖范围，有不同的工作频段，甚至每个转发器的增益也可以单独调整。当今，配备数字信道化器、星上电扫天线和其他技术的可再编程卫星已经出现，运营商能够遥控改变卫星波束的尺寸、形状、指向和功率，从而能更快地应对客户需求的变化。其中，可调（包括移动）波束和星上处理技术的应用必须星地联合控制，前者要根据地面通信组网的需要控制点波束使其覆盖到指定的区域，后者要根据地面通信组网的需要对可编程卫星转发器的波束成形参数、信号路由分配和频率转换、多转发器射频功率动态分配等工作参数进行设定，以实现波束的灵活调整、信道的灵活交换、频率的最佳利用和功率的按需分配。

一些大型的组织和部门自己拥有通信卫星，会利用自己的卫星组建通信网。这时通信卫星的可控性就为地面组网通信提供了更好的灵活性。如果按需分配卫星通信网的组网控制系统能够与卫星业务测控系统互联并支持必要的互操作（见图 3.13），则可以实现星地资源的联动管理和控制（简称星地资源联控），针对特殊的地球站进行波束跟踪覆盖，或者根据某些特殊业务站的需要调整卫星转发器的增益，再或者根据地面对卫星信号的干扰源位置，进行星上接收天线的"增益调零"。反过来，也可以根据卫星转发器的性能调整地面网络的运行参数，比如根据星上电池的状态、功放能耗等因素及时调整地面网络的卫星信道分配策略，或者改变链路载波的总数限制等。

在故障管理方面，星地资源联控可以结合卫星转发器的性能变化和地面网络的卫星信道资源使用情况进行联合分析，避免卫星和卫星通信网割裂管理造成的"明明是 A 的问题，却在 B 那里费力排查"的局面。多网情况下的星地资源联控效果会更好。

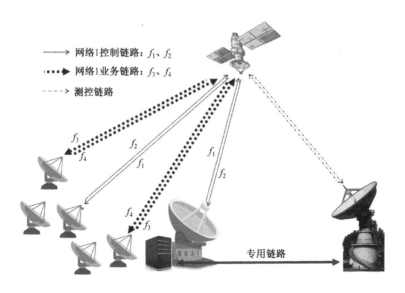

图 3.13　卫星通信网组网控制系统与卫星业务测控系统联动

# 3.7　多网综合管理

随着火箭技术的进步，现在能够发射上天的同步卫星的总质量不断增加，星上供电能力不断增强，加上星上电子设备的小型化，一颗同步卫星的通信容量越来越大。至今，全球已有近 50 颗高通量通信卫星在轨运行。其中，2016 年升空的美国回声星 19 号通信卫星共有 138 个用户波束，总容量可达 220Gbps；2017 年升空的我国首颗高通量通信卫星中星 16 号（实践 13 号），配置 26 个用户点波束，采用空间加频率复用等先进技术，点波束之间还能按需切换互通，通信总容量超过 20Gbps；我国于 2019 年发射的实践 20 号同步卫星，转发器信号总带宽达到 5GHz，有望支持 1Tbps 的通信容量。

随着卫星转发容量的增大，一颗卫星只用于组建一个网络的情况越来越少。一些大型的企业与机构同时拥有和管理多颗通信卫星，这些卫星用于组建多个卫星通信网的情况越来越多。多网共存的情形如图 3.14 所示。既然多个网络共享一颗或多颗卫星的情况出现了，也就出现了管理这些共享卫星通信资源，使其使用效益最大化的需求。例如，某个时期，网络 1 的卫星信道资源利用率较高，时不时出现信道短缺、不够用的情况，而这时网络 2 中正好空闲的信道比较多，如果能够自动将网络 2 的卫星信道资源调剂给网络 1 使用，将使卫星信道的整体利用率更高，并且网络 2 用户的服务质量不降低，而网络 1 用户的服务质量得到保证。这就是多个卫星通信网的一体化（综合）管理需求。

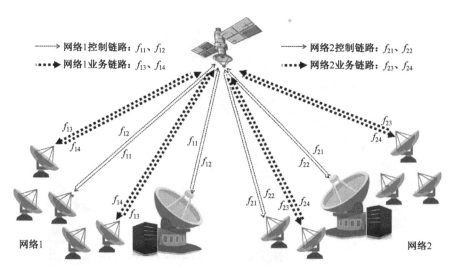

图 3.14　多网共存的情况

设计卫星通信资源在网络之间的调配时，一般都会选择 2.5.1 节所述的综合化方法，即在各网络的管理系统上再加一层更高一级的综合管理系统，也可以称这样的系统为综合运行管理与控制系统或综合管控系统。综合管控系统与各组网控制中心的功能及其组织关系一般如图 3.15 所示。

综合管控系统的主要功能应该包括以下功能组。

（1）网络运行管理与评估分析。该组功能主要实现对每个卫星通信网的配置管理和性能管理，包括掌握每个网络的组网控制中心和业务站的配置信息，必要时可以对业务站加入哪个网络进行调度控制；对每个卫星通信网的运行性能数据进行收集和统计，对各网络的运行情况进行综合评估分析，对其各种性能指标进行跨网比较分析，判断哪些网络资源过剩，哪些网络资源短缺；对网络运行态势进行综合呈现，包括利用 GIS 和二/三维显示技术。

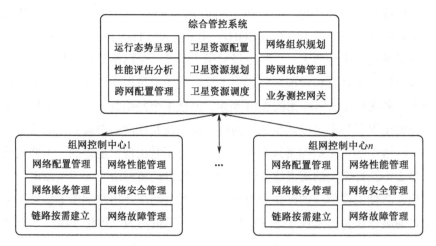

图 3.15　综合管控系统与各组网控制中心的功能及其组织关系

（2）卫星资源规划与调度。该组功能要实现所有卫星资源的配置数据录入、使用分配和效益评估。其中，卫星资源配置功能要实现所有可用卫星资源的录入、使用状态监视，必要时还要通过业务测控网关获取卫星资源的实时状态；卫星资源规划功能实现卫星资源的合理规划，满足各类用户、各网络的需求，并使互调干扰最小，实现卫星资源的最大化利用；卫星资源调度功能要在对各网络的运行性能进行评估分析的基础上，实现卫星信道资源在各网络之间的动态调配，把资源从一个网络收回，分配给另一个网络使用，有时还要通过业务测控网关对转发器进行必要的参数调整。

（3）跨网故障管理。该组功能综合不同网络的故障事件报告和故障现象，结合卫星资源的使用情况，对故障的位置和原因进行初步分析，尽可能确定是某个网络内部的问题，还是卫星资源的问题。例如，当一个业务站到了所在网络的波束覆盖边缘时，传输性能也许会变差，跨网故障管理功能组可以根据对卫星资源波束覆盖特性的分析，加上对其周边其他业务站工作状态的分析（同网的，不同网的；同波束的，不同波束的），给出业务站传输"故障"的排除方案，包括调整其射频功率，或者调剂其加入另一个网络等。跨网故障管理是最需要引入人工智能技术的网络管理功能之一。

（4）网络组织规划。如果业务站设备是多网通用的，那么一个网络内的业务站也是可以跨网调配的，即网络 1 内的业务站可以根据用户业务需要加入网络 2 内运行。在这样的情况下，哪些业务站组成一个网络、采用哪种组网模式、这个网络使用哪些卫星信道资源、使用多少卫星资源才是全局最佳的，也就成了网络组织规划问题。好的规划可以使用户之间的平均传输时延尽可能小（转发次数少，尽可能单跳互通）、卫星资源消耗（频率和功率）尽可能少，全局效益最大化。网络组织规划也是最需要引入人工智能技术的网络管理功能之一。

（5）业务测控网关。该组功能支持综合管控系统与通信卫星业务测控系统的安全交互。

有了综合管控系统，原来组网控制中心的一部分功能可以简化，甚至取消，改由综合管控系统的功能提供。

# 3.8　小结

组网控制中心是按需动态分配信道组网的卫星通信网的神经中枢，组网控制中心一般与某个大型地球站（业务站）同址建设、共用射频部分。组网控制中心、各业务站的管理代理（Agent，MCU、SCU 的一部分）及它们之间的管控信息传输信道一起构成了卫星通信网的组网控制系统。

本章主要介绍了组网控制系统的总体设计或总体架构，参考了文献[6～10]的相关内容和笔者参与设计的语音 VSAT 卫星通信系统，介绍了组网控制系统的一般组成及可行的架构、组网控制中心与管理代理之间的逻辑关系，以及各业务站的被管对象模型和工作状态转换，并详细介绍了组网控制中心的基本管理功能。后面各章所介绍的内容都是本章相关部分的深入设计和实现细节。

另外，为了全书的统一，在此对几个与管理控制信息传输有关的名词做一个约定，但这个约定仅仅限于本书。

控制指令：收到"指令"的接收者一般都必须执行该指令指定的某些操作，即具有"上对下"的强制特点，是管控信令的一部分。

管控信令：是指组网控制中心或管理控制代理之间通过网络协议（报文形式）传递的管理控制信息，既包括必须执行的指令，也包括响应、报告等非指令性内容，是管控过程中交互传输的所有内容，是管控信息的一部分。

管控信息：是管理控制信息的简称，相对比较笼统一些，包括管理控制中传输的所有相关信息，甚至包括传输协议为保证传输可靠而发送的协议报文。

# 第 4 章

# 管控信息传输与操作协议

● ● ● ● ● ● ● ●

　　无论是在通用的标准化网络管理模型中，还是在本书图3.5所示的组网控制系统中，为了实现按需分配的卫星通信组网，管控信息的传输通道是不可或缺的，就像 TMN 中的 DCN 一样。本书所述的管控信息传输通道是为了实现按需分配的卫星通信组网而专门设计的，是用于组网控制中心与众多业务站之间传输管控信息的，因而构成一个一对多的星形通信网络，是一个小型的专用数据通信网，后面将把这个网络简称为管控信息网络。这个网络的数据通信协议大多需要专门设计。在考虑卫星通信网特点的前提下，设计这个管控信息网络的传输协议时，要尽可能地采用一些国际标准中的名词术语和方法。

## 4.1　管控信息网络协议体系结构

　　根据图3.1、图3.3和图3.4，按需分配卫星通信网实现集中管控所需的管控信息网络的物理组成如图 4.1 所示。图中，组网控制中心（也称网控中心）由管理控制服务器（简称管控服务器，可以多台）、管控操作台（也称网控操作台，可以多台）、管控信息网关（MIG）和卫星信道收发设备（CCU）构成；被管业务站就不分那么细了，除了射频部分就是 MCU 和 SCU，每个 MCU/SCU 既包含卫星信道收发功能，又包含管控代理（Agent）功能和业务处理功能。

　　卫星通信网组网控制所需的管控信息网络，是一个由组网控制中心与众多业务站的 MCU/SCU 构成的星形数据通信网，参考计算机网络的描述方法，抛开卫星通信硬件和计算机硬件的具体实现，上述管控信息网络的协议体系结构如图 4.2 所示。其中，TCP/UDP、IP、局域网接口等都是商用的成熟技术，本书不再介绍；卫星链路 Modem 和

RFT 等硬件属于卫星通信物理设备，本书也不再介绍其实现方案。本书将重点介绍管控信息网络的两大核心协议——管控操作协议和专用数据链路协议，这两个协议是根据卫星通信网管控的特点专门设计的。

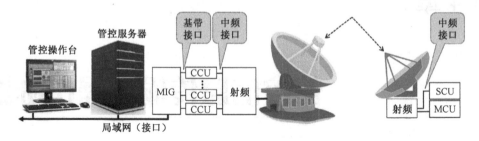

图 4.1　管控信息网络的物理组成

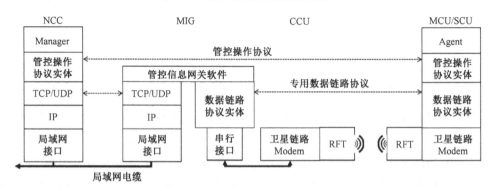

图 4.2　管控信息网络的协议体系结构

在这个管控信息网络的协议体系结构中，卫星链路 Modem 实现卫星链路上的基带数字信号传输，发送方的 Modem 将专用数据链路协议实体交付的数据转换成适合在卫星信道上传输的波形，接收方的 Modem 将卫星信道传输的波形转换成数据交付给专用数据链路协议实体。该功能的实现涉及卫星通信技术，属于物理层的内容，本书将不具体讨论其如何实现，但会介绍一些功能性能要求。管控信息网络关心的是两个 Modem 之间数据传输的性能和质量，即卫星链路上的数据传输速率和传输误码率。卫星链路 Modem 与 MIG 通过本地短距离串行通信线路连接，传输质量一般都比较高，相对于卫星链路，其误码几乎可以忽略。局域网的数据传输质量也很高，相对于卫星链路，其误码也可以忽略，而且局域网上的数据传输还有可靠的 TCP 协议支持。

专用数据链路协议实体实现组网控制中心与 MCU/SCU 之间比较可靠的数据块（帧）传输。专用数据链路协议的两个方向是不对称的，即从组网控制中心（一个）侧发给 MCU/SCU（众多）方向的链路是一个发多个收，而从 MCU/SCU 发给组网控制中心侧的链路则是多个发一个收。这样一个协议的设计是比较复杂的，将在 4.3 节详细介绍和讨论。

管控操作协议实体为 Manager 与 Agent 之间的管控操作提供服务，两个管控操作协议实体之间按照管控操作协议交互管控操作数据。Manager 只要在调用管控操作协议实体的服务时给出操作类型、操作数据，该实体即会构造管控操作协议数据单元（管控操作协议报文），并将其经底层传输协议栈（包括 MIG）传送给 Agent 的该层对等协议实体，该实体以提交服务的形式交付给 Agent 执行指定操作；反过来也一样。

# 4.2　管控操作协议

根据管控信息网络的协议体系结构，管控操作协议实体为组网控制中心实现管控操作的信令构造、信令语义解释、信令执行过程启动和监听响应等功能。管控操作协议的设计必须面向组网控制的管控操作，为支持的每个特定的管控操作设计特别的协议。根据第 3 章介绍的组网控制的功能要点和协议设计的考虑要点，按需分配卫星通信网的组网控制中心需要执行的管控操作可以分成以下两类。

（1）一次性传输较多的数据和软件用于装载，也称为远程装载操作，每次交换的信息动辄在数千字节以上，用于为业务站的 MCU/SCU 提供最新的运行软件和工作数据。由于业务站往往没有其他网络连接，要想对业务站进行软件升级和维护，远程装载操作是非常必要的。

（2）简短的事件报告、控制命令和响应，简称为命令响应操作。这类信息较短，每次交换的信息往往只有几十、几百字节。而且前后两个操作的数据之间一般没有顺序关系。有些命令要求响应，有些则不要求响应，另一些还允许偶尔有部分命令丢失。

因此，要为管控操作协议实体设计两类管控操作服务和协议，协议的组成实体和相互关系如图 4.3 所示。由于一个组网控制中心管理众多业务站，每个业务站又往往有多个 MCU/SCU，卫星通信网的管控操作协议应该支持"多播"操作，即组网控制中心发出一条操作指令，同时对多个 MCU/SCU 进行操作。在 3.5.1 节中设计的"组地址"就是支撑多播操作的元素之一。

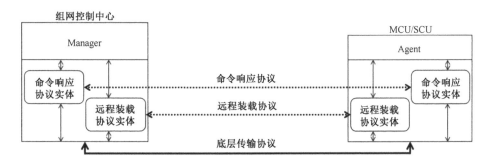

图 4.3　管控操作协议的组成实体和相互关系

图中"底层传输协议"就是图 4.2 中的 TCP/UDP 加上专用数据链路协议。由于组网控制中心与 MIG 之间是局域网，其传输带宽和传输质量都足够好，影响较大的是卫星信道及其专用数据链路协议。卫星信道传输速率较低，传输误码率较高，因此本书将在 4.3 节专门介绍专用数据链路协议的特殊设计。

## 4.2.1 远程装载操作

远程装载操作（Download）用于支持组网控制中心对业务站各信道单元（MCU/SCU）工作软件的远程装载和批量数据装载，且由 MCU 与组网控制中心交互，即使对 SCU 装载也是如此，即由 MCU 获得软件后在本地装载 SCU 软件。本书称管控操作协议实体中用于实现远程装载操作的部分为远程装载协议实体（简称 DL 实体）。组网控制中心只要提供待装载的软件（存储路径/文件名）、软件装入位置（内存地址）、待装业务站和信道单元（MCU/SCU）地址等参数，发起端（组网控制中心）的 DL 实体就负责发出待装载软件和装载参数。接收端（MCU）的 DL 实体负责接收待装载软件和装载参数，交由 Agent 完成软件装入过程，并给出装载成功的响应或装载失败的原因。发起端的 DL 实体综合远程装载的结果（一部分来自响应）向 Manager 做出响应，该响应中说明远程装载成功的结果或失败的原因。DL 实体接收 Manager 的远程装载服务请求，将请求原语中指定的软件代码或数据向全网或部分业务站或某个业务站广播装载，直至所有被装载站都正确收到待装软件或数据为止，或者遇到不可恢复的错误终止装载为止。

### 4.2.1.1 远程装载服务

远程装载服务设计了 9 条原语。其中 DL.req 原语用于 Manager 调用远程装载服务，并将待装软件或数据传递给 DL 实体。DL.ind 原语用于 DL 实体向 Agent 提交远程装载服务，传递软件或数据将要装入的内存地址，通知其准备好 EEPROM（如清除 EEPROM 中的原有软件）或 RAM。DL.rsp 原语用于 Agent 向 DL 实体告知能否接受装载，如果不能接受则要给出原因（如 EEPROM 无法清除等）。Manager 端的 DL 实体用 DL.cfm 向 Manager 回复远程装载的结果。上述 4 条基本原语的关系如图 4.4 所示。

图 4.4 远程装载协议 4 条基本原语的关系

因为一次装载软件的数据量比较大，所以远程装载协议被设计成分段传送［多个协议数据单元（PDU）］、逐段装载。业务站一端的 DL 实体用 SYN.ind 指示 Agent 执行一段软件或数据的装入。SYN.rsp 则用于 Agent 向 DL 实体回复一段软件或数据的装载结果。如果某段软件需要重新装载，则业务站的 DL 实体用 ReSYN.ind 指示 Agent 重装。ReSYN.ind 的功能也包含要求 Agent 重新检查待装地址段内存空间是否已清除并可装入。ReSYN.rsp 则用于回答装载结果。DL.abort 原语用于 Manager 请求终止远程装载服务，DL 实体将在完成当前操作后终止。DL.abort 也用于业务站 DL 实体向 Agent 通知远程装载过程结束。

### 4.2.1.2　远程装载协议

为了实现上述远程装载服务的目标，两端的 DL 实体要按照远程装载协议（简称 DL 协议）进行工作。DL 协议支持"多播"（也称组播）操作，每次远程装载的 MCU 地址都是一个组地址，组内的 MCU 同时执行远程装载操作。DL 协议充分考虑到了多播转载需求，本书设计的 DL 协议的操作过程如下。

（1）准备阶段。组网控制中心端的 DL 实体收到请求原语 DL.req 后，构造一个 DLcon PDU 向各待装业务站的 MCU 组播，MCU 中的 DL 实体收到 DLcon PDU 后通知 Agent 做好进行远程装载的准备。

（2）装载阶段。组网控制中心端的 DL 实体把待装软件顺序分块，每块作为一个 DLdata PDU 相继传送，且 PDU 都连续编号。DL 实体把相继的 $M$ 个软件块（每块对应一个 DLdata PDU）拼接在一起，称为段。MCU 中的软件装载过程则逐段进行。每传送 $M$ 个 DLdata PDU 就在其后传送一个 DLsyn PDU，通知将 DLsyn PDU 指定的 $M$ 个软件块拼接起来进行一段软件的装入。一段装载完毕，接着传送另外 $M$ 个软件块加一个 DLsyn PDU。在所有软件块传送完之后发送一个特殊标志的 DLsyn PDU，该 PDU 中标记该段是整个软件的最后一段。

业务站 MCU 中的 DL 实体以段为窗口进行接收，窗口的大小为 $M$ 个 DLdata PDU。比如序号为 0 至 $nM-1$ 的软件块（DLdata PDU）已经装载过了，则当前窗口为 $nM$ 至 $(n+1)M-1$。接收完 $M$ 个软件块后，将收到一个 DLsyn PDU。收到 DLsyn PDU 后通知 Agent 将这一段 $M$ 个软件块装入。接收和装入过程中如有差错，则要用 DLerror PDU 向组网控制中心端的 DL 实体报告未能成功装载的段信息和原因（这一段将在以后重新装载）。无论该段装载是否成功，都准备接收下一段。如果收到标记"末段"的 DLsyn PDU，则意味着将会进入有错段重装阶段。

在远程装载服务过程中，用接收端发现差错并请求重传的方法实现差错控制。这种方法适用于对多个业务站以组播方式同时进行远程装载，也适用于对单个业务站进行远程装载。若多个业务站同时要求重传某一段，且各业务站要求的是同一段，则这时只要有一个业务站发送成功这个重传请求就够了。

（3）有错段重装阶段。组网控制中心端的 DL 实体在组播装载过程中接收来自业务站 DL 实体的 DLerror PDU，该 PDU 中指明了哪一段远程装载过程有差错且需要重新装载。DL 实体对每个需重新装载的软件段执行重装过程。首先用 ReDLsyn PDU 向业务站的 DL 实体通告准备重新装载的段起始序号，即通知其准备接收哪几个序号的软件块（DLdata PDU）。其后该段的装载过程同第一遍组播装载一样（$M$ 个软件块 DLdata PDU 加一个 DLsyn PDU）。在重新装载过程中，若某段仍有差错，则业务站的 DL 实体仍要用 DLerror PDU 发送报告，直至没有需要重新装载的软件段为止。

无差错（一遍广播完成）时的 DL 协议的 PDU 传输过程如图 4.5 所示。

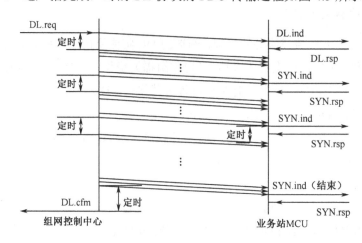

图 4.5　无差错时的 DL 协议的 PDU 传输过程

### 4.2.1.3　差错校验增强

软件的远程装载过程对传输的可靠性要求较高，传送过程中不允许存在残留差错（传输系统未能恢复的差错）。但任何底层协议（比如采用 CRC 检错重发的数据链路层协议）都难以做到无残留差错，包括没有检测到的差错。因此，在 DL 协议中需要迭加一次传输差错校验。这个差错校验协议必须适合软件实现，计算开销比较小，以符合 MCU 的计算能力，且有较强的检错能力。

差错校验实际上就是完整性校验，用于接收端检查确认收到的数据与发送端发出的数据是否一致。假设待传输的数据块是 D（其中包含的字节数不限），完整性校验的基本原理如下。

（1）在发送端，用特定的校验函数 $f$ 计算数据块 D 的校验码 EDC（字节数一般都是固定的，比如 32bit）：

$$EDC = f(D)$$

（2）发送端将数据块 D 与校验码 EDC 相继发送给接收端，一般先发送 D 再紧接着发送 EDC。

（3）接收端将会接收到经过特定信道传输后的数据块 D′ 和校验码 EDC′，经过传输以后的数据块和校验码有可能发生错误。

（4）在接收端，用与发送端同样的校验函数 $f$ 计算收到的数据块 D′ 的校验码，记作 EDC″：

$$EDC'' = f(D')$$

（5）在接收端，将接收到的校验码 EDC′ 与自己计算得到的校验码 EDC″ 进行比较，如果相等就认为数据传输过程中没有发生错误，否则就认为数据传输过程中发生了错误。

这里，校验函数 $f$ 的选取是关键，对它的基本要求如下。

（1）校验能力强，如果传输过程中发生了错误，几乎都能够发现，即只要 D 发生了变化，EDC 一定也会变化。

（2）计算开销比较小。

在数据通信中，大家最熟知的校验函数应该是 CRC（Cyclic Redundancy Check）校验函数，其检错能力极强，计算开销小，最大的特点是易于用硬件电路实现，因此数据链路层大多都使用 CRC 校验发现传输中的比特错误。

但从发现错误的能力上看，CRC 校验不太适合用于大数据块的完整性校验，如果数据块中发生连续错误或发生错误的比特数稍多，其可能无法检测出发生了传输错误。在 DL 协议中，因为其一次性传输的数据量较大，且是最后一道完整性校验关口，需要采用检错能力更强的校验方法，并且一般都是通过软件实现的，所以不必拘泥于适合硬件电路实现的 CRC 校验方法。

采用软件实现、对计算开销要求不高的数据完整性校验方法很多，常见的是各类数字签名算法，比如利用哈希散列算法产生特定长度的"摘要"，这个摘要就是完整性校验码。常用的有 MD5、SHA1 等算法。MD5 产生的摘要长度是 128bit（16Byte），SHA1 产生的摘要长度是 160bit（20Byte）。它们的校验能力非常强，不同的数据块产生相同校验码的概率几乎为零。但哈希散列算法的计算开销比较大，不太适合 MCU 实现，且软件装载中的完整性检验也不把防止伪造作为重点，重在发现传输错误。

为了拥有校验能力强、校验计算开销小的完整性校验算法，以便于在 MCU 上实现，DL 协议也可以采用其他的一些校验方法，比如展转平方模除法，模数选择为 16bit 整数中的最大素数 32749。这个算法既可以对每个 DLdata PDU 单独校验，也可以把几个 DLdata PDU 的数据字段拼在一起联合校验。该方法有较强的检错能力，可使传输差错的漏检概率比 CRC 校验（底层协议往往只做到这个程度）降低 3～5 个数量级。

#### 4.2.1.4　协议效率

前面介绍了 DL 协议的工作原理和工作过程，这个协议非常适合以广播方式对一大批业务站同时进行远程软件装载，装载的时效性比较好。为了分析效率，下面首先设定

DL 协议的工作参数。

（1）每个 DL 协议数据报文（PDU）携带 200Byte 的软件代码，加上控制用的额外开销，在专用数据链路协议中的对应帧（数据链路层 PDU）长度记为 $F$（单位为 bit）。

（2）广播信道工作点的误码率为 $P_b = 10^{-6}$，门限点的误码率则为 $P_b = 10^{-5}$。但由于组网控制中心的发射信号功率要大到足以让接收能力最小的业务站也能正常接收，对于大部分业务站来说，广播信道的误码率经常可以低到 $P_b = 10^{-7}$。

（3）全网需要进行远程装载的用户数（以业务站即 MCU 为单位）不超过 1000 个，记每次装载时的待装站数为 $M$。

（4）每个待装软件的长度平均为 50KB，即 51200Byte，记为 $L_s$（单位为 bit）。

（5）DL 协议每个"装载组"包含 $N_g$ 个软件代码数据报文（DLdata PDU）和一个同步控制报文 DLsyn PDU。

（6）专用数据链路层协议实体将对 DL 协议的每个协议数据报文（PDU）所对应的帧自动重发一次（见 4.3 节的协议设计）。

（7）DL 协议的控制报文 PDU（如建立 DLcon PDU、DLsyn PDU 等）较短，不妨取相同长度，相应的协议报文长度记为 $L_c$（单位为 bit）。

根据管控信息网络的体系结构，在远程装载过程中，DL 协议数据报文即 DL PDU 的丢失主要是由卫星链路（广播信道）的误码引起的。因此，对某个正在远程装载的业务站来说，一个 DLdata PDU 的丢失（两次广播都有误码）概率为

$$P_d = \left[1 - (1 - P_e)^F\right]^2$$

一个 DL 同步控制 PDU 丢失的概率为

$$P_c = \left[1 - (1 - P_e)^{L_c}\right]^2$$

那么，一个"装载组"的各 PDU 全部无误码地到达某个业务站的概率为

$$q_g = (1 - P_d)^{N_g}(1 - P_c)$$

从而，某个业务站经过一遍广播装载就成功的概率为

$$q = q_g^{L_g / 1600 / N_g}$$

将 $L_s$=51200×8bit，$F$=216×8bit，$L_c$=16×8bit，$N_g$=10，以及广播信道误码率 $P_b = 10^{-7}$ 代入，可得 $q$=0.9999923546。全网 1000 个业务站一遍广播完成远程装载的概率为 99.24%。如果广播信道的误码率 $P_b = 10^{-6}$，这时 $q$=0.99924，全网 1000 个业务站一遍完成远程装载的概率为 46.6%，即有大约一半的业务站在一遍广播后完成远程装载。

由于业务站数目的大减和需要重新广播的代码组的减少，第二遍全部剩余业务站完成远程装载的概率比第一遍广播会大大提高。比如信道误码率为 $10^{-6}$ 时，对 1000 个业务站远程装载时，第一遍广播 46.6% 的业务站将可完成装载，第二遍则可完成剩余 534 个业务站中 66.5% 的业务站装载，第三遍则可完成剩余 179 个业务站中 87% 的业务站装载。剩下的 23 个业务站经过第 4 遍广播以后将有近乎 100% 的概率可全部完成装载。

另外，利用一遍广播装载就成功的概率计算公式还可对 DL 协议的分组长度进行优化，选取合适的 $F$ 值，使得在给定的 $P_e$ 下的成功率 $q$ 最大。关于如何进行优化，限于篇幅，这里就不再介绍了。

## 4.2.2　命令响应操作

命令（Command）响应（Response）操作用于命令、请求、响应和报告的传递、解释和执行，支持 Manager 通过 Agent 对业务站信道单元（MCU/SCU）的行为、状态和参数（统称属性）进行监视和控制。事件报告、连接请求、动作控制都属于命令响应操作。管控操作协议实体中用于实现命令响应操作的部分称为命令响应协议实体(简称 CR 实体)。

本书将 CR 实体之间互相交互的管控操作数据统称为信令。并且，将 MCU/SCU 发给组网控制中心的信令称为请求、报告或响应，比如入网请求、事件报告、轮询响应就分别称为入网请求信令、事件报告信令、轮询响应信令，有时也会省略信令二字。组网控制中心发给 MCU/SCU 的信令称为命令或响应，比如信道分配命令，其全称是信道分配命令信令，有时省略信令二字。

按需分配卫星通信网的组网控制系统需要执行的命令响应操作及其信令（操作协议 PDU），根据内容可以分成以下三类。

（1）用于动态分配卫星信道以建立业务链路的 DAMA 类操作信令。其包括链路建立请求（Call Request）、信道分配（Call Assignment）和呼叫完成报告（Call Finish）。此类信令由 SCU 与组网控制中心交互，MCU 不参与。

（2）为保证业务站软硬件可靠运行所需的控制类操作信令。这类信令有入网请求（InNet Request）、入网命令（InNet Command）、事件报告（Event Report）和链路终止命令（Call Abort）等。此类信令由 MCU 与组网控制中心交互，即使对 SCU 的操作也是通过 MCU 完成的。

（3）便于组网控制中心向全网（所有 MCU/SCU）广播发布的参数设定类操作信令。这类信令用于向全网通告整体性工作参数，比如通告管控信息传输链路中入向信道载波频率和速率的参数广播信令。这类信令是所有 MCU/SCU 都要接收并执行的。

上述三类管控操作信令中，第三类操作信令是定期广播的单向信令，只有从组网控制中心发往各业务站的，而没有从业务站发往组网控制中心的，收到信令的 MCU/SCU 也不用给出响应，甚至不要求每次广播每个 MCU/SCU 都要正确收到。第一类操作信令用于地球站间业务链路的建立和拆除，允许有少量的丢失，因为组网控制软件或地球站用户会自行纠正，少量丢失是可以容忍的，这样就使得管控操作协议得以大大简化。比如语音通信中的拨号信息丢失，用户会得到"忙音"，这时用户自己就会重拨。这样做是为了简化组网控制中心（一点）与业务站 MCU/SCU（多点）间管控信息传输链路的专用数据链路协议，并大幅度提高链路传输效率。第二类操作信令则要求可靠传输，管控操作协议负责纠正底层管控传输协议栈的残留差错（PDU 丢失），并且可能要求响应。

命令响应操作的命令、请求较多，这里没有列出命令请求的详细编码，只进行了分类。实际上，后面提到的服务原语、协议 PDU 中都会包含具体的信令、请求、响应的代码，根据代码即可知道应该将其归入哪一类。

### 4.2.2.1　命令响应服务

根据上述管控操作信令的分类，CR 实体的服务（命令响应服务，简称 CR 服务）也可细分成三类：

- 要求响应的 CR 服务；
- 要确认的无响应 CR 服务；
- 丢失容忍的 CR 服务。

在 CR 服务中，Manager 或 Agent 调用 CR 实体的管控操作服务时，如果命令或请求是要求响应的，则 CR 实体最终必须向调用者给出一个"确认"，这个"确认"中包含对方发回来的响应或有差错时没有响应的原因。如果命令或请求是不要求响应的或丢失容忍的，则 CR 实体不向 Manager 或 Agent 给出"确认"，其中要确认的无响应命令或请求在 CR 实体间是要确认的。凡是 Manager 用组播方式发给多个业务站的管控操作命令都应该用丢失容忍的 CR 服务，以避免反向信道因几乎同时产生的大量确认而造成拥塞。

如果 CR 实体提交了一个管控操作服务，则 CR 实体要根据提交服务的性质决定是否等待 Manager 或 Agent 的响应。如果提交了要求响应的 CR 服务，则要等待响应。收到响应后，要将其传递到命令或请求的发出方 CR 实体。如果提交了不要求响应的或丢失容忍的 CR 服务，则不等待响应。

### 1. 要求响应的 CR 服务

这种服务为 Manager 传送操作命令或为 Agent 传送操作请求，并负责将接收方的执行结果（响应）传送到发出命令或请求的一方。与这种服务有关的 CR 服务原语中，cfm_CR.req 原语用于用户进程（Manager 或 Agent）向 CR 实体调用要求响应的 CR 服务。接收方 CR 实体则用 cfm_CR.ind 原语向用户进程提交要求响应的 CR 服务。用户进程用 cfm_CR.rsp 原语向 CR 实体发出命令执行后的响应，而 cfm_CR.rsp 原语也用于发送方 CR 实体向请求服务的用户进程反馈命令传输结果或命令执行的响应。

### 2. 要确认的无响应 CR 服务

这种服务支持不要求响应的命令或请求操作，执行命令者不需要将响应数据发回给命令或请求的发出者，但命令或请求不容许丢失。对于服务提供者即 CR 实体来说，只要（正确）完成了命令的传送也就完成了任务，不必向服务用户发送"确认"原语。这种服务只有两个原语，其中，CR.req 用于用户进程（Manager 或 Agent）向 CR 实体请求不要求响应的 CR 服务；CR.ind 原语则用于 CR 实体向用户进程提交不要求响应的 CR 服务。在命令或请求的发送方，CR 实体不需要向用户进程即命令发出者确认该命令的传送结果或执行结果。

### 3. 丢失容忍的 CR 服务

这是无响应的 CR 服务的一种，该种服务对应的管控操作不要求响应，且容忍底层传输协议栈的残留差错（允许 PDU 丢失），但接收方并不接受有差错的命令。在这类服务中，发送方不必知道接收方是否正确接收到命令。这种服务只有一条服务调用原语，即 LT_CR.req，其用于调用 CR 实体的丢失容忍 CR 服务，CR 实体在将管控操作协议 PDU 发出之后不向用户进程确认命令的发送结果，也不保证该命令被执行方收到。接收方 CR 实体用 CR.ind 原语向用户进程提交丢失容忍的 CR 服务。

#### 4.2.2.2　命令响应协议

根据前面所述，命令响应协议（简称 CR 协议）要为要求响应的 CR 服务、要确认的无响应 CR 服务和丢失容忍的 CR 服务提供管控操作命令/请求和响应的传输支持。本书在 CR 协议设计时规定，每个用户进程（Manager 或 Agent）对每个不同的对等用户进程只能有一个未获"确认"的要求响应的命令/请求发出，即组网控制中心对每个 MCU/SCU 只能有一个未获"确认"的要求响应的命令发出；每个信道单元也只能有一个未获"确认"的要求响应的请求发出。

CR 协议的工作过程如下。

● CR 实体若收到用户进程的要求响应的 CR 服务请求原语 cfm_CR.req，则记录相应的参数；为该命令/请求分配 PDU 序号（尽量顺序编号，但不要求完全连续，因为不同的命令或请求的执行时间差别较大）；构造一个 cfm_CRreq PDU 发送给对等的 CR 实体，然后启动超时等待机制，等待响应 CRrsp PDU。

● CR 实体若收到用户进程的要确认的无响应 CR 服务请求原语 CR.req，则记录相应的参数；为该命令/请求分配 PDU 序号；构造一个 CRreq PDU 发送给对等的 CR 实体，然后启动超时等待机制，等待 ack PDU。

● CR 实体若收到用户进程的丢失容忍的 CR 服务请求原语 LT_CR.req，则构造一个 LT_CRreq PDU 发送给对等的 CR 实体。

● CR 实体若收到本地用户进程的响应原语 cfm_CR.rsp，则构造 cfm_CRrsp PDU（其中含 cfm_CRreq PDU 中的序号）发送给要求响应的命令或请求的发送方。

● CR 实体若收到 cfm_CRreq PDU，即包含要求响应的命令或请求的协议数据单元，则构造 CR 服务的指示原语 cfm_CR.ind 提交用户进程，并记录该 PDU 序号、发送方地址等参数，启动超时等待机制，等待本地用户进程的响应原语 cfm_CR.rsp。

- CR 实体若收到 CRreq PDU，即包含要求确认的无响应命令或请求的协议数据单元，则构造 CR 服务的指示原语 CR.ind 提交用户进程，并记录该 PDU 序号、发送方地址等参数，构造一个 ack PDU 发送给发送方 CR 实体。
- CR 实体若收到 LT_CRreq PDU，即包含丢失容忍的命令或请求的协议数据单元，则构造 CR 服务的指示原语 CR.ind 提交用户进程。
- CR 实体若收到 cfm_CRrsp PDU，即包含操作响应的协议数据单元，则核对发出的 PDU 序号，一致则构造 CR 服务的指示原语 cfm_CR.rsp 提交用户进程，相应的序号和超时机制废止；不一致则丢弃该 PDU。
- CR 实体若收到 ack PDU，即包含要确认的无响应命令或请求的确认协议数据单元，则核对发出的 PDU 序号，一致则相应的序号和超时机制废止；不一致则丢弃该 PDU。
- CR 实体若发生超时事件，则分两种情况进行处理：若等待 CRrsp PDU 或等待 ack PDU 超时，则在重发次数限制内重发相应的 PDU；若等待 cfm_CR.rsp 超时，则构造 cfm_CRrsp PDU（其中含差错代码）发送给要求响应的命令或请求的发送方。

以上的各种"发送给"都是调用底层传输服务来实现的，可以参考图 4.2 的协议体系结构。要求响应的命令响应操作过程、要确认的无响应命令操作过程和丢失容忍的命令操作过程如图 4.6 所示，但图中只给出了正常操作过程，省略了超时等待和重发等情况。

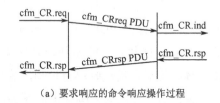

（a）要求响应的命令响应操作过程

（b）要确认的无响应命令操作过程　　　　　　（c）丢失容忍的命令操作过程

图 4.6　三类 CR 协议的操作过程

以上只是管控操作协议之 CR 协议的大概工作过程，具体的协议实现还有许多细节，限于篇幅，本书不再一一详细介绍，有兴趣的读者可以阅读参考文献[7]等。

# 4.3 专用数据链路协议

　　根据图 4.2，管控操作协议是在底层传输协议的支撑下实现的，而该底层传输协议分为两段：一段在局域网上，是 TCP/IP 协议栈；另一段是卫星链路上的专用数据链路协议，中间由 MIG 负责接续。图 4.2 所示的 MIG 由三部分组成，即 TCP/IP 协议栈、专用数据链路协议实体和管控信息网关软件（简称 MIG 软件）。从实现角度看，MIG 软件不是难点，设计的重点、难点是卫星链路上的专用数据链路协议：一方面，卫星链路是一个具有广播特性的物理层；另一方面，该协议是一个一对多的数据链路协议。因此，本书将重点介绍专用数据链路协议的设计。

　　下面所说的"一个链路"或"一个信道"是指，当一个地球站的速率为 $c$（bit/s）的基带数字信号（传输前比特流）调制在卫星链路的频率为 $f_x$ 的射频载波上，经通信卫星转发到另一个地球站，解调出速率为 $c$（bit/s）的基带数字信号（传输后比特流）时，从一个站的传输前比特流到另一个站的传输后比特流之间的数字传输通道。其中，射频载波频率 $f_x$ 会作为这个链路或信道的名称，比如称 $f_x$ 信道；速率 $c$ 会作为这个链路或信道的数据传输速率。其中的调制解调功能是用卫星通信 Modem 实现的。

　　如果采用 TDMA 方式，则从一个站的基带数字信号到另一个站的基带数字信号之间的传输链路或信道只占用了 $f_x$ 信道上的一个时隙 $T_y$，所以 TDMA 方式下的"一个链路"或"一个信道"是指 $f_x$ 信道上的一个时隙 $T_y$。本书后面以 FDMA 方式为例来介绍协议设计，如果是 TDMA 方式，只要在 $f_x$ 信道上再加上时隙 $T_y$ 即可。

## 4.3.1 管控信息传输链路的物理特性

　　支撑专用数据链路协议实体实现组网控制中心的 MIG 与 MCU/SCU 之间物理层数据传输的是卫星链路 Modem。每个 MCU/SCU 都内置 Modem 功能，并有专用数据链路协议实体、管控操作协议实体和 Agent 功能。MCU 的 Modem 是专用于与组网控制中心之间传输管控信息的，SCU 的 Modem 则还用于业务链路通信，其性能（速率）一般要更好一些。组网控制中心端的 Modem 称为 CCU，只有 Modem 功能加上少量的流量统计功能。Modem 的功能就是将基带串行数据比特流在指定频率（TDMA 时还有时隙）的卫星信道上用射频信号发射出去，或者反过来。基于卫星链路 Modem 的物理层对专用数据链路协议的支撑关系如图 4.7 所示。该数据链路的帧结构一般可以采用 ISO/IEC 13239 定义的 HDLC 帧格式，如图 4.8 所示，其中的地址字段（也称物理地址）要扩展为 16bit 甚至更多，否则最多只能支持 256 个 MCU/SCU 了。

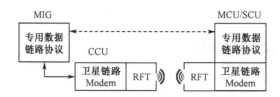

图 4.7　物理层对专用数据链路协议的支撑关系

图 4.8　数据链路的帧格式

省略掉 Modem 和 RFT 以后的所有专用数据链路协议实体之间的互通关系如图 4.9 所示，图中 MIG/MCU/SCU 上的专用数据链路协议实体就用 MIG/MCU/SCU 来标记了。

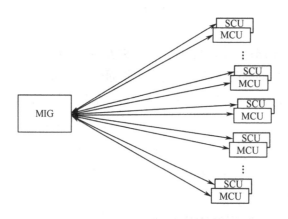

图 4.9　所有专用数据链路协议实体之间的互通关系

从图 4.9 中可以看出，专用数据链路协议的两个数据传输方向是不对称的，是一（MIG）对多（MCU/SCU）的通信关系。结合其作为卫星通信网的管控信息传输通道这个用途，专用数据链路协议所面对的物理信道（简称控制信道）具有以下特性。

（1）每对（MIG, MCU）或（MIG, SCU）之间的管控信息数据流量很小，但 MCU/SCU 数量众多。

（2）控制信道只能占用全网卫星信道总带宽的一个小头，作为网络的管控开销，因此总带宽不能太大。

（3）卫星信道具有广播特性，对于 MIG、MCU、SCU 中任何一个发送的信息，处于同一个卫星信道上收/发的所有其他 MIG、MCU、SCU 都能接收到物理信号。

（4）只有一个 MIG 给众多的 MCU/SCU 发送（一对多），众多的 MCU/SCU 也只给一个 MIG 发送（多对一）。

根据上述特点，支撑专用数据链路协议的物理信道不宜为每对（MIG, MCU）或（MIG, SCU）设置一条专用的卫星信道链路，否则每条链路的带宽很窄、速率很低、传输时延很大、利用率很低。比较合理的方案如下。

（1）利用广播特性，为 MIG 向 MCU/SCU 设置一个单向的数据广播链路，只有 MIG 发送，但所有 MCU/SCU 接收。对于 MIG 发送给任意一个 MCU/SCU 的数据链路帧，所有 MCU/SCU 都能收到解调后的基带数据比特流，但 MCU/SCU 根据数据链路帧中的物理地址决定是否收下该数据帧。有的文献将这个单向的数据广播链路称为 TDM 广播链路（或 TDM 广播信道，有时也简称 TDM 信道），也称为出向控制信道，是从组网控制中心发送出去的。

（2）为 MCU/SCU 向 MIG 设置一至数个单向的共享数据链路，每个共享数据链路由一组 MCU/SCU 共用，按照一定的多址接入协议（MAC 协议）协调各 MCU/SCU 轮流在其共享数据链路上向 MIG 发送数据链路帧，MIG 根据数据链路帧中的物理地址识别是哪个 MCU/SCU 发送的。这个信道也称为入向控制信道，是发给组网控制中心的。

出向控制信道是由 MIG 独占的，与一般的点到点链路一样。因此，设计的重点是卫星链路（信道）上入向控制信道的多址接入协议。

需要说明的是，这里的 TDM 与代表时分复用的 TDM 不完全一样，这里的 TDM 广播链路就是一个传输数据的载波信号，这个载波信号只有一个数据源 MIG，因此也谈不上复用，整个 TDM 广播链路是 MIG 独占的。在 WiMAX 和蜂窝移动通信系统中，某个基站到各终端的下行链路"采用 TDM 数据流"，将发给多个终端的数据复用成一条数据流；在各终端到基站的上行链路采用 TDMA，每个终端只能在分配给自己的时隙内发送数据。为了与习惯性叫法和基站类系统中的概念一致，我们还是使用了 TDM 广播链路这个名词，因为独占只是共享（时分）的一个特例，即只有一个用户时的复用，采用的技术可以相同。

## 4.3.2　共享卫星信道的多址接入方式选择

管控信息网络的入向控制信道是众多 MCU/SCU 共享，向 MIG 发送管控信令的通道，各 MCU 必须按照一定的多址接入协议（MAC 协议）轮流在专用链路（信道）上向 MIG 发送数据报文。多址接入协议的选择直接关系到这条共享卫星信道的使用效率和管控信令的传输时延，不同的多址接入协议（或多址访问协议，MAC 协议）在动态或静态的带宽分配算法、集中或分布的判决过程、算法的自适应程度等方面存在差异。常见的广播式卫星信道的多址接入协议大致可以分为以下五类。

### 1. 固定分配类

这是一种独立于用户的多址接入（访问）方式，有两种常见的形式：正交形式（如 FDMA、TDMA）和准正交形式（如 CDMA）。固定分配对于随机突发性很强（比如 1%）的访问是非常浪费的。

### 2. 竞争类（随机访问）

第 1 章曾对随机访问的多址接入方式有过介绍，在这类接入协议中，用户之间没有同步地对信道进行随意访问。在同样的带宽下对众多的随机访问协议进行比较可以发现，ALOHA 访问方式可以达到一个单程的传播时延，但实际信道利用率比较低（<36.8%）。竞争类协议的用户间冲突必将发生，但可以通过在用户之间引入少量同步来改善性能，但卫星信道的传输时延较大，改善的效果并不明显。

### 3. 集中控制的按需分配

这是一种预约访问协议，由中央控制系统接受预约和分配信道，固有时延比较大，且需要有明确的用户需求信息。作为本来就是用于"预约"建立业务链路的管控信息网络，显然再用预约访问协议就不太合适了。

### 4. 分布式控制的按需分配

这是一种分布式的预约访问协议，可以提高可靠性和改善性能。所有分布式算法必须在用户间交换信息（明确地或隐含地），各站以这些信息来协调发送顺序。在卫星信道上，由于传输时延比较大，协调信息的开销有可能接近甚至超过管控信息本身的数据量，而且时延会大大增加，显然也不太适用。

### 5. 自适应策略和混合模式

这类协议包括多种工作模式，根据环境条件进行自适应调整。自适应调整必然需要一定的信道使用情况信息，获取这些信息的开销和时间消耗也比较大。

综合以上分析，对于随机突发性很强（每个 MCU/SCU 的发送时间占比低于 1%）的管控信令传输链路，竞争类的随机访问方式（ALOHA）是比较合适的：用户之间无须协调同步，所以非常简单；传输时延接近一个单程传播时延，几乎是最小的；虽然实际的信道利用率比较低（10%～30%），但性价比很高，因为业务量也并不大，不太看重利用率。

## 4.3.3 入向控制信道的 ALOHA 协议

自从 Abramson 提出 ALOHA 多址共享接入协议（以下简称 ALOHA 协议）以来，

对随机访问技术感兴趣者甚多，其在 VSAT 卫星通信系统出现后进一步受到了推崇。ALOHA 协议特别适合于不对称的星形网络，用于众多业务站的 MCU/SCU 竞争一个共享的入向控制信道向 MIG 发送数据。卫星通信中，一个业务站（MCU/SCU）的收发一般不同频（指接收和发送的中频信号，不是指上行和下行链路），因此没有一个业务站能收到自己发送的数据链路帧（以下简称数据帧）。由于在发送时无法接收，所以每个业务站在发出数据帧之后不知道发送是否成功，这就需要另外的机制来反馈 ALOHA 信道的竞争发送结果。

入向控制信道中采用 ALOHA 协议竞争发送的所有 MCU/SCU 的数据帧都是发给 MIG 的，又正好有一个出向控制信道（TDM 广播信道）是用于 MIG 向众 MCU/SCU 发送数据帧的，这个出向控制信道就可以用作 MIG 向 MCU/SCU 发送"接收到 ALOHA 数据帧的确认"。只要按时收到对应的确认，ALOHA 发送站就知道自己发送的报文没有冲突。

有出向控制信道配合发送确认的 ALOHA 协议工作过程如下：众 MCU/SCU 按照 ALOHA 协议在入向控制信道上发送数据帧，组网控制中心的 MIG 在 ALOHA 信道上接收，MIG 每收到一个正确的数据帧就通过 TDM 广播信道向发送数据帧的 MCU/SCU 发回确认；发送了数据帧的 MCU/SCU 如果没有按时在 TDM 广播信道上收到确认，就认为自己发送的数据帧发生了碰撞（也称冲突），需要按照一定的机制重发。这样，MCU/SCU 用 ALOHA 信道（入向控制信道）载频发送，用 TDM 广播信道（出向控制信道）载频接收，在知道自己发送的数据帧有无冲突之前要经历双跳的传输时延。

现在有不下十种改进的 ALOHA 协议，大多是为了提高协议效率，但其代价是增加了复杂性。其中有三种 ALOHA 协议的实现相对比较简单，实现成本较低，对于数据量不太大的管控信息传输，较低的协议效率也够用。其中设备成本最低的一种是 P-ALOHA，成本中等的是 SREJ-ALOHA，成本相对较高的是 S-ALOHA。

### 1. P-ALOHA

P-ALOHA 也称纯 ALOHA。这种协议尽管比较古老，但应用还是比较多的。在这种协议下，发送站之间是完全异步的，每个站有数据需要发送时，完全不考虑别的站在不在发送、有没有要发送的，不用任何迟疑和等待，有数据就构造成数据帧把它发送出去。如果有 2 个或更多个发送站发出的信号同时到达接收站，信号之间互相干扰，接收站就无法正确接收到完整的报文，这种情况叫作"冲突"或"碰撞"。因为发送站自己收不到自己发出去经卫星转发回来的信号，无法发现是否与别的发送站发送的数据帧发生了冲突，所以其需要依靠接收站发出的确认帧来判断有无冲突。接收站收到 ALOHA 数据帧并校验无差错，就在 TDM 广播信道上发出确认帧（带数据帧发送方地址和报文编号），发送站收到确认帧（ack）就认为没有发生冲突；如果没有按时收到确认帧就认为发生了冲突，要等待一段随机时间后重发数据帧。P-ALOHA 的工作流程如图 4.10 所示，其中，

基本时间 $T_0$ 是平均长度的数据帧的发送时间；$m$ 可以固定也可以随冲突频度动态变化，$m$ 的大小影响重发时再次发生冲突的概率。$T_0$ 也称为重发退避基本时间，如果数据帧长度固定，则 $T_0$ 可以取一个数据帧的发送时间。

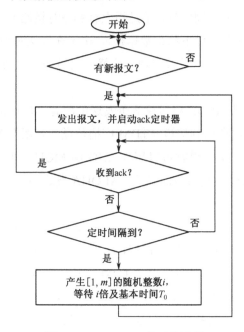

图 4.10　P-ALOHA 的工作流程

理论分析表明，当所有的数据帧都为固定长度（以发送时间计，记为 $T_0$），且所有站合计的数据帧发送间隔符合负指数分布时，P-ALOHA 的吞吐率符合 $S=Ge^{-2G}$，其中 $G$ 为 $T_0$ 时间内各站合计的数据帧发送数，$S$ 为 $T_0$ 时间内无冲突成功发送的数据帧数，即吞吐率，也就是协议的信道利用率或效率。吞吐率曲线如图 4.11（a）所示，在 $G$=0.5 时达到最大吞吐率 0.184。但在数据帧长度不固定的条件下，最大吞吐率为 0.13～0.18，与数据帧的长度分布密切相关。图 4.11（b）给出了时延曲线，在业务量没有接近最大吞吐率时，大部分数据帧是一次就发送成功的，因此 P-ALOHA 的传输时延较小。

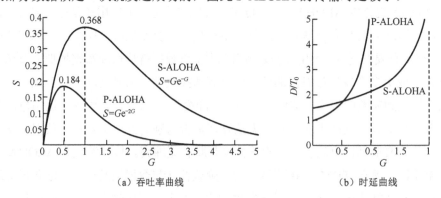

（a）吞吐率曲线　　　　　　　　　　（b）时延曲线

图 4.11　P-ALOHA 的吞吐率曲线和时延曲线

## 2. S-ALOHA

S-ALOHA 也称时隙 ALOHA。该协议是从 P-ALOHA 发展而来的,在一个用于 ALOHA 竞争发送的载频上,协议的其他内容不变,只是把时间分成片(时隙),所有业务站的数据帧必须在某个时间片开始后发送,在一个时间片内发送完,不能跨时间片发送,因此比较适合固定长度的报文传输。S-ALOHA 也需要靠接收方的确认来判断有没有冲突,如果发现有冲突,也是随机等待一段时间后在某个时间片内重发数据帧。

采用 S-ALOHA 的各个站(MCU/SCU)之间必须实现时间片同步(以发送的信号到达卫星转发器为准),因此会增加设备成本。因此,S-ALOHA 在 TDMA 方式的链路上比较多见,因为 TDMA 中本来就是按照时隙来区分的,各站在指定(由某个控制器分配的)时隙内收发数据,时间同步已经实现,在时隙的基础上再划分 ALOHA 的时间片就比较容易实现。这时,反映各站发送时间分配关系的 TDMA 信道帧结构如图 4.12 所示。在 TDMA 信道帧结构中,划出一个或几个时隙作为入向控制信道(竞争时隙),用于各 MCU/SCU 按照 S-ALOHA 竞争发送;划出一个时隙作为出向控制信道,用于 MIG 向 MCU/SCU 发送(为了统一术语,图中仍然用 TDM 来表示),包括确认(ack)。其中的竞争时隙再划分成多个时间片(其实跟时隙是一个意思,为了区分,在 S-ALOHA 中称作时间片),每个站都可以在任意时间片 $S_i$ 起始后开始发送数据帧,在 $S_i$ 结束前结束数据帧发送。对一个数据帧的最大长度限制是其能在 $S_i$ 时间片内发完。需要注意的是,如果竞争时隙内不划分时间片,那就是 TDMA 方式中的 P-ALOHA。

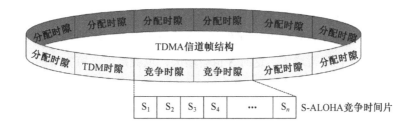

图 4.12 TDMA 信道帧结构

如果数据帧长度固定,每次都是正好发满一个时间片,且所有站合计的数据帧发送间隔符合负指数分布,则 S-ALOHA 的吞吐率符合 $S = Ge^{-G}$。其吞吐率曲线和时延曲线在图 4.11 中已经给出,吞吐率最高可达到 0.368。

但是,S-ALOHA 的效果并没有那么好,有三个因素影响了 S-ALOHA 的应用,使得 S-ALOHA 的实际吞吐率远达不到 0.368:第一,每次要发送的数据帧往往不是定长的,发送短数据帧时就浪费了时间片的一部分,尤其是在简短的管控信令传输中,这个问题非常明显;第二,实现 S-ALOHA 需要各站精准同步,同步设备需要一定的成本,而且考虑同步精度,相继的 2 个时间片之间要有一定的保护间隔,这也影响了 S-ALOHA

的效率；第三，同步卫星的飞行高度为距海平面 35786km 的赤道上空，理论上相对地球处于静止状态，但由于存在某些扰动因素（如月球的引力随距离变化、飞行速度误差等），其并非绝对对地静止，而是在测控系统的操控下在空中画"8"字飞行，其定点误差为 50～100km。由于星体位置单方向漂移的不确定性造成的卫星通信信号的传输时延差大约为 1.15ms，考虑双向漂移，前述保护间隔的宽度不应小于 2.3ms。

### 3. SREJ-ALOHA

SREJ-ALOHA 也称选择拒绝 ALOHA。在这种协议下，一个数据帧被分成几个小帧相继发送，每个小帧是独立编号和有错重发的基本单元，比较适合变长数据帧。每个小帧有自己的控制字段和前导码，每次重发都是从有错的小帧开始的，此有错小帧之前的那部分小帧就不必重发了，后面没有冲突的小帧也不必重发。不分时间片的 SREJ-ALOHA 的效率比原始的 P-ALOHA 的效率高，可以媲美 S-ALOHA；如果以小帧长度为时间片长度，SREJ-ALOHA 的信道利用率可以达到 40%～45%。SREJ-ALOHA 对硬件实现的要求提高了，因为较短的小帧要求接收方有较快的载频提取速度。

上述三种 ALOHA 协议中，尽管 P-ALOHA 的效率最低，但其访问时延很低，发送前几乎无时延。尤其对于数据帧长度多变且以短数据帧为主的管控信令传输，P-ALOHA 的效率可与其他协议媲美。考虑效率和实现成本，当用于按需分配卫星通信组网的管控信息传输时，P-ALOHA 是一个有效的选择。

遗憾的是，上述 ALOHA 协议（包括 S-ALOHA）会出现运行不稳定的情况，如图 4.13 所示。ALOHA 协议的原理和理论分析表明，待发送的数据帧中有一部分是重发的帧。当工作在稳定区（$G<0.5$）时，重发的数据帧占比比较小，如果用户首次待发送的数据帧瞬时增大，$G$ 也短暂增大，这时 $S$ 也会增大，也就是说，短暂增加的 $G$ 会因为增大的 $S$ 而消化掉。但如果工作在不稳定区（$G>0.5$），重发的数据帧占比比较大，甚至发送的数据帧中大部分都是重发的，这时如果用户首次待发送的数据帧瞬时增大，$G$ 也会增大，从图 4.13 中可以看出，这时吞吐率 $S$ 反而减小，重发的比例增大，使得 $G$ 越来越大，$S$ 越来越小，最终将使 $S$ 趋于零。这时全部的数据帧都在不断地重发并互相冲突，重发数据帧占比越来越大，这些重发的数据帧又不断地再次冲突变成待重发帧，以至于任何一个站发出数据帧，都有其他站也在重发数据帧，几乎没有数据帧能够发送成功（无冲突）。ALOHA 协议的不稳定性是指，一旦 $G$ 增大到 0.5 以上，进入到上述恶性循环状态，ALOHA 信道的吞吐能力将趋于零。因此，为了保证 ALOHA 协议不会运行在不稳定区，一般都要把 P-ALOHA 的吞吐率 $S$ 控制在 0.1 左右。S-ALOHA 也有类似问题，原理一样，不再赘述。

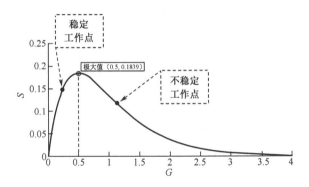

图 4.13　ALOHA 协议的稳定区与不稳定区

## 4.3.4　误码率对 ALOHA 协议的影响

4.3.3 节对 ALOHA 协议的时延和吞吐率分析都是基于标准广播信道 ALOHA 系统和无差错信道的。实际上，信道传输中的误码将引起 ALOHA 信道性能的恶化，误码的效果等同于发生了碰撞（都使得接收方无法正确接收到）。

根据文献[7]的分析，考虑误码率影响的 P-ALOHA 的平均时延-吞吐率曲线如图 4.14 所示，图中给出了两种数据帧（分组）长度下的分布情况。从图中可以看出，性能较好的是分组长度固定的定长帧模型。考虑到管控信令大多都是变长的，后面对加长截尾负指数分布的分组长度模型的 ALOHA 协议的时延-吞吐率性能进行详细介绍。

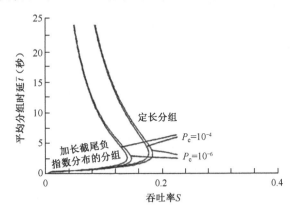

图 4.14　考虑误码率影响的 P-ALOHA 的平均时延-吞吐率曲线

图 4.15 给出了在加长截尾负指数分布的分组长度模型下，不同误码率的 ALOHA 协议的平均时延-吞吐率曲线。从图中可以发现，当 $P_e < 10^{-4}$ 时，ALOHA 协议的性能受信道误码率的影响比较小，可能达到的最大吞吐率比无误码时下降了不到 5%。但如果信道误码率进一步增大，则 ALOHA 信道的性能将明显下降。如果信道误码率增大到 $P_e = 10^{-3}$，可能达到的最大吞吐率将比无误码时下降约 37%。如果信道误码率继续增大，

ALOHA 信道性能将急剧恶化，以至于在 $P_e = 10^{-2}$ 时 ALOHA 信道可能达到的最大吞吐率下降为 $S_{\max} = 0.02$。这在实际系统中是不能容忍的。

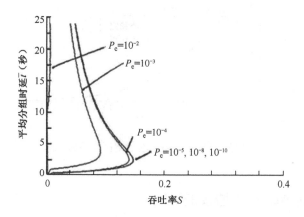

图 4.15　平均时延-吞吐率性能与信道误码率的关系

根据上述观察可以得出一个结论：对于工作在 ALOHA 方式下的卫星通信网管控信令传输信道，对该信道传输可靠性（误码率）的要求并不高，信道误码率一般只要达到 $10^{-5}$ 就已经比较好了。放弃对低误码率的追求可以降低设备成本，或者提高信道的有效信息传输速率。

以某典型 VSAT 卫星通信系统为例，所有 MCU/SCU 都采用 QPSK 调制，加 ½FEC（前向纠错编码）和 Viterbi 软判决译码，以保证数据链路的信道误码率为 $10^{-6}$ 或更低。根据文献[26]，在这样的系统中，如果其他条件不变，仅仅把 FEC 效率 $R=1/2$ 改为 $R=3/4$，$P_e$ 将从 $10^{-6}$ 上升到 $2 \times 10^{-5}$。如果取消纠错编码，其他条件不变时，信道误码率将大大上升，大约达 $10^{-3}$ 数量级。

如果将信道上未加 FEC 的传输速率 64kbit/s 作为该信道的基本数据速率，记作 $R_0$，这时的传输误码率将是 $10^{-3}$ 数量级。在这个系统中，信道上实现 ½FEC 时，信道误码率可不高于 $10^{-6}$，数据速率降为 $R_a = 32$kbit/s；当改用 ¾FEC 时，信道误码率将达 $P_e = 2 \times 10^{-5}$，而数据速率则为 $R_a = 48$kbit/s。这三种情况下的信道数据速率、误码率和对应 ALOHA 协议的吞吐率性能总结如表 4.1 所示，其中 ALOHA 协议的吞吐率只精确到 2 位数，适当模糊，但符合图 4.15 中的大致关系。表中的有效速率是 $SR_a$，$S$ 是 ALOHA 协议的吞吐率。

表 4.1　三种纠错编码情况下的信道数据速率、误码率和对应 ALOHA 协议的吞吐率性能总结

| 纠错编码 | 误码率 | 数据速率 | ALOHA 协议吞吐率 | 有效速率 |
|---|---|---|---|---|
| 无 FEC | $P_e = 10^{-3}$ | $R_a = R_0 = 64$ kbit/s | 0.12 | 7.68 kbit/s |
| ¾FEC | $P_e = 2 \times 10^{-5}$ | $R_a = 3/4R_0 = 48$ kbit/s | 0.17 | 8.16 kbit/s |
| ½FEC | $P_e = 10^{-6}$ | $R_a = 1/2R_0 = 32$ kbit/s | 0.18 | 5.76 kbit/s |

根据表 4.1 可以得到的有用结论：在上述系统设计中，采用 ALOHA 协议的信道上采用½FEC 将得不偿失。如果将½FEC 改成¾FEC，则 ALOHA 信道上的有效速率可以提高 40%。而且在同样的吞吐率下，更高的 $R_a$ 使平均分组时延会更小一些。如果将½FEC 简单地省去，则 ALOHA 信道的最大吞吐率可提高约 30%，但平均分组时延会增大 200ms。

## 4.3.5　ALOHA 协议有限次重发和拥塞控制

4.3.4 节所述 ALOHA 协议的吞吐率曲线和稳定性分析的前提是，数据帧的重发是没有次数限制的，即每个帧都要发送成功才会退出发送队列。在通常的数据通信协议中，保证每个用户的信息正确传送到接收方是至关重要的，因此数据通信协议都采用差错重传的方法来保证数据传输的正确性，以保证每个帧都发送成功（哪怕无限次重发）。

但现实中，极少见到无限次重发这样的设计，大多设计成重发 $N$ 次后如果还不成功就放弃。因为屡次重发都不成功，有可能是有物理故障存在（比如信号遭遇较大的干扰，传输误码多）。而且，即使无限次重发直至发送成功，时延也会很大，也许这个帧的内容早就没有意义了，比如建立业务链路的呼叫请求，如果时迟达到分钟级，用户往往都会挂机重拨。在卫星通信网的管控系统中，有一部分管控信令的传输以实时为最高要求，时延过大则即使正确传送到接收方也没有意义。

在实际的 ALOHA 协议设计中，都只是有限次重发。如果采用了有限次重发，再加上对重发次数根据 ALOHA 信道的繁忙情况动态调节，还可以解决 ALOHA 信道的稳定性问题。当然，有错误的数据帧是不允许传送到接收方的。因此，有限次重发的 ALOHA 协议是适合用于管控信令传输的，如有数据帧因为重发次数多了被丢弃，在管控操作协议这一层还会进行纠错。

根据文献[7]的分析，如果 P-ALOHA 的数据帧发送次数上限记为 $N$，则一个数据帧发送满 $N$ 次以后，即使仍未发送成功（未收到 ack）也将不再重发，而是将其丢弃（丢失）。图 4.16 是典型参数下有限次重发 ALOHA 信道的吞吐率 $S$ 与数据帧到达速率 $G$ 之间的关系曲线，其中也给出了 $N=10$ 时的丢失率曲线（见右侧标注）。由图可见，当重发次数上限 $N$ 较小时，$S$ 随着 $G$ 的增大而单调增大。$S$-$G$ 曲线的上升斜率随着 $N$ 的增大而减小。当 $N$ 增大到 16 后，曲线出现极值点，当 $G$ 增大超过第一个极值点后，$S$ 就随 $G$ 的增大而减小，最后又转而增大，出现第二个极值点。其中第一个极值点是极大值点，另一个是极小值点。从图中可以看出，当 $N$ 不过分大（门限为 10～20）时，协议工作在 $G$ 小于极小值点的范围内，报文因发满 $N$ 次而丢失的概率还是比较小的，但当 $G$ 大于极小值点时，报文的丢失率将急剧增大。

另一个现象是，随着 $N$ 的变化，$S$ 的极大值不变，极大值点的 $G$ 值也不变；但极小值点不一样，$N$ 越大，则极小值点越小，且极小值点的 $G$ 值越大。当 $N \to \infty$ 时，$S$ 的极小值趋于 0 且极小值点处的 $G$ 趋于∞。

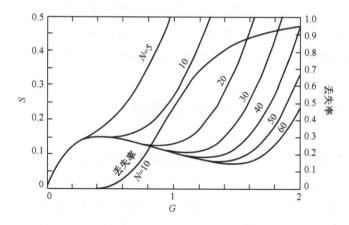

图 4.16 有限次重发 ALOHA 信道的吞吐率与数据帧到达速率之间的关系曲线

图 4.17 是有限次重发 ALOHA 协议的平均时延 $\bar{t}$ 与吞吐率 $S$ 之间的关系曲线。从图中可以得到结论：当 $N<16$ 时，$\bar{t}$-$S$ 曲线是单调上升的，即随着 $S$ 的增大，$\bar{t}$ 是单调增加的；从 $N=16$ 开始，随着 $N$ 的增大，$\bar{t}$-$S$ 曲线就开始向"S"形曲线转化，当 $S{\to}\infty$ 时，$\bar{t}$ 趋向一个上限值，因为无论信道负载多么严重，每个报文都最多只能发送 $N$ 次。与众多的 ALOHA 协议分析文章中见到的时延-吞吐率曲线形状不同，有限次重发 ALOHA 协议的时延-吞吐率曲线是真正呈"S"形的。而且，当 $7{\leqslant}N{\leqslant}20$ 时，$\bar{t}$-$S$ 曲线的下半段变化比较平缓，当 $S$ 达到极大值点时，时延出现陡峭的上升曲线，开始急剧增大。同时，报文的丢失率也由 0 急剧增大，这样可以缓解信道拥塞。

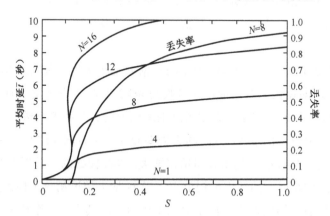

图 4.17 有限次重发 ALOHA 协议的平均时延与吞吐率之间的关系曲线

尽管在 ALOHA 信道上采用了有限次重发方案，但只要 $N$ 为 10～16，且负载不超过最佳值（使 $S$ 达到最大），信道上的报文丢失率就几乎为零。所以，采用有限次重发方案（$N$ 较小）是切实可行的。

由于有限次重发的非时隙 ALOHA 协议的稳定性分析过于复杂，这里将不再解释，文献[7]的结论是，当每个报文的重发次数 N<16 时，协议的性能曲线只存在一个平衡工作点，且是稳定工作点，这种信道永远是稳定的；当 N>16 时，可能会存在不稳定的工作点。

由上述分析可知，当报文的发送次数上限 N 较小时，报文的平均时延比较小，可以达到的吞吐率 S 比较大，但丢失率（达到重发次数上限而被丢弃的比例）也会比较大；为了降低丢失率，要提高发送次数上限 N。为了在负载较大时保持 ALOHA 协议稳定，可以减小 N，以增加丢失率来保证协议的稳定性。管控信令传输的专用数据链路协议就可以按照上述原理对发送次数上限 N 进行调节。

具体做法是，组网控制中心（ALOHA 接收者）根据在 ALOHA 信道上接收到的分组中的重发指示位综合全网的业务量大小来确定当前最佳的工作点 N，以广播的方式发给各业务站（ALOHA 发送者）。每个业务站根据组网控制中心的指令和本地的报文发送成功率统计值动态地修改发送次数上限 N，使 ALOHA 信道的性能处于最佳状态（时延小而吞吐率大）。

## 4.3.6　多载波 ALOHA 协议

卫星通信网的管控信息网络是为了实现按需分配的卫星通信组网而专门设计的，是用于组网控制中心与众多业务站之间传输管控信息的，管控信息网络就是一个一对多的星形通信网络。其中，出向控制信道即 TDM 广播信道由组网控制中心独占，传输效率比较高；而入向控制信道一般都采用 ALOHA 协议，有效传输效率比较低。假设卫星通信物理层 Modem 的收发速率都是 32kbit/s，则出向控制信道的有效传输速率接近 32kbit/s，而入向控制信道的有效传输速率只有 3.2kbit/s（P-ALOHA，假设工作在 $S \approx 0.1$ 处）至 10kbit/s（S-ALOHA，假设工作在 $S \approx 0.3$ 处），两个方向的有效传输速率悬殊比较大，一个方向的速率是另一个方向的 3～10 倍。而且大多采用 P-ALOHA 方式，有效传输速率达 10 倍之差。

如果一个卫星通信网的管控信息传输的平均数据量超过了一条入向控管信道（ALOHA 信道）的有效传输速率，那就要么提高物理层 Modem 的收发速率，要么开设多条 ALOHA 信道进行分流。为了尽可能减少物理层设备 Modem 的种类（也许只是电路板的一个模块），一般都会采用多条 ALOHA 信道分流的方法。规模较大的卫星通信网一般都会配置一个 TDM 出向控制信道，以及由多个 ALOHA 信道并行组成的入向控制信道。

在 FDMA 方式下，多个 ALOHA 信道并行的工作模式是这样的：建立 $f_1, f_2, \cdots, f_n$ 共 n 个 ALOHA 信道，传统的做法是把众多的用户站分成 n 组，第 i（i=1～n）组的用户站就在 $f_i$ ALOHA 信道上竞争发送，不同用户组之间互不干扰，如图 4.18 所示。由于一个 ALOHA 信道的利用率约为 10%，5～10 个 ALOHA 信道并行往中央站发送，双向的总有效传输速率是可以匹配的。以 3 条 P-ALOHA 信道为例，如果出向控制信道的传输速率是 32kbit/s，入向控制信道的总有效传输速率可达 10～15kbit/s。

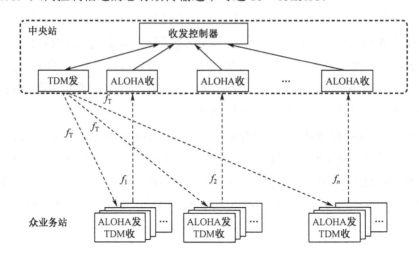

图 4.18　多 ALOHA 信道并行使用的收发组织

### 4.3.6.1　实际信道中前导码对 ALOHA 的影响

根据 ALOHA 信道的通信方式，每个发送站仅在有数据帧时发送调制后的载波。在实际的 FDMA 系统中，发送站与接收站之间没有精准的载频同步，每个站在发送数据帧（分组）之前必须加上一组前导码（Preamble），以便接收站接收数据帧之前的载频提取和码元同步，这样才能正确解调接收后续的数据帧。因此，在 ALOHA 信道上每次发送数据帧都具有如图 4.19 所示的帧格式，发送站必须在数据帧的前面加上一组前导码，前导码的长度决定于接收方的载频提取速度和信道传输速率。

前面几节关于 ALOHA 信道性能的分析中并未考虑前导码的存在。对接收方来说，前导码由解调器用于载频提取、相位捕捉和码元同步，而不在数据帧的 CRC 校验范围之内，它的差错对数据的正确接收影响较小。当一次发送中只有前导码部分遭受冲突而后面紧跟着的有效数据帧部分未遭受冲突，且前导码所受冲突比较少时，数据帧也可能被正确接收，但很大的可能是因为载频提取和码元同步无法及时完成，数据帧也不能被正确接收。反过来，前导码与任意一个其他分组的有效数据帧发生冲突时，那个数据帧便被破坏了，接收方不能正确接收。基于以上考虑，为了分析方便，后面假定每个帧的任意一部分遭受冲突都将影响整个帧的正确接收。

某典型的 VSAT 卫星通信系统采用了小口径天线、低功率发射机和相干解调，再考虑到设备技术和成本等原因，选用了 7.5ms 长的前导码。当载波速率为 $R_a$=32kbit/s 时，7.5ms 的前导码相当于 $P$=240bit，而实际上有效数据帧的长度也往往不到 300bit。显而易见，前导码对实际 ALOHA 信道的传输效率影响非常大。尽管随着技术的进步，前导码的长度在不断缩短，但毕竟是无法省略的。"多载波 ALOHA"就是在这样的背景下提出的，用于在有前导码的实际信道中提高并行 ALOHA 信道整体的效率。

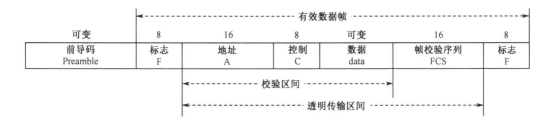

图 4.19　实际 ALOHA 信道中的数据帧的帧格式

### 4.3.6.2　多载波 ALOHA 协议的工作方式

"多载波 ALOHA"（简称 MF-ALOHA）信道的访问方式打破了图 4.18 中各组用户分别使用各 ALOHA 信道的"割据"方式，每个用户站都可以随机竞争使用 $n$ 个 ALOHA 信道之一发送自己的数据帧。此前所介绍的 ALOHA 相应地称为"单载波 ALOHA"。多载波 ALOHA 协议的工作方式如下。

若各 ALOHA 信道的载频分别记为 $f_1, f_2, \cdots, f_n$。每个发送站都可用其中任意一个 ALOHA 载频发送数据帧，中央站配备 $n$ 个 ALOHA 信道接收单元（CCU）分别接收这 $n$ 个载频。各 ALOHA 发送站都在指定的 TDM 广播信道 $f_T$ 上接收确认 ack。每当一个发送站有数据帧需要在 ALOHA 信道上发送时（无论是新产生的还是因冲突后而重发的），该站都必须在当前可用的 $n$ 个 ALOHA 载频 $f_1, f_2, \cdots, f_n$ 中随机地选择一个载频用于发送。多载波 ALOHA 的报文发送流程如图 4.20 所示，其中省略了重发 $N_{retr}$ 次就放弃不再重发这个环节。其中，ALOHA 信道的载频 $f_1, f_2, \cdots, f_n$ 可以由中央站通过 TDM 广播信道设定，与报文重发次数 $N_{retr}$ 一起作为 ALOHA 信道的工作参数纳入管控信息网络的配置管理。

多载波 ALOHA 信道的理论分析模型由多个单载波 ALOHA 子模型组成，如图 4.21 所示。到达信道的顾客（数据帧）以等概率 $P=1/n$ 进入各子系统，而每个子系统都是一个普通的单载波 ALOHA 信道。因此，多载波 ALOHA 信道的模型在分解成子系统以后，每个子系统的模型除参数以外与通常所说的 ALOHA 信道完全相同。

根据排队论的"规模经济性"原理，有 $n$ 个服务员、$n$ 个队列（它们之间互不关联），每个服务员的服务速率为 $\mu$ 的系统，不如一个单队列、$n$ 个服务员同时为一个队列服务的系统的性能优越。因而，采用多载波 ALOHA 方式比采用多个独立的 ALOHA（它们的数据速率总和相等）有更好的性能。

当然，如果能够把 $n$ 个速率为 $R_a$ 的单载波 ALOHA 信道（简称多载波低速 ALOHA）合并实现为一个速率为 $nR_a$ 的单载波 ALOHA 信道（简称单载波高速 ALOHA），其性能要比 $n$ 载波 ALOHA 更好：吞吐率相当，但时延性能会更好一些，因为发送速率高了，每帧的发送时间缩短了。但是，这样做的物理设备（速率为 $nR_a$ 的卫星通信 Modem）实现要相对困难一些，对业务站的天线和功放要求也更高，因此大多不会采用这种做法。

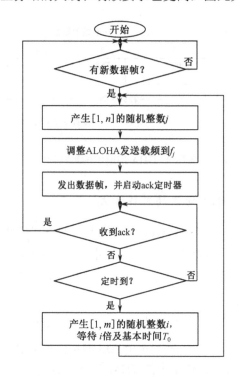

图 4.20　多载波 ALOHA 的报文发送流程

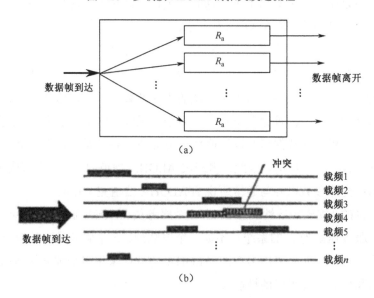

图 4.21　多载波 ALOHA 信道模型

实际上，考虑每个 ALOHA 信道突发报文前用于接收机载频提取和码元同步的前导码的影响，多载波低速 ALOHA 系统的实际性能要比单载波高速 ALOHA 系统的性能好得多，具体见后面分析。

### 4.3.6.3　多载波 ALOHA 协议的优越性

实际系统中除设备实现上的复杂性和设备成本高低之外，还应该考虑前导码对单载波高速 ALOHA 信道的影响和对多载波低速 ALOHA 信道的影响是不同的。在同样的技术和设备成本条件下，不同数据速率的信道中所需发送的前导码以发送时间计算的长度基本相同或接近（为了便于计算，后面按照完全相同进行分析比较）。换句话说，载波速率越高，则所需的前导码的比特数越多。在数据帧长度不变的情况下，单载波高速 ALOHA 信道的吞吐率受前导码的影响更严重一些。

如果把以发送时间计算的前导码的长度记为 $t_{prea}$，并近似地认为前导码的发送时间在不同载波速率下是一样的。那么，在图 4.21 所示的多载波 ALOHA 模型中，单个载波中前导码的比特数就只要 $P = t_{prea}R_a$。以某典型 VSAT 卫星通信系统为例，前导码长度为 7.5ms（当然，随着技术进步，前导码数据会越来越小），如果保持 $nR_a$ 恒定不变，即不管载波数是多少，各并行载波合起来的物理传输速率不变，文献[7,25]分析得到如图 4.22 所示的多载波 ALOHA 协议的性能曲线。从该图中可以看出，载波数 $n$ 不同的多载波 ALOHA 协议的性能之间有着明显的差别，$n=5$ 时多载波低速 ALOHA 信道的吞吐率比单载波高速 ALOHA 信道的吞吐率高出 127%，即达到 $n=1$ 时的 2.27 倍。从图中还可以看出，$n$ 越大，可以达到的最大吞吐率 $S$ 越大；但在同样的吞吐率下，平均时延 $\bar{t}$ 也较大。时延要小和吞吐率要大是一对矛盾的要求。

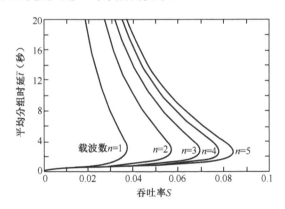

图 4.22　考虑前导码的多载波 ALOHA 协议的性能曲线

图 4.23 则给出了多载波 ALOHA 信道在固定总速率（$nR_a$ 不变）条件下可以达到的最大吞吐率与载波数之间的关系，两条曲线分别代表 $nR_a$=160kbit/s 和 $nR_a$=640kbit/s 的信道。从图中可以看出，多载波 ALOHA 信道的总速率越高，则把高速单载波 ALOHA 信道分解成多个低速载波信道所带来的效益越高。但 $n$ 越大，载波数改变对性能的影响就越小。当 $n\to\infty$ 时，最大吞吐率达到不存在前导码影响时的理论性能，那是在同样的分组

长度模型下 ALOHA 信道可以达到的理论上限。例如，当总速率 $nR_a$=640kbit/s 时，从分解成 $n$（$n<5$）个载波增至分解成（$n+1$）个载波，多载波 ALOHA 信道的总吞吐率可增加 10%以上；再增加载波数（$n>6$）所获得的吞吐率性能改善就远小于 10%了。文献[7]还给出了当总速率为 $nR_a$=160kbit/s 时，从分解成 3 个载波至分解成 4 个载波所带来的吞吐率可增加 12.3%，而再增加载波数则改善甚小（<8%）。若总速率只有 32kbit/s，则分解成 2 个或更多个载波不会带来很大的吞吐率改善。应该注意的是，上述这些结论是按照前导码长度为 7.5ms 计算得到的。随着技术的进步，前导码一般会越来越短，多载波 ALOHA 信道的改善也是要打折扣的。

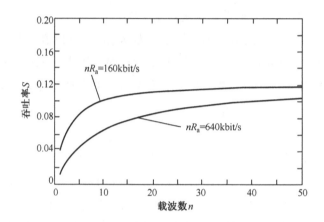

图 4.23　多载波 ALOHA 信道的最大吞吐率与载波数之间的关系

#### 4.3.6.4　多载波时隙 ALOHA 信道的吞吐率性能

关于 FDMA 模式下 P-ALOHA 的多载波工作模式及其效益如前所述。所述分析并不适用于 S-ALOHA，因为 S-ALOHA 中的各用户站一般都需要一定的同步，只要载波频率和码元足够同步就没有前导码需求了。

但是，S-ALOHA 要求在全网有足够精度的时隙同步，因为各站都是在规定的时隙起始点开始发送，在时隙内按时结束发送的，如果时隙同步不准将会造成不必要的冲突，影响 S-ALOHA 信道的实际性能。不同的业务站和卫星之间的距离相差较大，因此各业务站到卫星的射频信号传播时延最大可相差 20ms。同步的目标是调整各站的时隙起点，使各站发送的数据帧经历各自到卫星的上行链路传播时延后，在同一个时隙内发送的数据帧都能在时隙的起始点到达卫星转发器。S-ALOHA 对定时精度的要求是比较高的，误差必须小于信道上 1bit 的发送时间。以速率为 32kbit/s 的信道计算，1bit 的发送时间是 31μs。

造成全网时隙同步不准的很大原因是卫星星体位置的漂移。由每个用户站自行调整卫星星体漂移带来的时隙同步误差对小型地球站来说费用有些高。一种办法是由中央站根据每个时刻的卫星位置计算每个地球站和卫星之间的传播时延变化并定期发给每个业务站。但是，由于一个网内地球站的数目可能成千上万，这样做也不太现实。

既然如此，那么只有在 2 个时隙之间插入一个保护时隙，以保证前后 2 个时隙内发送的分组不会因卫星星体的不确定性造成不必要的冲突。这时的信道时隙结构如图 4.24 所示。由于星体位置单方向漂移的不确定性造成的传输时延误差大约为 1.15ms，考虑双向漂移，保护时隙宽度应取 2.3ms。对数据速率为 32kbit/s 的信道来说，2.3ms 的时隙相当于 74bit 的发送时间。信道速率越高，则保护时隙所占的比特数越多。

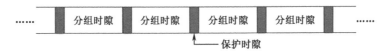

图 4.24　S-ALOHA 信道的时隙结构

保护时隙对 S-ALOHA 信道带来的影响显而易见。同前导码的影响类似，也可以在 S-ALOHA 信道中采用多载波 ALOHA 技术。文献[7,25]中详细分析了多载波低速 S-ALOHA 信道与单载波高速 S-ALOHA 信道的性能差别。其中假定如下。

（1）S-ALOHA 信道上的数据帧为固定长度，每个帧的长度为 $LR_a$。

（2）S-ALOHA 信道中，保护时隙取 $\tau_g = 2.3$ms，每个时隙的长度相当于一个数据帧的发送时间加上保护时隙。

（3）S-ALOHA 信道的数据速率总和为 $R_a$，$n$ 个载波执行多载波 S-ALOHA 协议，每个载波的数据速率为 $R_a/n$。

S-ALOHA 协议的吞吐率为 $S = Ge^{-G}$，文献[7,25]的结论是，多载波 S-ALOHA 信道的吞吐率为

$$S = G \cdot \exp\left[-G\left(1 + \frac{\tau_g}{nL}\right)\right]$$

S-ALOHA 协议的最大吞吐率为 $S_{max} = 0.368$，多载波 S-ALOHA 信道的最大吞吐率则为

$$S_{max} = 0.368 \frac{nL}{nL + \tau_g}$$

对应的吞吐率性能曲线如图 4.25 所示。从图中可以看出，在有保护时隙的 S-ALOHA 信道上，多载波 S-ALOHA 信道比单载波 S-ALOHA 信道的吞吐率性能要优越得多。

当数据帧长度为 368bit，总速率 $R_a$=160kbit/s 时，$n$=2 的多载波 S-ALOHA 信道的最大总吞吐率将比单载波 S-ALOHA 信道高 33%。当多载波 S-ALOHA 信道的载波数从 $n$=2 改成 3 时，最大总吞吐率可增加 12.5%。$n$ 的相对变化越大，则最大吞吐率的相对变化也越大。$R_a$ 越大，多载波的优越性也越明显。如当 $R_a$=640kbit/s，$n$=2 时的多载波 S-ALOHA 信道的最大总吞吐率将比单载波 S-ALOHA 信道高 66.7%。载波数从 $n$=2 改成 3，可使最大总吞吐率提高 28.6%。当 $n \to \infty$ 时，各种速率下的多载波 ALOHA 信道的吞吐率性能与保护时隙长度为 0 时的理论结果一致，最大吞吐率可达 0.368。

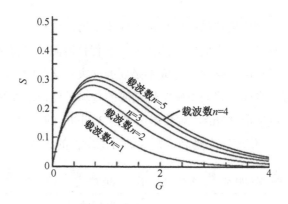

图 4.25　多载波 S-ALOHA 的吞吐率性能曲线

## 4.3.7　不对称数据链路协议

卫星通信设备的研制者一般都会设法尽可能减少物理层设备 Modem 的种类，希望设备尽量通用，尤其不希望为了某个目的研制一款只部署一两个的设备。按需分配卫星通信网的管控信息网络一般都会尽量采用统一型号的卫星通信 Modem 来构建。因此，出向控制信道和入向控制信道会尽量采用相同型号的卫星通信 Modem，即出向控制信道的 TDM 广播信道的物理速率，与入向控制信道的每个 ALOHA 信道的最大物理速率几乎相同。

按照这样的思路，以速率为 32kbit/s 的 Modem 为例，配置一个物理 Modem 的出向控制信道传输速率是 32kbit/s，效率接近 100%；一个入向控制信道物理 Modem 的速率也是 32kbit/s，但 ALOHA 信道的一般吞吐率约为 10%，这样一个入向 ALOHA 信道的有效传输速率也就只有大约 3.2kbit/s。即使采用多个 ALOHA 信道并行传输，5 载波情况下也只有 16kbit/s。从目前实际建立的按需分配卫星通信网来看，小规模网络只需要配置 1 个 ALOHA 信道即可满足管控信息传输的需要，即使规模比较大的网络，也极少有配置 5 个以上 ALOHA 信道载波的情况。

### 4.3.7.1　管控信息传输的不对称性

根据以上分析，卫星通信网的管控信息传输具有明显的不对称性。

（1）管控信息传输带宽的不对称性。对于一个按需分配卫星通信网的管控信息网络，以前述数据为例，从 MIG 到 MCU/SCU 的 TDM 广播信道是单用户独享的，有效传输速率就是物理信道传输速率，即 32kbit/s；而从 MCU/SCU 到组网控制中心 MIG 的传输信道采用 ALOHA 协议，尽管物理传输速率是 32kbit/s，但单个 ALOHA 信道的有效传输速率只有 3～4kbit/s。如果网络规模较小，只配置一个单载波 ALOHA 信道，则 TDM 广播信道/ALOHA 信道两个方向的有效速率差别很大，近乎 10∶1。即使是较大规模的网络，配置 5 个 ALOHA 信道并行传输，从 MCU/SCU 到组网控制中心方向的传输速率也只有 16kbit/s 左右。然而一般而言，双向管控信息传输的平均业务量大体是相当的。

（2）管控信息传输质量的不对称性。一般情况下，卫星通信信道的传输质量是比较稳定的，Modem 大多设计有 FEC 功能，出向控制信道的链路传输误码率往往不高于 $10^{-5}$ 甚至更低。管控操作信令大多不超过 100Byte，这类较短的管控操作 PDU 在链路上发生传输误码而导致报文有错（被丢弃）的概率很低（约为 $10^{-3}$ 数量级）。因此，可以这样认为，出向控制信道（TDM 广播信道）上，管控信令因为有误码而丢失的概率是比较低的。相反，在入向的 ALOHA 信道上，尽管传输误码导致的数据帧丢失率比较低，但竞争占用信道很容易发生冲突而互相干扰，接收方能够正确解调一个报文（接收到没有误码的报文）的概率是比较低的，如果不计重发，数据帧每次发送的丢失率通常接近 $10^{-1}$。

### 4.3.7.2　不对称的专用数据链路协议设计

基于上述明显的不对称传输环境，我们可以在支撑这样的传输信道的专用数据链路协议的设计上做文章，设法以增加出向控制信道（TDM 广播信道）方向的协议开销来减少入向控制信道（ALOHA 信道）方向的协议开销，从而提升每个 ALOHA 信道的有效吞吐率。本书称这样的协议设计为不对称专用数据链路协议设计。另外，根据不对称的传输特点，对 CR 协议和 DL 协议也适当地做"不对称"设计（详见 4.2 节）。

专用数据链路协议的不对称设计的具体内容体现在如下方面。

### 1. 入向 ALOHA 信道需要独立确认

从业务站 MCU/SCU 到组网控制中心 MIG 的入向 ALOHA 信道上采用"差错重传"和简单的停止等待协议。前面的 ALOHA 协议中已经提到，业务站在 ALOHA 信道上发出的数据帧（有时也称分组、报文）必须收到一个从接收方返回的专门"确认"（ack）才能认为发送成功（没有冲突）。因此，在入向控制信道上，采用"逐一独立确认"的最简单停止等待协议，中央站 MIG 在 ALOHA 信道上每收到一个数据帧就必须及时地发出一个独立 ack 帧，不采用"捎带"。若业务站信道单元（MCU/SCU）在规定时间内未能收到 ack，则重发信息帧（主要原因是多站发送冲突导致发送失败）。当重发 $N_{retr}$ 次后仍未成功收到 ack 帧时，则丢弃该数据帧。重发次数上限 $N_{retr}$ 是随 ALOHA 信道的载波空闲率由组网控制中心动态调节的。这是一种有限次重发并根据冲突率动态调节业务站重发次数门限的数据链路层协议，可利用它对 ALOHA 信道进行吞吐率性能优化控制。

### 2. 出向 TDM 广播信道取消确认但重发一次

从组网控制中心到业务站的出向控制信道（TDM 广播信道）上，专用数据链路协议取消接收方返回确认和超时未收到确认的差错重传，即从组网控制中心 MIG 发往业务站 MCU/SCU 的所有数据帧都不要求业务站发送确认（ack 帧），因为出向 TDM 广播信道的数据帧的丢失率在 $10^{-3}$ 左右（因为传输误码），而反向 ALOHA 信道的 ack 帧的丢失率却高达 $10^{-1}$（因为发送冲突）。

但是，出向 TDM 广播信道的数据帧毕竟也有 $10^{-3}$ 的丢失率，而根据前述不对称性，该信道的容量又绰绰有余，因此 TDM 广播信道的专用数据链路协议在 TDM 广播信道空闲时自动地对每个数据帧重发一次（有编号）。这样做的好处是，一方面保证从组网控制中心发往业务站的管控操作信令的丢失率（第一次发送和重发一次都发现有数据帧校验差错的概率）较低（短数据帧的丢失率小于 $10^{-6}$），因而专用数据链路协议的残留差错率很低，一般需几个小时（天气恶劣，信道误码率偏高时）甚至几天（误码率约为 $10^{-6}$ 时）才会发生一次数据帧丢失现象；另一方面，取消了在 ALOHA 信道上传输的确认信息 ack，大大减轻了 ALOHA 信道的负担。

这样设计的不对称专用数据链路协议，以降低出向控制信道的协议效率（但仍然有足够的容量传输管控信息）为代价，减少了入向控制信道的业务流量强度。以物理信道传输速率为 32kbit/s，业务站发给组网控制中心的管控操作信令产生的业务流量约为 5kbit/s 计算，组网控制中心发给业务站的管控操作信令的业务流量也应该约为 5kbit/s。如果采用对称协议设计，以 ack 帧的长度为数据帧长度的 1/10 计算，出向控制信道的业务总流量约为 5.5kbit/s。但入向控制信道的业务总流量却几乎加倍，因为即使短短的 ack 帧，加上发送时的前导码，每帧的长度也不会很短，入向控制信道的业务总流量可以达到 8～10kbit/s。采用对称协议的结果是"富者照富、穷者愈穷"。按照本书的设计，采用不对称的专用数据链路协议方案，入向 ALOHA 信道上只有数据帧而无 ack 帧，传输速率还是 5kbit/s（加上前导码也许略多一些），出向 TDM 广播信道的数据总流量是 2 倍数据帧加 ack 帧，合计约为 10.5kbit/s。不对称专用数据链路协议设计方案牺牲了 TDM 广播信道的效率，但对 ALOHA 信道的改善很明显。按照前面的例子，一个 TDM 广播信道的有效数据速率是 32kbit/s，传 10.5kbit/s 的流量才利用了不到一半；而一个 ALOHA 信道的有效数据速率只有 3～4kbit/s，要传 5kbit/s 以上的流量已经不够用了。

另外，不对称的专用数据链路协议设计比通常的对称协议设计反而简单，因为双方差错重发带来的互相牵制减少了，实现起来更容易。

### 4.3.7.3　不对称协议的 ALOHA 信道效率

上面对不对称专用数据链路协议设计的优势进行了定性的分析，本节再做一些定量的分析。为了说明在 ALOHA 信道上取消传送 ack 后带来的效益，首先要分析 ALOHA

信道上传送 ack 时的 ALOHA 信道性能。

当 TDM 广播信道的每个数据帧都要业务站发送专门确认帧（ack 帧）时，做如下假定。

（1）组网控制中心在 TDM 广播信道上发送一个信息帧（含用户数据，即管控信令）给业务站，业务站收到后必须在 ALOHA 信道上发送一个 ack 帧。这个 ack 帧与众业务站的数据帧（含用户数据，即管控信令）竞争使用 ALOHA 信道。

（2）ALOHA 信道上的每个帧（包括数据帧和 ack 帧）最多发送 $N_{retr}$ 次。

（3）TDM 广播信道上的数据帧等待 ack 帧的超时间隔足够长，以致即使 ack 帧在 ALOHA 信道上发送第 $N_{retr}$ 次才成功也能使组网控制中心及时地收到 ack 帧（只要 ack 帧成功发出，对应数据帧就不会超时重发）。

（4）TDM 广播信道的归一化利用率，即平均吞吐率，记为 $S_d$。

（5）TDM 广播信道与 ALOHA 信道的物理信道速率相同，且只考虑单载波 ALOHA 协议。因为在物理信道速率已定且相同的情况下，多载波和单载波存在平行相似关系。一个吞吐率为 0.4 的 TDM 广播信道与 4 载波 ALOHA 信道联合工作和一个吞吐率为 0.1 的 TDM 广播信道与单个载波的 ALOHA 信道联合工作是相似的。但后者的分析要简单得多。

（6）每个 ack 帧都是专门用于确认的，不携带任何用户数据。那么，ALOHA 信道上的 ack 帧也就是 ALOHA 信道中最短且长度固定的那些帧。

（7）ALOHA 信道上发送的帧由 ack 帧和数据帧（含用户数据）组成，但用户数据吞吐率 $S$ 仅指 ALOHA 信道中传送的用户数据量（归一化为信道利用率）。一个数据帧中的数据部分与整个帧的关系如图 4.19 所示。

（8）ALOHA 信道上的提供负载 $G$ 就是第一次发送和碰撞后重发的 ack 帧和数据帧的总和（归一化为信道利用率）。

文献[7]根据上述假定对不对称专用数据链路协议的效率进行了详细分析，图 4.26 是在不同的 TDM 广播信道业务量 $S_d$ 下的 ALOHA 信道性能曲线。其中，ALOHA 信道的参数是：重发次数门限 $N_{retr}=5$，平均数据帧长度 $L=368bit$，由单个载波构成 ALOHA 信道；TDM 广播信道每个数据帧自动重发一次，其帧平均长度也为 368bit。如果 TDM 广播信道的用户数据吞吐率是 0（没有数据帧发送，因此在 ALOHA 信道上也不发送 ack 帧），则 ALOHA 信道的用户数据吞吐率（仅仅计算数据帧中的数据字段内容，见图 4.19）最大可达 0.122。但如果 TDM 广播信道的用户数据吞吐率达到 0.1，则 ALOHA 信道因为要传送 ack 而使用户数据吞吐率最大值下降到了 0.047。从图 4.26 中可以看出，TDM 广播信道如果要实现差错重传（需要业务站在 ALOHA 信道上发送 ack 帧），代价是大大降低 ALOHA 信道的用户信息（数据帧）吞吐率。

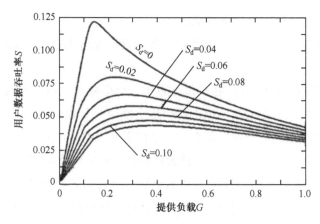

图 4.26 以 $S_d$ 为参量的 ALOHA 信道性能曲线

由上可见，不对称协议设计可以大大提高 ALOHA 信道的用户数据吞吐率，取消业务站对 TDM 广播信道数据帧的 ack 帧发送后，ALOHA 信道的用户数据吞吐率可以提高一倍多。如果 TDM 广播信道和 ALOHA 信道的物理信道传输速率均为 32kbit/s，但 TDM 广播信道的吞吐率（业务量）为 0.1 时，取消 ack 帧等效于 ALOHA 信道的吞吐率增大约 126%，相当于多开设一条 ALOHA 信道，其效益是相当可观的。这样做虽然牺牲了 TDM 广播信道的传输效率，但 TDM 广播信道的容量仍然是绰绰有余的，相当于是"劫富（TDM）济贫（ALOHA）"了。

### 4.3.7.4 不对称协议的 TDM 广播信道的可靠性

前面已经介绍了卫星通信网管控信息网络的专用数据链路协议设计，其中为了避免业务站发出的 ack 帧对 ALOHA 信道的严重影响，采用了不对称的设计方案，从组网控制中心经 TDM 广播信道发给业务站的每个数据帧都自动重发一次，不再执行检错重发的常规协议。那么取消了 TDM 广播信道上数据帧的"检错重发"，组网控制中心发给业务站的管控操作信令还能正确传送吗？

对 TDM 广播信道上每个数据帧重发 2 次后的帧丢失的概率可做如下估算。

记传输误码率为 $P_e$，数据帧长度为 $x$bit，则 TDM 广播信道上传输的一个数据帧有误码的概率为 $1-(1-P_e)^x$，一个数据帧丢失（2 次传送都有误码）的概率为 $[1-(1-P_e)^x]^2$。

按照常规的设计方案，2 个业务站之间传送数据，要求工作点误码率为 $P_e=10^{-6}$，一般恶劣条件下也不低于 $P_e=10^{-5}$。而配备相对大型天线的组网控制中心站与业务站通信时，TDM 广播信道上的工作点误码率可达到 $P_e=10^{-7}$。如果 TDM 广播信道开通一个速率为 32kbit/s 的数据链路，假设平均数据帧长度为 368bit（实际上大部分管控操作信令都是短数据帧），最长不超过 2048bit，表 4.2 给出了不同传输误码率下的数据帧丢失率。其中，丢失间隔是 TDM 广播信道满负荷工作时前后两个丢失帧的间隔时间。如果考虑到 TDM 广播信道大多都是轻负荷的，帧丢失间隔时间还要大数倍。

表 4.2　不同传输误码率下的数据帧丢失率

| $P_e$ | 估算参数 | 平均长度为 368bit 的数据帧 | 最大长度为 2048bit 的数据帧 |
|---|---|---|---|
| $P_e=10^{-7}$ | 数据帧有误码的概率 | $3.68\times10^{-5}$ | $2.05\times10^{-4}$ |
| | 数据帧丢失的概率 | $1.35\times10^{-9}$ | $4.19\times10^{-8}$ |
| | 数据帧丢失的间隔时间 | 98.3（天） | 17.7（天） |
| $P_e=10^{-6}$ | 数据帧有误码的概率 | $3.68\times10^{-4}$ | $2.05\times10^{-2}$ |
| | 数据帧丢失的概率 | $1.35\times10^{-7}$ | $4.19\times10^{-4}$ |
| | 数据帧丢失间隔时间 | 23.7（小时） | 4.3（天） |
| $P_e=10^{-5}$ | 数据帧有误码的概率 | $3.67\times10^{-3}$ | $2\times10^{-2}$ |
| | 数据帧丢失的概率 | $1.35\times10^{-5}$ | $4.1\times10^{-4}$ |
| | 数据帧丢失间隔时间 | 14.2（分钟） | 2.6（分钟） |

可见，TDM 广播信道数据链路层采用每个数据帧重发一次以后，TDM 广播信道上数据帧的丢失率是极低的，在正常情况（$P_e=10^{-6}$）下一天内也未必会有一次数据帧丢失的现象出现。这样的数据链路层残留差错是相当低的，与常见的局域网相当，取消数据链路层的差错控制是合理可行的。事实上，局域网协议中早就已经取消了数据链路层的差错控制子层 LLC，只留下一个 MAC 子层。

即使采用了这样的不对称协议，管控信息传输链路 2 个传送方向上的信道效率之差也还是相当大的。因为每个数据帧重发一遍，TDM 广播信道的传输效率就会降低到 40% 左右，有效吞吐率在 0.4 左右；而一个 ALOHA 信道的吞吐率只有 0.1 左右。

# 4.4　管控信息网络的链路管理

根据本章前面所述，按需分配卫星通信网的管控信息网络，采用 TDM 广播信道作为从组网控制中心到各业务站 MCU/SCU 的出向信令传输链路，采用 ALOHA 信道作为从各业务站 MCU/SCU 到组网控制中心的入向信令传输链路。根据 4.3 节的分析，一个 TDM 广播信道搭配 $n$（$n$ 不大于 5 较好）个载频的多载波 ALOHA 信道共同构成双向的管控信息传输链路。

## 4.4.1　CCU 配置

4.3 节还提到，每个 ALOHA 信道在发送冲突后随机等待再重发的参数有两个，即基本时间 $T_0$ 和随机数最大值 $m$。$n$ 个 ALOHA 信道的载频 $f_1, f_2, \cdots, f_n$ 可以由中央站通过 TDM 广播信道设定，与报文重发次数 $N_{retr}$ 一起作为 ALOHA 信道的工作参数纳入管控信息网络的配置管理。其中，重发次数 $N_{retr}$ 一般可在 2～8 动态调节，由中央站 MIG（ALOHA 接收者）监测统计 ALOHA 信道的空闲率来决定。

在图 4.2 中已经给出，管控信息网络的关键传输段是 MIG 与 MCU/SCU 之间的卫星链路，信令数据传输的可靠性是由专用数据链路协议（分别运行在 MIG 和 MCU/SCU 上）实现的，信令数据传输的物理层是卫星链路 Modem。在业务站，这个 Modem 是嵌入在 MCU/SCU 中的；在组网控制中心，这个 Modem 就是 CCU。每个组网控制中心需要配置至少一个 CCU 用作出向控制信道即 TDM 广播信道的发送（记作 oCCU），配置 1～n 个 CCU 用作入向控制信道即 ALOHA 信道的接收（记作 iCCU）。

综上所述，管控信息网络中出向控制信道和入向控制信道的配置数据包括：

- TDM 广播信道的载频 $f_{TDM}$；
- ALOHA 信道的个数 $n$，以及各 ALOHA 信道的载频 $f_1, f_2, \cdots, f_n$；
- ALOHA 重发退避基本时间 $T_0$；
- ALOHA 重发退避随机数最大值 $m$；
- ALOHA 信道最大重发次数 $N_{retr}$。

其中，载频 $f_{TDM}$ 用于 oCCU 发送，载频 $f_1, f_2, \cdots, f_n$ 分别用于 $n$ 个 iCCU 接收。除 $f_{TDM}$ 外的其他参数都需要由组网控制中心用"丢失容忍的 CR 服务"在 TDM 广播信道上以全网地址广播发送给所有的业务站 MCU/SCU。

4.3 节已经提到，组网控制中心要根据在 ALOHA 信道上接收到的分组中的重发指示位并结合全网的业务量大小来确定当前最佳的工作点（最大重发次数）$N_{retr}$，然后以广播的形式发给各业务站（ALOHA 发送者）。每个业务站根据组网控制中心的指令动态地修改发送次数上限 $N_{retr}$，使 ALOHA 信道的性能处于最佳状态（时延小而吞吐率大）。为此，中央站的 iCCU 必须统计各自所接收 ALOHA 信道的空闲率，定期发送给 MIG 汇总后，由组网控制中心适当的软件模块动态计算 $N_{retr}$，有变化时调用"丢失容忍的 CR 服务"广播发送给所有 MCU/SCU。

## 4.4.2　入向控制信道的拥塞控制

管控信息网络的传输容量瓶颈是入向控制信道即 ALOHA 信道，因此最可能发生拥塞的是业务站至组网控制中心的专用数据链路协议。管控信息网络的拥塞控制实际上就是 ALOHA 信道的稳定性控制，以保证 ALOHA 信道具有最佳的时延和吞吐率性能。

因此，可以在专用数据链路协议的业务站至组网控制中心方向（ALOHA 信道）的数据帧格式中设置"重发指示位"，由 ALOHA 信道的发送方填写当前发送帧的重发次数，取值为 $0, 1, 2, 3, \cdots$。组网控制中心的 MIG 在接收数据帧时，统计接收到的入向控制信道数据帧总数并记录各数据帧发送次数（重发次数加 1）的累加和。通过数据帧总数（与吞

吐率 $S$ 成正比）和各数据帧的发送次数累计（与提供负载 $G$ 成正比）这两个参数，可以统计一段时间内 ALOHA 信道的数据帧平均发送次数（$G/S$）。根据平均发送次数可以换算推断 ALOHA 信道的业务量和拥塞状态，比如对于 P-ALOHA，稳定工作区必须满足 $G/S < 2.7$（$0.5 \div 0.184$）。

当发现 ALOHA 信道出现拥塞趋势（$G/S$ 接近 2.7）或已经发生拥塞（$G/S > 2.7$）时，组网控制中心可以根据拥塞的严重程度选用下述 5 项措施以缓解或消除拥塞。

（1）修改 ALOHA 信道的工作参数。入向控制信道的配置数据有重发退避基本时间 $T_0$、重发退避随机数最大值 $m$ 和最大重发次数 $N_{retr}$。其中，$T_0$ 和 $m$ 越大，发送冲突后的随机时延平均值就越大，相应地，ALOHA 信道的数据帧发送频度会越低。最大重发次数 $N_{retr}$ 是数据帧重发次数的上限，$N_{retr}$ 越小，则每个数据帧的平均发送次数就越少，降低 $N_{retr}$ 可以遏制 ALOHA 信道的数据帧重发，从而降低提供负载 $G$。

（2）扩大轮询间隔，甚至暂停轮询。轮询是组网控制中心了解业务站情况的重要手段，但并非唯一的手段，减少或暂停轮询不至于危及组网控制中心的正常运行。减少或暂停轮询可以减少管控信令的传输，从而减轻 ALOHA 信道的负担。

（3）修改业务站的事件报告门限，减少事件的报告次数，以减少 ALOHA 信道的业务量。

（4）启动备用的 CCU 以增加一个 iCCU（增加一个 ALOHA 信道载波），提高 ALOHA 信道的总传输容量。

（5）关闭某些业务站 MCU/SCU，减少 ALOHA 信道的用户数目。

上述措施可以由组网控制中心自动实施，并将结果通知操作员。这些措施能有效地防止管控信息传输通道的性能恶化，从而保证卫星通信系统网络管理与组网控制信息流的畅通。

# 4.5　小结

管控信息网络是实现按需分配卫星通信组网的前提。本书针对卫星通信网的组网控制中心与众业务站之间管控信令传输的星形网络特点，主要参考文献[7,26]，介绍了管控信息网络这个专用数据通信网的设计内容和设计方案。

本章的设计方案将管控信息传输通道的卫星段（局域网之外的部分）划分成三层来实现。它们分别是实现比特流传送的物理层、实现 TDM 信道/ALOHA 信道上逐帧传送的数据链路层（专用数据链路协议）和实现以信令为数据单位的管控操作层（管控操作协议）。本书对物理层没有做太多的介绍，重点介绍数据链路层和管控操作层。在局域网段的传输则还涉及 TCP/IP，这部分有成熟的技术和软件，本书也没有讨论。

在卫星段的数据链路层，根据一个组网控制中心与众多业务站一对多双向传输的特点，本书介绍了一个特殊的不对称数据链路协议的设计，用于提高管控信息传输通道的传输能力。其中，在业务站向组网控制中心的多对一入向控制信道上采用了 ALOHA 多址接入方式的停等协议，业务站随机发出一个数据帧后要等待组网控制中心的确认；在组网控制中心向业务站的一对多出向控制信道即 TDM 广播信道上采用每个帧自动重发一次，但不需要业务站发送确认。这样的不对称设计，在保证管控信息传输正确率的前提下，以牺牲传输容量绰绰有余的 TDM 广播信道的传输效率来降低捉襟见肘的 ALOHA 信道的协议开销（提高有效吞吐率）。另外，在 ALOHA 信道上可以采用"多载波 ALOHA"模式来提高总的有效吞吐率，采用有限次重发机制来控制 ALOHA 信道的稳定性并优化吞吐率性能。在各物理层 Modem 采用相同的收发速率时，一个 TDM 广播信道可同时与 3～5 个 ALOHA 信道配套工作。本章还分析说明了，ALOHA 信道不必追求低误码率，信道误码率达到 $10^{-5}$ 就比较好了，可以用牺牲误码率的方式来提高 ALOHA 信道的物理传输容量。

在管控操作层，本书设计了针对不同应用特点的两种管控操作协议与服务，分别是用于软件远程装载的 DL 协议和用于管控信令传输的 CR 协议。DL 协议支持对全网和一部分业务站以广播方式装载软件，甚至也可对一个业务站单独进行装载，效率高、通用性强。CR 协议内部将管控操作分成三类进行处理。对于一些允许少量丢失的管控操作信令，CR 协议不保证其可靠传输；对于不可丢失但接收方也不会给出执行结果（响应）的管控操作信令，接收方 CR 实体必须发送专门的确认，以保证管控操作的可靠性；而对那些不可丢失且接收方将会给出响应的管控操作信令，则以响应代替传输确认。其总的目的是针对 TDM 广播信道可靠性高、容量富裕而 ALOHA 信道可靠性差、容量紧张的局面，以牺牲 TDM 广播信道的部分效率来减轻 ALOHA 信道的负担，使信令传输的双向整体达到高效。

# 第 5 章

# 组网控制和资源分配

● ● ● ● ● ● ●

在按需分配的卫星通信组网方式中，业务站之间的业务链路是按需建立的，通过一定的软件和流程实现业务链路的建立和拆除，是本书所述按需分配的卫星通信组网控制和运行管理的核心与特殊要求，是组网控制中心的核心功能之一。业务链路的建立是由有业务传输需求的业务站（主叫 SCU）发起的（发出呼叫申请），组网控制中心首先要从其呼叫申请信令中获得其需要建链的目的站（被叫）的索引信息（也许是一个电话号码），然后根据索引信息查得被叫业务站或其中一个 SCU，如果该 SCU 处于可以建链状态且卫星信道资源可用，则分配一对信道，并通知主叫 SCU 和被叫 SCU，让它们在指定的信道上发送、接收。如果是 FDMA 网络，一对信道就是整个转发器可用频带中的 2 个子频带；如果是 TDMA 网络，则一对信道一般是一个子频带（含载频和带宽/速率信息）和 2 个时隙。本书后面仅以 FDMA 网络为例进行介绍，关于 TDMA 网络的相关内容可以类推。

在上述这个简短的业务建链流程中，涉及很多细节和配套功能，比如组网控制中心必须掌握 SCU 的状态，知道其是否处于可以建链通信的状态；必须有用户索引库（如电话号码表），必须有可用信道资源分配算法等。本章的目的是介绍一个组网控制中心在业务链路按需建立方面的主要功能和实现方法，包括业务站的入退网控制和状态一致性管理、按申请建链/拆链控制、信道资源的优化分配、业务站的发射信号功率控制等。

本章介绍的组网控制和资源分配也就是第 3 章所述组网控制中心功能中的实时控制功能，包括网络配置管理（入退网控制、参数配置和软件装载部分）和（业务）链路按需建立的控制功能，这些功能必须对业务站发来的管控信令做出实时反应。

# 5.1 组网控制软件的基本架构

根据前面所述，组网控制中心的实时控制功能包括业务站的入退网控制、参数配置和软件装载部分，以及业务链路按需建立和拆除相关的控制功能。在实现时，总体上可以把这些功能归纳为入退网控制、呼叫接续控制、链路拆除控制和卫星信道资源管理，加上相关数据的存储和管理功能。因此，我们可以为组网实时控制功能的实现设计四个核心进程，即入退网控制进程、呼叫接续控制进程、链路拆除控制进程和信道资源管理进程。由于业务站发给组网控制中心的信令需要由以上多个软件进程分别处理，还必须设计一个信令预处理进程，以便对信令进行分拣并交由不同的处理进程。上述这些进程之间的关系可参见图 5.1。其中，入退网控制进程、呼叫接续控制进程、链路拆除控制进程、信道资源管理进程和信令预处理进程合起来可以笼统地称为组网控制中心的"核心进程"。

图 5.1 中还给出了"管控操作协议实体"和"消息总线"。组网控制中心收到的所有信令都是由管控操作协议实体用服务原语提交的，组网控制中心各进程要发送信令也都是调用管控操作协议实体的服务原语实现的，因此管控操作协议实体是所有信令收发的支撑。消息总线则用于组网控制中心内部跨进程甚至跨主机传送事件报告和记录等非实时通知性消息。

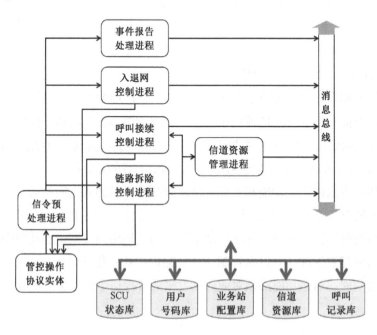

图 5.1 组网控制和资源分配相关软件模块与数据库

为了方便后面的介绍，图 5.1 中将管理控制数据库分解为业务站配置库、SCU 状态库、信道资源库、用户号码库、呼叫记录库等部分，在第 6 章讲到其他功能时还会有更多的细分数据库。

（1）业务站配置库。其主要记录每个业务站的基本配置数据，至少包括以下方面。

- 鉴权信息：一个站（MCU）的唯一身份标识，用于 MCU/SCU 的身份认证。
- 单元地址：业务站 MCU 的网内工作地址，由组网控制中心分配。
- 工作频段：业务站的射频工作频段，一般是 Ku、Ka 或 C 之一。
- 天线极化：业务站收发天线的射频信号极化方式。
- EIRP：业务站的射频信号发送能力，主要体现天线增益和高功放的放大能力。
- G/T：业务站的接收能力，主要体现天线增益和接收机的灵敏度要求。
- MCU 状态：标记该站 MCU 的工作状态，为 OUT、MNT、INS 之一。
- SCU 列表：业务站的 SCU 索引。

（2）SCU 状态库。其主要记录每个 SCU 的工作性参数和状态，至少包括以下方面。

- 单元地址：SCU 的网内工作地址，由组网控制中心分配。
- 传输体制：包括调制方式等在内代表 SCU 传输特性的参数，比如支持 FDMA 还是 TDMA，是否 ASK/FSK/PSK，是否 QPSK/BPSK，以及信道编码方式，如 ½LDPC、¾LDPC 等，只有传输体制相同或兼容的 SCU 之间才能建立业务链路。
- 标称速率：支持的最高传输速率，或者列出支持的速率集合，只有传输速率相同或兼容的 SCU 之间才能建立业务链路。
- 当前工作状态：为 OUT、MNT、INS-idle、INS-wait、INS-comm 之一。
- 当前通信对象：业务链路的对方 SCU，处于 INS-comm 状态时有效。
- 当前发频：发送支路的载频，可以根据情况用中频、上行链路射频或下行链路射频表示，处于 INS-comm 状态时有效。
- 当前收频：接收支路的载频，处于 INS-comm 状态时有效。
- 当前速率：SCU 的实际传输速率，处于 INS-comm 状态时有效。

（3）信道资源库。其主要记录可用卫星转发器频带的使用状态，记录方式与信道资源是否等带宽分配有关。如果是等带宽分配，只要先把可用频点列出，标记每个频点是否占用/空闲即可；如果是不等带宽分配，那就要记录整个可用频段中每个空余子频段的最低频率和最高频率。

（4）用户号码库。其用于存储每个业务站的用户地址或号码，呼叫申请中必须携带此号码。这个号码与业务站 SCU 的关系可以是一对多的（一个号码代表一个业务站甚至多个业务站，一个号码直接代表一个或多个 SCU），也可以是多对一的（一个业务站或一个 SCU 有多个号码）。

（5）呼叫记录库。其用于保存每个呼叫申请对应的处理结果，如果该呼叫申请的业务链路建立成功，其中的记录项就比较多。

以上介绍的数据库中，SCU 状态库、信道资源库是每次呼叫建立和拆除过程中都要访问的，且有读有写；用户号码库是每次呼叫建立过程中都要访问的，但只读不写。而一个组网控制中心的主要处理内容是呼叫接续和链路拆除，呼叫建立和拆除频繁发生，因此这些数据库就要被频繁读写，并且读写的速度还会影响呼叫接续和链路拆除的处理速度。因此，用户号码库、SCU 状态库和信道资源库需要采用一些有技巧的设计，比如常驻内存、采用哈希索引等，以减少读写的时延；否则，就要选用高档的计算机服务器来承载数据库，以免读写数据库成为组网控制中心处理速度的瓶颈。

# 5.2 入退网控制与状态管理

掌握每个注册业务站的当前状态是按需建立业务链路的前提，是按需分配卫星通信网管控的基本功能。只有符合注册条件的业务站才能享受本网的卫星通信服务，只有入网在线的业务站才能按需分配卫星资源并建立业务链路。业务站的入退网控制过程就负责审核入网业务站的身份，通过身份认证且与注册信息一致的业务站才允许入网运行。入网时其还会被告知全网性的工作参数，并被设定专门的工作参数。业务站的状态管理则是为了使组网控制中心记录的业务站状态与实际情况保持一致，因为信令丢失、业务站意外断电等事件都有可能造成业务站的状态已经改变而组网控制中心还不知道的现象。

如第 3 章所述，业务站由 MCU 和 SCU 功能模块组成，从入退网控制与状态管理的角度，MCU 的管理控制与 SCU 的管理控制基本上是一样的，其状态变化过程如图 5.2 所示。处于 OUT 状态表示尚未入网；处于 MNT 状态表示已经入网，但还处于参数维护阶段，只能由组网控制中心为其设置参数或进行软件装载，不能提供服务；处于 INS 状态表示可以提供服务，MCU 与 SCU 的区别是，处于 INS 状态的 SCU 可以为用户按需建立业务链路，处于 INS 状态的 MCU 可以对本站的各模块（包括各 SCU、射频功放和天线等）执行管理和控制。因此，本节以业务站这个名词笼统地代表 MCU 和 SCU，管理的对象是某个 MCU 或 SCU。

## 5.2.1 业务站的入退网控制

业务站的每个 MCU 或 SCU 开机并完成自检以后，所处状态总是 OUT。必须执行入网流程，向组网控制中心发送入网请求，由组网控制中心（入退网控制进程）审核确认后发出允许入网命令，业务站收到允许入网命令后才能进入 MNT 状态。入网后即加入特定的通信网，可以等待管控信令，如参数配置命令，进行参数配置和软件装载，然后根据指令进入服务状态 INS。业务站的入网控制流程如图 5.3 所示，退网控制流程如图 5.4 所示。

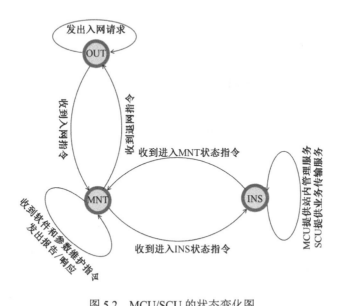

图 5.2 MCU/SCU 的状态变化图

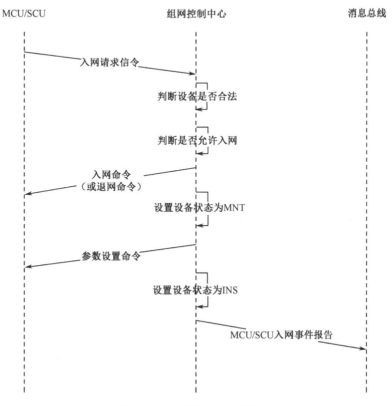

图 5.3 业务站的入网控制流程

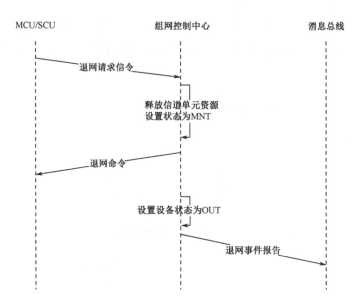

图 5.4　业务站的退网控制流程

图 5.3 所示的 MCU/SCU 入网控制流程具体如下。

（1）首先，MCU/SCU 向组网控制中心发送入网请求信令。入网请求信令至少包含以下字段内容。

- 单元地址：发送入网请求的 MCU/SCU 的网内工作地址。如果是首次入网，这个地址还没有获得分配，可以用一个随机数代替；如果此前曾经入网，就使用记录中曾经用过的地址。这个地址不能为空，在专用数据链路协议中还要用到（见第 4 章）。

- 信令编码：代表"入网请求"信令。

- 当前时钟：发送入网请求时的本地时钟值。

- 工作频段：说明本业务站的射频工作频段，一般都是 Ku、Ka 或 C 之一。

- 传输体制：包括调制方式等在内代表 MCU/SCU 传输特性的参数，比如支持 FDMA 还是 TDMA，是否 ASK/FSK/PSK，是否 QPSK/BPSK，以及信道编码方式，如½LDPC、¾LDPC 等。

- 传输速率：支持的最高传输速率，或者列出支持的速率集合。

- 天线极化：本业务站收发天线的射频信号极化方式。

- EIRP：本站的射频信号发送能力，主要体现天线增益和高功放的能力，一般用单位 dBW 表示。

- G/T：本站的接收能力，主要体现天线的增益和接收机的灵敏度要求，一般用单位 dB/K 来表示。

- 鉴权信息：一个业务站（包含在 MCU 中）的唯一身份标识，用于 MCU/SCU 的身份认证，其具体格式和内容与业务站的身份认证方法有关（见 5.2.2 节）。

在某些情况下，还可以把业务站的地理位置信息（经纬度）一并作为入网请求信令的内容发给组网控制中心。

（2）组网控制中心收到入网请求信令后，要根据鉴权信息和业务站身份认证方法，判断该 MCU/SCU 是否已经注册（在配置数据库中生成了该站记录）、鉴权信息是否符合要求（该站是否为仿冒）、是否允许该 MCU/SCU 设备入网（组网控制中心可以在必要时限制部分业务站入网）。如果不允许该 MCU/SCU 入网，则直接向其发送退网命令，并执行步骤（6）；如果允许入网，则执行步骤（3）。

退网命令信令至少要包含以下字段内容。

● 单元地址：发送入网请求的 MCU/SCU 的网内工作地址。

● 信令编码：代表这个信令是"退网命令"。

● 当前时钟：发送退网命令时的组网控制中心的本地时钟值。

● 原因代码：给出令其退网的原因。

（3）组网控制中心对 MCU/SCU 的记录状态进行判断，如果其记录状态为 OUT，则直接发送入网命令；如果其状态不是 OUT，则先执行纠错程序（比如记录中该 SCU 正在使用卫星信道资源进行通信，则说明由于某些方面的错误，组网控制中心的记录与实际状态不一致，要补充执行信道资源回收程序），再发送入网命令。在发送完入网命令前，组网控制中心要为该 MCU/SCU 分配网内工作地址。发送完入网命令后，组网控制中心将 MCU/SCU 的运行状态记录为 MNT。

入网命令信令至少包含以下字段内容。

● 单元地址：是组网控制中心分配的 MCU/SCU 的网内工作地址。如果此前曾经入网，这个地址一般就是以前使用过的。

● 信令编码：代表这个信令是"入网命令"。

● 当前时钟：发送入网命令时的组网控制中心的本地时钟值。

（4）组网控制中心向 MCU/SCU 发送参数设置命令和必要的远程软件装载命令，为其设置工作参数、装载最新的功能软件等。完成后将 MCU/SCU 的状态记录为 INS。

参数设置命令至少包含以下字段内容。

● 单元地址：组网控制中心分配的 MCU/SCU 的网内工作地址。

● 信令编码：代表这个信令是"参数设置命令"。

● 当前时钟：发送参数设置命令时的组网控制中心的本地时钟值。

● 参数列表：该 MCU/SCU 入网后的工作参数。

（5）如果刚刚入网的是 SCU 且组网控制中心将其配置为预分配方式工作（入网即自动建立业务链路），则检查配置数据库中其业务链路对端的业务站状态。如果对端业务站的 SCU 已经入网并处于 INS 状态，则为这个业务数据链路的一对 SCU 执行信道分配程序。

（6）组网控制中心形成 MCU/SCU 入网事件报告，将入网事件通过消息总线发送给相关进程存档。

对于在组网控制中心还未建立配置数据的业务站（未注册的），或者其所携带的鉴权信息无效的入网请求，组网控制中心进程不做任何响应，这样做是出于安全性考虑，可以减轻非法用户或恶意干扰站对组网控制中心的影响。

注意：组网控制中心一般在 MCU/SCU 入网时对其设置网内工作地址。组网控制中心与业务站的信道单元 MCU/SCU 之间的管控信令传输必须使用该网内工作地址，网络内部各种管控信令和业务通信都以网内工作地址作为分组或帧中的收发方地址（标识）。一个业务站的配置名称（注册时人工指定）和网内工作地址都是根据需要可变的，鉴权信息则一般不变。

图 5.4 所示的退网控制流程具体如下。

（1）首先，MCU/SCU 向组网控制中心发送退网请求信令。退网请求信令至少包含以下字段内容。

- 单元地址：组网控制中心分配的 MCU/SCU 的网内工作地址。
- 信令编码：代表"退网请求"信令。
- 当前时钟：发送退网请求时的本地时钟值。
- 鉴权信息：MCU/SCU 的唯一身份标识。

（2）组网控制中心收到退网请求信令后，要根据鉴权信息和业务站身份认证方法，判断该 MCU/SCU 鉴权信息是否符合要求（防止仿冒站扰乱）。如果是合法 MCU/SCU，则组网控制中心对 MCU/SCU 的记录状态进行查验；如果其记录状态为 INS，则直接发送退网命令；如果其记录状态是 OUT 或 MNT，则先执行纠错程序（比如记录中该 MCU/SCU 尚未入网，则说明由于某些方面的错误，组网控制中心的记录与实际状态不一致，要补充执行一些处理程序），再发送退网命令，并将 MCU/SCU 的状态记录为 OUT。

退网命令信令至少包含以下字段内容。

- 单元地址：组网控制中心分配的 MCU/SCU 的网内工作地址。
- 信令编码：代表"退网命令"信令。
- 当前时钟：发送退网命令时的本地时钟值。

（3）形成退网事件报告，将退网事件通过消息总线发送给相关进程存档。

一般组网控制中心还会支持主动将 MCU/SCU 退网的功能，即在某些情况下，组网控制中心的操作员直接对 MCU/SCU 发送退网命令，接收到退网命令的 MCU/SCU 进入 OUT 状态。

## 5.2.2　业务站的身份认证

在业务站的入退网控制过程中，为了防止仿冒站非法入网占用卫星通信资源，甚至欺骗其他业务站非法获取数据，业务站的身份认证是非常重要的一个环节。身份的伪装和认证技术的发展是一个斗智斗勇的历程，世界上出现了各种身份鉴别协议和系统，既有静态的又有动态的。移动通信系统采用了复杂的身份认证机制，并采用 IC 卡作为身份的标识；互联网上的用户登录大量采用了交互式的机制，引入动态的验证码来确认是"真人"访问。

业务站的身份认证有两个目的：一个是识别确定这是某个业务站，因为组网控制中心需要一定的标识（最好是不能轻易改变的）来区分不同的业务站，以免造成混乱；另一个是判断业务站的仿冒，避免无权用户非法使用网络资源甚至侵害用户信息安全。其中，第一个目的比较容易实现，只要所有的业务站都有一个互相不重复、一般不变化的唯一标识即可；第二个目的的实现就比较复杂，对恶意入侵的防范需要采用不可伪造的标识和特殊的流程。

3.5 节曾经介绍过业务站的名称和地址码。管理人员一般会用业务站名称来标识一个站及其配置的 MCU/SCU，这个名称只要方便管理人员记忆和操作即可，占用字节数可以比较多。而组网控制中心与业务站的 MCU/SCU 之间的管控信令传输则应该使用内部的地址码，网络内部各种管控信令和业务通信都以地址码作为分组或帧中的收发方地址（标识）。为了减少信令传输协议的额外开销，这个地址一般比较短，只要网内不重复就行，一般 16bit 的长度基本够用。上述名称是根据需要可变的，地址码也最好可变，这样管控系统的效率会比较高。因为可变，二者就不能作为业务站的身份标识，需要另外的身份识别码。下面从简单到复杂，简要介绍卫星通信组网中常用的身份识别方案。

### 1. 物理存储的序列地址码

经常需要人工设定的参数容易出错，也容易出现业务站地址标识设置重复的现象，造成地址冲突。为了避免业务站之间标识的重复，一般可以在各 MCU/SCU 设备出厂时为其固定写入一个身份识别码，长度可以根据需要在系统设计时确定。为了避免重复，最简单的办法就是在出厂时为 MCU/SCU 写入一个序列号，每出厂一个 MCU/SCU，该序列号就加 1，永不重复。对不同的设备厂商，可以预先分配序列号高字节前缀，以避免厂商之间重复。如 110110××××××××××××为 A 厂商的产品，110111×××××××××× 为 B 厂商的产品。由于同类（能够在一个网络内工作）MCU/SCU 的数量不会太多，序列号的长度不必太长。

这种序列地址码只是一个简单的序号，只要知道地址码的字段长度，任何取值都有效，很容易仿冒。组网控制中心唯一能够鉴别的就是对应的序列号是否已经在组网控制中心注册，只要注册了的就有效。这样的序列号用于身份认证，防护能力比较弱。

### 2. 带校验的序列地址码

加强序列地址码仿冒难度的简单办法是在地址码中增加若干比特用于校验。例如，地址码共 32bit，其中高 16bit（记作 $A_H$）作为业务站的身份识别码，用于区分不同的业务站及其 MCU/SCU，低 16bit（记作 $A_L$）作为地址码的防伪识别码。$A_H$ 可以像序列地址码那样任意产生，只要在一个网络内部互相没有重复就行，但 $A_L$ 的取值则必须利用如下的校验函数计算生成：

$$A_L = f(A_H)$$

这样构造出来的序列地址码 $A_H A_L$ 不能被轻易伪造。

其中，校验函数的选取比较讲究，不同的校验函数辨别是否伪造的能力差别很大。熟悉数据传输的读者比较容易想到的是 CRC 校验码，其校验能力强，且很容易利用硬件电路生成校验码。当然，在这里我们并不需要设计硬件电路来产生校验码，一般都是用软件计算生成的。

在 CRC 校验算法中，最核心的是"生成多项式"。生成多项式的选取是个高难度问题，生成多项式对校验能力的影响非常大。好在这个问题已经被研究很长时间了，对于使用者来说，有很多现成的生成多项式可以选用，如 8bit 和 16bit 校验码的生成多项式如下：

$$CRC8 = X_8 + X_5 + X_4 + X_0$$
$$CRC16 = X_{16} + X_{15} + X_2 + X_0$$

除了 CRC 校验算法，还有校验能力更加强大的哈希校验等算法。比如 MD5（消息摘要算法第五版）就是在计算机安全领域获得广泛使用的一种散列函数，是互联网标准文档 RFC 1321 中的算法，对报文完整性的校验能力很强，主流的编程工具几乎都可以直接调用 MD5 函数。

遗憾的是，上述这些校验方法都是公开的算法，只要知道（或者确定）了业务站的身份识别码（比如 $A_H$），又知道了识别码的生成算法，生成防伪识别码（$A_L$）是很容易的事。另外，哈希校验算法一般需要比较长的校验码，不像 CRC 校验码那样比较短。总的来说，采用校验的方法来加强序列地址码的仿冒难度并不太理想。

### 3. 采用 IC 卡的身份识别码

业务站的身份认证，也可以像现在的手机一样，采用可换的插卡来辨别用户。在无线移动通信网中，用户识别卡简称 SIM 卡，又称用户资料识别卡，是一张内含大规模集成电路的智能卡片，用来存储移动用户的国际移动用户识别号（IMSI）、鉴权密钥（KI）、鉴权算法等信息。有的 SIM 卡还会存储用户可以接入的网络信息，如位置区域识别码（LAI）、移动用户暂时识别码（TMSI）、禁止接入的公共电话网代码等，甚至包括个人识别码（PIN）、解锁码（PUK）等信息。为了防止 SIM 卡被盗用，每张 SIM 卡都可设置一个密码，称为个人识别码，用来对 SIM 卡加锁。只有输入正确的 PIN 码后，SIM 卡才支持手机进入正常使用状态。连续三次输入错误的个人识别码，SIM 卡就会锁死。这时再要解锁，就必须知道解锁码。

SIM 卡最重要的用途就是用户接入网络时的身份认证，以确定是否为合法用户。插有 SIM 卡的通信终端开机入网时，接入控制系统会根据 SIM 卡中的用户信息和特殊的身份认证算法判别终端用户是否合法。通过认证过程，系统认为使用该 SIM 卡的用户为合法用户后，允许终端入网通信。关于基于 SIM 卡的用户身份鉴别过程和具体算法，可以阅读本书第 8 章和专门的技术文献，这里不再赘述。

**4. 借助保密机的身份认证**

卫星通信是一种无线电通信，只要有卫星转发器信号覆盖的地域就能够接收到卫星通信的物理信号，因此对于一些传输敏感信息的卫星通信网络来说，对传输信号进行加密是不可或缺的，要为每个业务站配置信号保密机。

保密机是特殊设备，管理非常严格，因此借用保密机进行业务站的身份认证也是比较可靠的。这样做就相当于，配置有合法合规保密机的业务站就是合法业务站，否则在入网身份认证中一律当作非法业务站，拒绝入网。这样做需要与保密机的使用和管理深度绑定。

另一种做法是，身份识别码经保密机加密后在业务站的入网请求中携带，组网控制中心借助保密机先对身份识别码进行解密，用解密后的编码辨别业务站的身份。这样做需要业务站与保密机之间深度绑定。

借助保密机的身份识别必须与保密机的管理和使用深度绑定，涉及保密机的设计和使用，设计方案不一而足，本书就不再赘述了。身份认证是信息安全理论和技术的一个重要分支，有兴趣的读者还可以继续阅读本书第 8 章及相关技术文献。

## 5.2.3　业务站的参数维护

入网后处于 MNT 状态的 MCU/SCU，可以接收组网控制中心对本站的参数配置指令和软件的远程装载指令，但不能提供对用户和其他 SCU 的传输和控制服务。软件的远程装载服务用于更新业务站的软件，这是软件维护的必要手段，也可以据此对业务站的功能进行升级，甚至切换业务站的功能（装载不同的软件）。而哪些软件需要装载、何时需要装载，一般都是由人工录入的配置数据指定的，这里就不一一介绍了。

每个业务站都有很多工作参数，业务站的参数维护就负责两个任务：一是组网控制中心掌握各业务站的固有参数，二是组网控制中心为每个业务站设定可变的工作参数。前者是组网控制中心管理使用业务站的基础，后者是让业务站能够在网内正常为用户提供数据传输服务的基础。

对于按需分配组网的卫星通信网，其中业务站的工作参数可以分为如下五类。

第一类，业务站固有参数，组网控制中心不可调整。例如，固定站的位置、工作频段，站内的天线增益、接收灵敏度，身份鉴别信息等。这些参数一般在业务站开机时，在 MCU 的入网请求信令中携带，一旦 MCU 入网，这个业务站的上述参数在组网控制中心就有记录了。

第二类，建立业务链路所需的工作参数，频繁变化。例如，收发通道的载波频率、发送信号的大小、业务连接的数据速率，每次建立业务链路时都要获得这些参数。这些参数都是在按申请建立业务链路的过程中，由组网控制中心通过信道分配命令发给主、被叫 SCU 的（详见 5.3 节）。

第三类，每个业务站工作所需的参数，可以改变，但不能频繁变化。例如，MCU/SCU 的网内工作地址、业务站的射频功放增益、在入向控制信道即 ALOHA 信道上的发射信号的大小（对于射频 EIRP 较大的业务站，MCU/SCU 在 ALOHA 信道上发送的信号要适当小一些，尽量使不同业务站的 ALOHA 信道信号到达卫星转发器时大小一致）等。这些参数是在 MCU/SCU 入网时，由组网控制中心在发给 MCU/SCU 的参数设置命令中予以设置的。

第四类，全网性参数，所有业务站都统一。例如，管控信令网络的出向控制信道即 TDM 广播信道的载频 $f_{TDM}$ 和速率（通常有两个，一个载频当前用，一个载频作为备份）、入向控制信道即 ALOHA 信道的个数 $n$、各 ALOHA 信道的载频 $f_1, f_2, \cdots, f_n$ 和数据速率、ALOHA 协议的重发退避基本时间 $T_0$、重发退避随机数最大值 $m$、最大重发次数 $N_{retr}$ 等；当然还有调制方式（如 QPSK/BPSK）和信道编码方式（如½LDPC、¾LDPC）等。这些参数是由组网控制中心在 TDM 广播信道中用"管控信息网络通告信令"定期广播发送给所有 MCU/SCU（信令的单元地址为全 1）的。实际上，作为同步通信的 TDM 广播信道，总体上是容量过剩的（详见第 4 章），只要 TDM 广播信道出现空闲，就发送这个"管控信息网络通告信令"。

第五类，组网控制中心需要但业务站不用的参数。例如，业务站的名称（为了方便管理人员记忆）、业务站类型、业务站的用户（组织机构）信息、业务站各 SCU 连接的地面网络或终端情况、各站用户的地址或电话号码，以及业务站的身份鉴别信息和业务站的优先级与业务访问权限等。这些参数都由操作员在组网控制中心的配置界面中输入（入网注册），存储在组网控制中心的数据库中，有了这些参数，业务站才能入网运行。

以上只是大概介绍了业务站的参数类型，并列举了部分实际用到的参数。因为卫星通信网及其应用场景不同，具体到每个网络，不同类型的业务站的参数会有很大的差别。例如，对于采用 TDMA 方式的卫星通信网，除了频率参数，还有非常重要的时隙参数等。因为一个网络、一个业务站的参数非常多，这里不再一一罗列，因此也不再赘述了。

## 5.2.4　状态一致性管理

业务站 MCU/SCU 所处的工作状态是组网控制中心按需分配卫星信道并控制业务站之间建立业务链路的基础。一方面，信令丢失、业务站意外断电等事件有可能造成业务站的状态已经改变而组网控制中心还不知道；另一方面，业务站在运行过程中会执行各种操作，这些操作可能会改变业务站的状态和工作参数。所有业务站的变化都要及时让组网控制中心知晓。状态一致性管理就是要让组网控制中心及时感知业务站的状态和参数变化，以便使组网控制中心记录的业务站状态/参数与业务站实际的状态/参数保持一致。

在网络管理过程中，用来使管理系统的管理信息库（状态记录）与实际设备或设施的状态/参数保持一致的方法主要有两个：一个是事件驱动方法，另一个是轮询驱动方法。两种方法的具体介绍见 2.1.2 节。

### 1. 事件报告机制

事件报告机制指由各业务站（MCU/SCU 监视单元内部，MCU 监视 SCU）的监控软件及时发现异常现象，并将有关数据作为事件报告的内容发给组网控制中心，组网控制中心的事件报告处理进程从事件报告信令中了解业务站的变化。

所谓事件实际上就是一种状况的变化。当管理对象因为本身故障或受其他管理对象的影响而发生状况变化时，也就发生了事件。事件可以分成很多种类，有异常的事件，也有正常的事件。如通信开始、通信结束等属于正常工作的状况变化，组网控制中心都是知道的，是按照设计的流程发生的，属于"意料之中"，这类事件就无须报告。所以，通常所说的事件一般指异常事件，它们反映了网络元素正处于一种退化的、意料之外的工作模式，或是性能下降，或是故障状态。

检测事件的发生可以由业务站内部完成，也可以由其他业务站或组网控制中心来实现。每个 MCU/SCU 内部都设计了检测事件的功能，但这些功能与其他功能是紧密相关的，如各种计数器、计时器，当计数值超过规定门限时就认为发生了一种事件。最典型的例子是，在设定的时间内没有任何反应就是一种事件，也许是"死机"了。组网控制中心也有很多事件监测和产生机制。

检测到了事件的 MCU/SCU 或其他设施要根据事件性质产生事件报告，发送给组网控制中心。但并非所有的事件，不分大小、轻重都需要报告，组网控制中心可以设置每个 MCU/SCU 需要报告的事件种类和报告条件，使其只报告规定种类的、满足条件的事件，其他事件则丢弃不报告，以节约管理信息传输的开销。事件报告的条件包括事件产生条件和事件报告条件两部分。

如果业务站中带有智能化管理部件，当站内某些部件出现故障时，可以先对故障进行一定程度的诊断检测，然后向组网控制中心发送相应的"故障事件报告"，其中包含诊断数据。组网控制中心接收到此类事件报告后，分析其故障事件代码，然后将 MCU/SCU 的状态记录置成相应的状态，并留存相关事件报告数据，用作事后分析。业务站能够发出哪些事件报告，决定于业务站的设计，本书不做深入讨论，但下面举若干例子供参考。

（1）如果 MCU 与 SCU 的联系中断，大概率是 SCU 软硬件故障，这是 MCU 可以发出的 SCU 故障事件报告。

（2）SCU 在持续接收 TDM 广播信道的信令时，发现信号消失，大概率是接收支路故障或整个单元故障，如果是 SCU 的故障，则可以通过 MCU 发出 SCU 故障事件报告。

（3）如果 MCU 功能比较丰富，可以监测本站射频部件的工作状态，有性能下降等情况都可以发出事件报告。

实际上，业务站 MCU/SCU 能够报告的事件种类和数量比较有限，真正大量产生事件的主要是组网控制中心内部各处理进程。例如，入退网控制进程发现处于 INS 状态的SCU 发送了入网请求，呼叫接续处理进程发现处于 INS-comm 子状态的 SCU 发出了呼叫申请，如此种种"反常"的行为，都可以认为是一种异常事件报告。当然，也有大量正常的行为需要作为事件来记录。

### 2. 状态轮询机制

在一些特殊情况下，业务站的 MCU/SCU 因为无法收发卫星通信信号而被迫处于脱网状态，比如意外断电、移动站进入涵洞等信号遮蔽区、天线被大风刮歪等，甚至业务站直接损坏、被毁等。发生这样的情况时，虽然 MCU/SCU 发生了重要的状态变迁，但无法向组网控制中心发送事件报告，或者虽能发出但组网控制中心无法接收到。这样就出现了组网控制中心记录状态与业务站实际状态不一致的问题，某 SCU 实际上已经无法建链通信，而组网控制中心还继续认为它处于 INS 状态。为了发现业务站的这些异常变迁，一般可以采用状态轮询机制。

卫星通信网管理系统中设计的状态轮询机制，由组网控制中心主动地依次向各 MCU发送查询命令（轮询命令），收到命令的 MCU 发出响应（轮询响应）来回复当前本站各SCU 的工作状况等相关数据。如果 MCU 返回的轮询响应中表示的各 SCU 状态与组网控制中心记录的状态一致，则该站 MCU/SCU 一切正常；如果返回的轮询响应中表示的状态与组网控制中心记录的状态不一致，则修改组网控制中心的记录，并产生日志事件，记录备查；如果 MCU 无响应，并连续 $M$ 次重发轮询命令仍无响应，则认为此 MCU 已关机或出现故障。组网控制中心对业务站的轮询流程如图 5.5 所示。

关于状态轮询机制，需要注意以下四点。

（1）轮询的对象限于有能力接收轮询命令并发出轮询响应的 MCU，包括处于 MNT 状态和 INS 状态的 MCU，一个 MCU 要将本站所有 SCU 的当前状态汇总后形成轮询响应。

（2）组网控制中心主动地依次向各 MCU 发送轮询命令，必须设定适当的间隔，这是状态轮询机制的工作参数之一。如果间隔太小，发送轮询命令过于频繁，占用管控信息网络的开销就会增大；如果间隔太大，发现业务站状态异常的时延就会比较大。这个轮询参数一般可以由操作员设定，也可以通过自动监测管控信息网络的业务量生成并据此微调。图 5.5 中并未标示这个间隔。

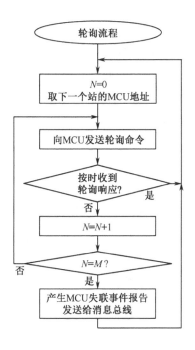

图 5.5　轮询流程

（3）组网控制中心对某 MCU 发出轮询命令，必须设定一个超时间隔，这也是状态轮询机制的工作参数之一。发出轮询命令后，在这个时间内收到响应就是按时收到，超时没有收到就认为该 MCU 无响应。这个超时间隔要大于正常响应的返回时延，以避免时延偏大的轮询响应被当作无响应。

（4）偶尔没有收到轮询响应也并不一定就是"无响应"，因为管控信息网络也并非百分之百可靠。当管控信息网络的入向控制信道（ALOHA 信道）业务量较大时，各站发送的信息因碰撞而需要重发的情况会增多，即使轮询响应仍在重发过程中，也有可能"超时"，甚至因重发次数达到上限被丢弃。因此，合理的做法是，当发生轮询无响应时，要重发轮询命令，只有连续数次无响应时，才认为是真正的"无响应"（MCU 已关机或出现故障，无法发出响应）。轮询无响应的重发次数也是状态轮询机制的工作参数之一，一般可以由操作员设定。

### 3. 自动纠错机制

除了事件报告机制和状态轮询机制，管控系统在处理业务站的各类业务信令过程中，也能发现并纠正一些业务站的状态错误。组网控制中心知道 MCU/SCU 的工作逻辑，也就是状态转换图中各状态下能够发出的信令，某些信令只有在某个状态下才能发出。根据状态转换图，可以把收到的信令作为所处状态的依据，从而纠正一些状态不一致的问题。根据接收到的信令来纠正 MCU/SCU 状态记录错误的条件很多，全部枚举不太现实，下面给出一些具体例子。

（1）组网控制中心记录着处于 MNT 状态的 SCU 发来了呼叫申请，说明该业务站现在仍处于 INS 状态。这种情况下只要修改状态记录并产生日志记录即可。

（2）组网控制中心记录着处于 INS-comm 状态的 SCU 发来了呼叫申请，说明该 SCU 原来建立的业务链路已经中断，但业务链路拆除请求（呼叫完成报告）没有成功地发送到组网控制中心。对于这样的情况，首先要对该 SCU 做"业务链路拆除"处理，回收卫星信道资源，并对另一个 SCU 也做状态纠正处理，当然处理完毕还要产生日志记录，最后根据常规流程处理这个呼叫申请。

（3）组网控制中心记录着处于 INS-comm 状态的 SCU 发来了入网或退网请求，说明该 SCU 原来建立的业务链路已经中断，但业务链路拆除请求（呼叫完成报告）没有成功发送到组网控制中心。对于这样的情况，首先要对该 SCU 做"业务链路拆除"处理，回收卫星信道资源，并对另一个 SCU 也做状态纠正处理，当然处理完毕还要产生日志记录，最后根据常规流程处理入网请求或退网请求。

# 5.3  业务链路接续控制

业务链路的按需建立和拆除是按需分配卫星通信网的组网控制与运行管理的核心功能。在组网控制中心的参与下，可为两个业务站的一对 SCU 建立业务链路，使用完毕再拆除链路。所有的 MCU 只对业务站执行本地的管理控制，不为业务站的用户提供业务传输服务。也有 MCU 与 SCU 合一的业务站，其作为 SCU 为用户提供业务传输服务（建立业务链路后）就不能作为 MCU 在管控信息传输链路上收发信令。

根据第 3 章的介绍，处于 INS 状态的 SCU 可以处于空闲、等建、试通、通信、等拆 5 个子状态（见图 3.12），并明确规定在不同子状态下可以接收的用户指令、可以发出的请求/报告信令和可以接收执行的组网控制中心命令。

尽管处于 INS 状态的 SCU 模型被划分为 5 个子状态，但其中试通和等拆两个子状态是在两个 SCU 之间交互链路建立和拆除信令过程中出现的，获得链路参数后的试通与拆链过程中收发的信令都与组网控制中心无关。因此，从组网控制中心的视角（与组网控制中心收、发的信令有关），其只能感知到 SCU 处于其中 3 个子状态之一：

（1）空闲子状态，记作 INS-idle：空闲等待用户服务需求或组网控制中心服务命令；

（2）等待子状态，记作 INS-wait：向组网控制中心发出了建链请求（呼叫申请），等待组网控制中心分配建链所需的参数，如频率（或加时隙）等；

（3）通信子状态，记作 INS-comm：已经建立了业务链路，处于通信状态。

INS 状态下 SCU 子状态的变化过程如图 5.6 所示，但这个子状态转换图只是组网控制中心"记忆"中的 SCU"印象"，所谓"进入"某子状态、"回到"某子状态就是在组网控制中心的 SCU 状态记录库中将其状态记录改写为相应的子状态，"发出"是指组网控制中心向该 SCU 发出命令，"收到"是指组网控制中心收到该 SCU 的申请或报告。图中的粗线是正常的状态变迁，细线反映的状态变迁是出现了某些错误（如信令丢失）的情况下才会发生的。

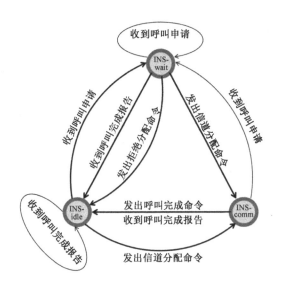

图 5.6　组网控制中心视角下，INS 状态下 SCU 子状态变化过程

某个 SCU 处于 INS-idle 状态就是空闲等待服务状态，可以主动向组网控制中心发起呼叫申请（这时该 SCU 就称为主叫 SCU），组网控制中心收到呼叫申请后，该 SCU 进入 INS-wait 状态，等待进行信道分配；也可以是组网控制中心根据其他 SCU 的请求主动向其发送信道分配命令（这时该 SCU 就称为被叫 SCU），然后其进入 INS-comm 状态。

处于 INS-wait 状态就是呼叫等待状态，组网控制中心已经收到其呼叫请求，在这个子状态下，组网控制中心可以向该主叫 SCU 发送信道分配命令，然后该 SCU 进入 INS-comm 状态；如果信道分配失败，则组网控制中心向该主叫 SCU 发送拒绝分配命令，该 SCU 回到 INS-idle 状态。

处于 INS-comm 状态就是已经建立了业务链路，SCU 正在忙于为用户提供通信服务，当用户结束通信（比如电话挂机），该 SCU 要向组网控制中心发出呼叫完成报告，组网控制中心收到呼叫完成报告后，向该 SCU 发送呼叫完成命令，该 SCU 回到 INS-idle 状态；因为处于 INS-comm 状态的 SCU 总是成对出现的，主叫或被叫 SCU 之一回到 INS-idle 状态，组网控制中心会向另一个 SCU 也发送呼叫完成命令，另一个 SCU 的状态记录也修改为 INS-idle 状态。

以上的信令收发和子状态转移过程将在后面小节中分别详细介绍。组网控制中心的呼叫接续控制进程负责处理 SCU 的呼叫申请信令，为其建立业务链路。链路拆除控制进程则负责处理呼叫完成报告信令，回收卫星信道资源。

## 5.3.1　按申请建立业务链路

按申请建立业务链路是业务链路接续控制最主要的环节。为了便于叙述，下面先对业务链路建立过程中用到的"信道"一词给出更加明确的定义或约定。一个信道是指卫星通信工作频带中的一个子频带，用该子频带的中心频率 $f_0$（也称载频）和频带宽度 $B$ 来表征。一个特定的卫星通信业务站设备，其中频频率与上行射频频率和下行射频频率之间的关系是固定的；对于一个特定的卫星转发器，其上行射频频率和下行射频频率的映射关系也是固定的，而且对于透明转发器来说，信号的带宽不会改变。因此，上述"信道"的载频 $f_0$ 可以是一个中频频率，也可以是上行/下行射频频率，都可以唯一指定一个"信道"。但在一个特定的卫星通信网内，一般用中频频率表示的比较多，因为发送端和接收端的中频频率是一致的，但射频频率因为上行/下行的关系而不同。给某个业务站分配一个发送信道是指，该业务站可以用载频 $f_0$ 发射卫星通信信号，信号带宽不能超过分配的频带宽度 $B$。相应地，就会给某个业务站分配一个接收信道，该业务站用载频 $f_0$ 接收卫星通信信号。卫星信道一般成对分配，分别用于业务链路两端的业务站的发送和接收，实现全双工的双向通信。

这只是采用 FDMA 方式工作的情况，业务站发送的信号只要符合载频和带宽的要求即可。如果卫星通信网采用的是 TDMA 方式，则每个业务站只能在指定载频（加带宽限制）的某些特定时间段（称为时隙）发射，因此一个卫星信道就由载频 $f_0$、带宽 $B$ 和时隙 $T_i$ 来表征。在有些网络中，载频和带宽是默认的，尤其是带宽，往往都是固定不变的，只要指定时隙即可。因此，在以 TDMA 方式工作的卫星通信网中，分配一个信道就是为业务站指定其发送（或接收）的载频 $f_0$、带宽 $B$ 和时隙 $T_i$。

组网控制中心的呼叫接续控制进程负责接收业务站 SCU 发来的呼叫申请信令，根据其呼叫的对象和卫星信道资源现状决定接受或拒绝其建立业务链路的请求。一般来说，只要有足够的资源保证各种连接的 QoS 要求，就可以接受一个新的呼叫请求。当请求的业务链路带宽超出可用资源带宽时，就要拒绝呼叫申请。以语音通信为例，一个典型的呼叫接续控制流程如图 5.7 所示。

把用户和业务站联合起来考察，呼叫接续控制流程一般是由业务站的用户发起的。以打电话为例，那就是用户拿起话筒（摘机），听到拨号音后拨出被叫的电话号码。收完用户的电话号码之后，SCU 把这个被叫号码构造成一个呼叫申请信令，交本地的 CR 实体发送给组网控制中心。组网控制中心收到呼叫申请后由呼叫接续控制进程负责处理信令。

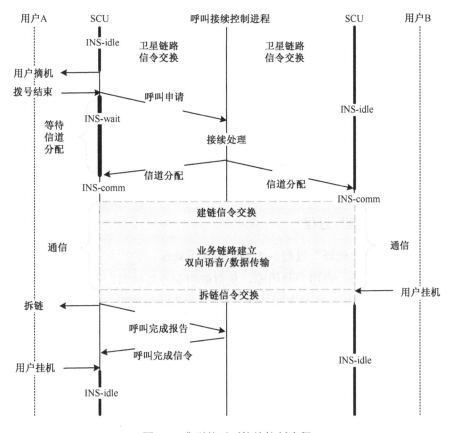

图 5.7 典型的呼叫接续控制流程

### 1. 收到呼叫申请信令

呼叫接续控制进程收到呼叫申请信令，通过解析信令内容可获取本次呼叫的主叫 SCU 地址和被叫电话号码、业务类型（语音、数据等）、数据速率（主要针对数据业务）等参数。

呼叫申请信令至少包含以下字段内容。

- 单元地址：发送呼叫申请的 SCU 的网内工作地址。
- 信令编码：代表"呼叫申请"信令。
- 当前时钟：发送呼叫申请时的本地时钟值。
- 被叫号码：用户拨出的号码。
- 业务类型：本次业务传输的内容，可以是语音、数据等。
- 数据速率：本次业务传输的数据速率要求，即使语音也有不同的编码速率，反映了本次业务链路的信道带宽需求。

### 2. 查询主叫 SCU 状态

呼叫接续控制进程根据呼叫申请信令中携带的 SCU 单元地址，通过查找 SCU 状态库，获得组网控制中心记录的该 SCU 状态。

- 如果记录的 SCU 状态不是 INS，则丢弃该呼叫申请，本次呼叫申请处理流程中止，接下来执行第 6 步"形成呼叫记录"。
- 如果记录的 SCU 状态为 INS，且子状态为 INS-comm，则说明该 SCU 的状态记录与 SCU 的实际状态不一致，调用该 SCU 的链路拆除控制进程，使得该 SCU 的状态记录为 INS-idle，然后进行后续处理。

接下来，先标记该 SCU 为 INS-wait 状态，然后进行如图 5.7 所示的"接续处理"（第 3 步）。

### 3. 执行"接续处理"过程

业务链路的"接续处理"过程，主要完成以下处理。

（1）根据被叫号码，查用户号码库，获得被叫业务站标识。

（2）查业务站配置库，核对主叫 SCU 所在的业务站与被叫业务站是否符合互通条件（主要指 EIRP 和 $G/T$ 值是否符合卫星链路要求）。如果不符合互通条件，则执行第 5 步"呼叫拒绝处理"。

（3）查 SCU 状态库，根据被叫业务站标识，结合呼叫申请的业务类型和数据速率，在被叫业务站中选择一个能够满足要求且处于 INS-idle 状态的 SCU，返回被叫 SCU 地址。如果返回被叫 SCU 地址为空，则执行第 5 步"呼叫拒绝处理"。

（4）查业务站配置库，获得主叫 SCU 的业务权限和优先级，获得被叫 SCU 对接续限制（限制某些）主叫的权限要求等信息。如果被叫 SCU 限制该主叫 SCU 建链，则执行第 5 步"呼叫拒绝处理"。

（5）调用信道资源管理进程，根据主叫 SCU 的优先级和信道资源的当前使用状态，优化选择（返回）一对信道 $f_1, f_2$（若是 TDMA 则加上时隙 $T_i$）及链路速率 $V$。如果返回信道为空，说明没有卫星信道资源可以分配，则执行第 5 步"呼叫拒绝处理"。

### 4. 发出信道分配命令

执行到这一步，说明本次呼叫申请符合业务链路建立条件，被叫 SCU 有空闲，分配了合适的一对信道。接下来要为主、被叫 SCU 指定发送信号电平 $P_1$ 和 $P_2$，以便实现业务站的功率控制（功率控制的依据和方法详见 5.5 节）。一切参数确定以后，构造主、被叫 SCU 的"信道分配命令"信令，并分别调用 CR 实体发出。同时将主、被叫 SCU 的子状态记录为 INS-comm。接下来执行第 6 步"形成呼叫记录"。

发给主叫 SCU 的信道分配命令至少包含如下字段。

- 单元地址：主叫 SCU 的网内工作地址。
- 信令编码：代表"信道分配命令"信令。
- 当前时钟：发送信道分配命令时的本地时钟值。

- 发送载频：$f_1$。
- 发送电平：$P_1$。
- 接收载频：$f_2$。
- 链路速率：$V$。

发给被叫 SCU 的信道分配命令至少包含如下字段。

- 单元地址：被叫 SCU 的网内工作地址。
- 信令编码：代表"信道分配命令"信令。
- 当前时钟：发送信道分配命令时的本地时钟值。
- 发送载频：$f_2$。
- 发送电平：$P_2$。
- 接收载频：$f_1$。
- 链路速率：$V$。

### 5. 呼叫拒绝处理

本次呼叫申请无法满足要求，不能建立业务链路。记录不能建立链路的原因，构造"拒绝分配命令"信令，调用 CR 实体发给主叫 SCU，并将主叫 SCU 的子状态记录为 INS-idle。接下来执行第 6 步"形成呼叫记录"。

发给主叫 SCU 的拒绝分配命令至少包含如下字段。

- 单元地址：主叫 SCU 的网内工作地址。
- 信令编码：代表"拒绝分配命令"信令。
- 当前时钟：发送拒绝分配命令时的本地时钟值。
- 拒绝原因：原因代码。

### 6. 形成呼叫记录

无论本次呼叫申请的处理流程何时结束、处理结果是分配还是拒绝，都要形成本次呼叫处理的日志记录，简称呼叫记录。呼叫记录的内容就是处理过程中确定的各参数，如果没有完成信道分配，部分参数就没有形成，记录中相应字段留空。呼叫记录通过消息总线发给相关进程存档（见 5.6 节）。

## 5.3.2 业务链路拆除

尽管业务链路建立过程比较复杂，但业务链路的拆除相对简单一些。当业务站用户认为数据传输（或通话）完毕，暂时不再需要业务链路时，就要拆除原来建立的业务链路，以便回收卫星信道资源。用户发出业务传输完成的指令，如果是打电话，一般就是挂机，链路两端的任何一个用户都可以发起"挂机"操作。SCU 收到这个"挂机"操作信号之后，要用业务链路内的特殊数据（一般称为随路信令）通知对方 SCU"通信结束，链路拆除"。两端的 SCU 互相告知后，分别都把各自的收发频率从分配的业务信道载频 $f_1, f_2$ 调整到在出向控制信道即 TDM 广播信道接收、在入向控制信道即 ALOHA 信道上接收。当然，调制方式、数据速率等都要符合 TDM 广播信道和 ALOHA 信道的工作参数要求。

每个刚刚终止业务链路的 SCU，在能够收到 TDM 广播信道信息后，及时在 ALOHA 信道上向组网控制中心发出"呼叫完成报告"信令。组网控制中心收到呼叫完成报告信令后将其交给链路拆除控制进程处理。如图 5.8 所示为业务链路拆除流程。

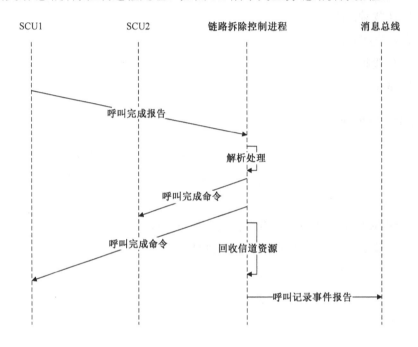

图 5.8　业务链路拆除流程

链路拆除控制进程在接收到来自 SCU 的"呼叫完成报告"信令后，按以下步骤进行处理。

（1）查 SCU 状态库，如果该 SCU 的记录状态为非 INS 状态，则丢弃该信令，处理流程中止，形成"异常事件记录"，发给消息总线。

（2）查 SCU 状态库，如果该 SCU 的子状态为非 INS-comm，则说明另一个 SCU 的"呼叫完成报告"信令更早到达组网控制中心，对应的业务链路已经拆除完毕，直接放弃处理"呼叫完成报告"，处理结束；否则，顺序执行后续步骤。

（3）查找该 SCU 的呼叫记录，用当前本地时钟值填写"链路拆除时间"字段，用"呼叫完成报告"中的呼叫完成原因字段填写呼叫完成记录中的"呼叫完成时间"字段，至此一条完整的呼叫记录就形成了。

（4）从呼叫记录获得已拆除链路的一对载频 $f_1, f_2$，调用信道资源管理进程，回收这一对载频对应的信道（子频带）。

（5）从呼叫记录获得拆除链路的一对 SCU 的网内工作地址，构造两个"呼叫完成命令"信令，调用 CR 实体，分别发给主叫 SCU 和被叫 SCU，并将这两个 SCU 的子状态记为 INS-idle。

（6）形成呼叫记录事件报告，将事件通过消息总线发给相关进程存档（见 5.6 节）。

### 5.3.3　业务请求的排队和拥塞控制

在按需分配的卫星通信组网方式中,业务站之间的业务链路是按用户的申请建立的,用户不是卫星通信网的一部分,不受网络的控制。一个卫星通信网的用户行为,即何时想打电话、传数据,从总体上看是随机发生的。有时候用户需求多,有时候用户需求少,就像高速公路上的车流,车多了就会形成交通拥堵,用户需求多了网络也会拥塞。

首先,一个卫星通信网的管控信息网络（尤其是其 ALOHA 信道）的有效传输容量是有限的,用户需求多了,需要传送的呼叫申请、呼叫完成命令等信令就会多,如果超过了有效传输容量,有一部分信令可能就会"损失"掉,这部分相关用户的需求就无法满足。

其次,从经济性的角度考虑,组网控制中心的存储和处理能力也是有限的,如果单位时间内用户需求太多,也就是到达组网控制中心的呼叫申请、呼叫完成命令等信令太多,组网控制中心将无法及时处理。一般的做法是将呼叫申请等信令存放在缓冲队列,依次处理。如果用户需求太多,队列就会太长,信令在队列中排队等待的时间就会过长。对于呼叫申请这样的信令,如果等待时间太长就会失效,比如用户摘机拨号,如果长时间没有接通,就会挂机重拨,前面那个呼叫申请就该作废。随着计算机处理能力的提高、设备成本的降低,这个问题相对于十多年前,也许已经渐渐地不那么重要了。

最后,一个卫星通信网的卫星转发器资源也是有限的,配置越多,成本越高。从经济性的角度考虑,根据排队理论,一个卫星通信网的信道资源的平均利用率最好控制在 60%～80%,利用率太低,显然比较浪费;利用率太高,在用户需求的高峰期容易出现太多的"无法满足"情况,即呼叫申请因没有可用的信道资源而被拒绝处理。

根据以上分析,在用户需求（业务量）的高峰期,连接建立请求（呼叫申请）次数过多将使各连接请求的成功率（也称接通率）大大下降。接通率下降的原因可能是信令传输失败、被叫方忙、没有可用信道、组网控制中心处理机不能及时处理等。这些都会造成整个系统服务质量的下降。

其中,管控信息网络入向控制信道（ALOHA 信道）的拥塞控制问题和解决方法已经在第 4 章详细介绍,这里就不再重复了。关于卫星信道资源的配置数量,这不是一个技术问题,没什么可以更多讨论的,但卫星信道可以通过优化利用来实现可用信道数量的最大化，以满足更多的用户需求。下面主要介绍组网控制中心的队列管理问题和卫星信道资源的优化利用问题。

### 5.3.3.1 呼叫申请的队列管理

在组网控制中心，需要实时处理且业务量最大的是执行业务链路接续控制的呼叫接续控制进程。该进程接受 SCU 的业务链路建立请求（呼叫申请），选择与被叫用户相连的业务站 SCU，分配干扰最小的卫星信道频率，并通知被叫 SCU。它是组网控制中心实时处理速度的瓶颈。

在一个卫星通信网中，数据业务一般对时延不太敏感，对业务链路建立时延的要求也不高，对数据类业务呼叫申请的处理优先级可以低一些。对于语音用户来说，对电话的接通时间通常都有限制，超过一定时间而仍未接通的电话将被认为是"阻塞"，主叫用户会放弃本次呼叫，SCU 就会发送呼叫完成报告（其中原因标记是用户放弃呼叫）。因此，语音类呼叫申请应该有较高的处理优先级。

另外，有一些用户还会在放弃拨号后再次重拨。当瞬间呼叫申请比较多时，组网控制中心的呼叫申请队列就会比较长，这时，用户 A 的呼叫申请 1 还在队列中，也许其放弃呼叫的呼叫完成报告就已经到达组网控制中心了。因此，组网控制中心为等待时间较长的语音业务呼叫申请分配卫星信道往往没有意义。更甚至于，用户 A 的呼叫申请 1 还在队列中，重拨的呼叫申请 2 已经又进入队列排上了，这又出现了更加复杂的情况。

基于以上情况特点，组网控制中心需要对业务站的呼叫申请进行预处理，为其区分优先级，并建立适当的排队机制。信令预处理进程的队列管理机制如图 5.9 所示。

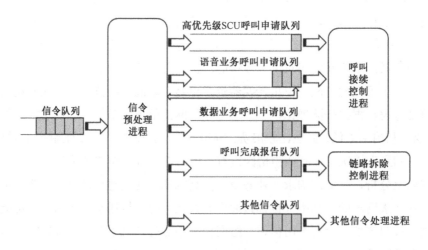

图 5.9 信令预处理进程的队列管理机制

如图 5.9 所示，信令预处理进程的功能和作用主要是对组网控制中心收到的信令进行分拣并放入不同的队列。图中，所有的信令被分别插入 5 个队列，当然其中第五个队列也可能需要分解成多个队列，因为这里是介绍业务链路接续相关的队列，对呼叫申请和呼叫完成报告以外的信令就不加区分了。

首先，信令预处理进程要查看 SCU 的优先级，凡是高优先级的 SCU 发送的呼叫申请信令一律插入高优先级队列，不区分是语音业务还是数据业务，采用 FIFO 队列管理机制。然后，按如下情况分类处理不同的信令。

- 将数据业务的呼叫申请插入数据业务呼叫申请队列，采用 FIFO 队列管理机制。
- 对语音业务呼叫申请信令的处理比较复杂一些。信令预处理进程先要遍历语音业务呼叫申请队列，将同一个 SCU 发送的呼叫申请删除，以免重复。然后将呼叫申请插入语音业务呼叫申请队列，采用后进先出（Last Input First Output，LIFO）队列管理机制。
- 将呼叫完成报告信令插入呼叫完成报告队列，并且要遍历语音业务呼叫申请队列，将同一个 SCU 发送的呼叫申请删除，因为这个申请已经被用户放弃。
- 将其他信令插入其他信令队列。

另外，呼叫接续控制进程对 3 个队列的处理顺序是，优先处理高优先级队列的呼叫申请信令，该队列为空时才处理语音业务呼叫申请队列中的信令，当上述 2 个队列都空时才处理数据业务呼叫申请队列中的信令。

上述语音业务呼叫申请队列采用 LIFO 队列管理机制，这样的队列具有拥塞控制效果。在业务高峰时段，组网控制中心将可能无法及时处理全部的呼叫申请，必然要丢弃一部分，因此不必花费时间去处理排队时间过长的信令，排队时间过长的语音呼叫申请有可能会被用户放弃。当语音业务呼叫申请队列满时，排队时间最长的连接建立请求也将优先被丢弃。拥塞控制能力是 LIFO 排队算法的固有特性，其通过牺牲等待时间过长的语音业务呼叫申请信令来改善全网的整体性能，提高连接接通率。

### 5.3.3.2　基于优先级的卫星信道拥塞控制

卫星信道资源的缺乏并不影响综合卫星通信系统本身的正常运行，有空余可用的卫星信道资源时就分配，没有空余的卫星信道资源时就拒绝分配。但当卫星信道资源耗尽时，某些重要用户的新通信需求也将无法满足。为此，一般会给业务站设定优先等级，尽量预留一些卫星信道资源，供高优先级用户在资源快要耗尽时使用。信道拥塞控制的目的是遏制低优先级用户对卫星信道资源的过分使用，以保证高优先级用户的高接通率和高通信质量。

组网控制中心对卫星信道资源的使用一般采取下述措施来保证高优先级用户的高接通率，并保证全系统对卫星信道的高效率使用。

假设全网可供按需分配的卫星信道频率为 $M$ 对（也可以不以对为单位，而是用带宽的单位），连接建立请求的优先级分别定义为 $1,2,\cdots,n$，数字越大，优先级越高，即 $n$ 级为最高。设定 $n$ 个卫星信道空余门限，分别记作 $k_1,k_2,\cdots,k_n$，其中，$M > k_1 > k_2 > \cdots > k_n$。

我们规定，卫星信道分配的限制如下。

当有访问优先级为 $i$（$i=1,2,\cdots,n$）的用户（业务站，SCU）发出的呼叫申请到达时，只有当空余卫星信道数不少于 $k_i$ 时才准许为该呼叫申请分配卫星信道，否则拒绝分配卫星信道。若优先级为 $i$ 的 SCU 发出呼叫申请，且空余可用信道资源在设定的门限值 $k_i$ 以下时，组网控制中心将以"信道资源不足，无法分配为由"拒绝本次呼叫申请，并向主叫 SCU 发送"呼叫拒绝"信令。

一般来说，$k_n=0$，即最高访问优先级的用户可以在任意情况下使用空余卫星信道资源。有特殊需求的卫星通信网也可以设置 $k_n<0$，即表示最高访问优先级的用户在卫星信道全部分配完毕时具有强占先的优先权，组网控制中心将使用"特殊"手段从低优先级的用户那里强行剥夺卫星信道，用于该次呼叫申请使用，但最多剥夺 $-k_n$ 对。"特殊"手段可以包括通过 MCU 指令 SCU 强行中止业务链路，腾出其占用的卫星信道并重新分配给具有强占先优先权的用户。

## 5.3.4  虚拟子网

卫星通信网是有大小的。如果一个网络的规模比较小，这个网络的组网控制系统（组网控制中心站和管控信息网络等）的建设成本在整个网络建设成本中的占比就比较大，运行维护成本相对占比也大，不够经济。因此，比较好的做法是将几个小规模网络合并共建，共建的这个较大规模的卫星通信网的经济性就会比较好。这时参与合建的组织/机构就会想，要是共用一个组网控制中心，又能像独建的网络那样专用该多好。例如，将卫星信道划分给每个组织/机构，确保那是其专用的；业务站也只能是组织/机构内的可以互通，跨组织/机构的就不能互通。

即使是同一个组织/机构建设的一个大规模卫星通信网，有时也会出现上述的通信需求，需要对业务站进行分组，以便各组业务站之间互不占用对方的资源，组间实现一定的隔离，避免一个组内的业务量太大影响其他业务站的通信；或者需要优先占用优质卫星信道。例如，通信网内有一部分业务站的服务对象更重要一些，需要优先保证通信质量。在这样的需求中，可以将整个通信网中的某个优质卫星转发器子频带单独划分给这一组重要业务站专用，禁止其他业务站使用该频带，甚至可以禁止其他业务站呼叫这组业务站。当然，也可以把哪些业务站更重要进一步精确到哪些 SCU 更重要。

虚拟子网技术就用来实现这个目标。这种把一个卫星通信网划分出一部分业务站（或精确到 SCU）和卫星转发器资源，形成的一个互通关系上独立的专网，称为虚拟子网，如图 5.10 所示。虚拟子网是对卫星信道资源和业务站（SCU）的逻辑分组，划分给某个虚拟子网的这部分转发器资源就归虚拟子网内业务站（SCU）主叫时专用，子网内的业务站（SCU）与子网外的业务站（SCU）之间的通信受到一定的限制，比如限子网内互通、限于主叫与子网外互通（只能主动外联）、禁止主叫与子网外互通（不能主动外联）等，甚至规定与哪些子网内的业务站（SCU）可以互通等。

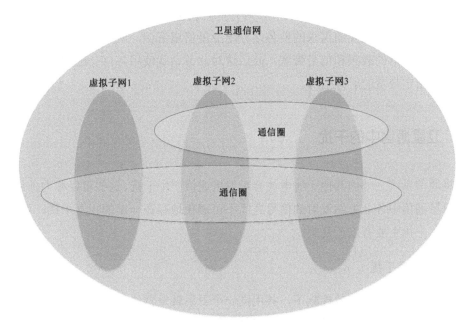

图 5.10 虚拟子网示意

虚拟子网主要通过配置数据来划分，由呼叫接续控制进程在处理呼叫申请时进行判断和执行。与虚拟子网有关的配置数据主要如下。

（1）虚拟子网资源配置：虚拟子网号，该子网专用的卫星转发器子频带或子频带列表。

（2）SCU 的虚拟子网配置：在 SCU 原有配置数据的基础上，补充虚拟子网号列表（一个 SCU 可以属于多个虚拟子网，同一个虚拟子网的 SCU 之间均可互通）和互通限制（禁止跨子网/允许主叫跨网/允许被叫跨网）。

利用这些配置数据，呼叫接续控制进程在处理呼叫申请时，要查看主叫 SCU 与被叫 SCU 是否属于某个子网，以及主、被叫 SCU 的跨网限制。在分配信道时，优先从主叫 SCU 所在的虚拟子网的专用子频带中分配。从网络连接的角度来看，卫星通信网与虚拟子网之间的关系好比局域网与 VLAN 网络的配置关系。

# 5.4 信道资源的优化分配

卫星通信需要卫星转发业务站的射频信号，因此卫星转发器的工作频带就是卫星信号的频带资源。卫星天线对着某颗同步卫星的所有业务站都共用这颗卫星的转发器，而处于该卫星的某转发器波束覆盖区内的业务站都可共享该转发器。一个卫星通信系统的可用频带资源是有限的，并且可能会存在各种原因的干扰而影响使用。5.2 节所述业务链路接续控制中需要为有互通需求的业务站分配卫星信道资源，就是为它们指定（也称信道分配）互相通信的载频和信号带宽，此后这对业务站就使用各自分配的载频发射频谱带宽不超过指定带宽的射频信号。

## 5.4.1　卫星通信中的干扰

卫星通信系统之外的其他无线电波会对卫星通信产生干扰，这些可以称为外部干扰。此外，卫星通信中各业务站发射的信号之间不可避免地存在一定的相互干扰，可以称为内部干扰。干扰主要有以下几类。

### 1. 临近信道干扰

在组网控制中心的有效控制下，共用同一个卫星转发器的所有业务站都使用不同载频发射信号，信号的频带也互不重叠。但每个频带信号的频谱在理论上是无限宽的，只是离载频越远的频率分量的幅度越小，而各发射机的带通滤波器不可能过滤掉通带之外的所有频谱分量，因此每个业务站发射的信号频谱或多或少都会延伸到其他业务站的工作频带内。再加上每个接收机的带通滤波器也不可能过滤掉通带之外的所有频谱分量，一个业务站发射的频带信号，或多或少都会对其他业务站的接收机产生干扰，相邻信道的信号频谱之间的关系如图 5.11 所示。

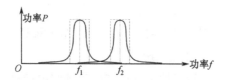

图 5.11　相邻信道的信号频谱之间的关系

如果一个业务站发射的信号功率比较大，而与其载频临近的相邻信道上的信号又正好比较小，那么这个大信号对相邻的小信号会有比较明显的干扰。如果条件允许，各业务站发射信号的载频之间的距离越大越好，至少大功率信号与小功率信号要离得尽量远。

### 2. 互调干扰

当两个射频信号（称为基波）通过存在非线性的无源/有源器件（如各种放大器）时，就会产生 2, 3, 4, 5, 6, 7 等阶次的互调谐波信号，如果互调谐波信号正好与某个基波射频信号相同，就会对基波射频信号产生干扰。因此，互调谐波信号也称互调干扰信号。

假设基波射频信号的载频为 $f_1, f_2, f_3, f_4$ 等。二阶互调谐波信号是指任意两个基波射频信号两两互调产生的互调谐波信号，$f_1$ 与 $f_2$ 互调产生的谐波信号的频率为 $F_2 = f_1 + f_2$ 或 $F_2 = f_1 - f_2$。互调谐波信号的大小与每个基波射频信号的大小和器件的非线性程度有关。三阶互调是指两个基波射频信号产生的二阶互调谐波信号与另一个基波射频信号产生新的二阶互调后所产生的寄生信号，即 $f_1$ 与 $f_2$ 二阶互调产生谐波信号 $F_2$，$F_2$ 又与另一个基波射频信号 $f_3$（包括 $f_1$ 或 $f_2$ 自身）产生二阶互调。$f_1$、$f_2$ 与 $f_3$ 互调可能产生的谐波信号频率为：$F_3 = f_1 + f_2 + f_3$，$F_3 = f_1 + f_2 - f_3$，$F_3 = f_1 + f_3 - f_2$ 和 $F_3 = f_2 + f_3 - f_1$。$f_1$ 与 $f_2$ 两个基波射频信号也会产生三阶互调谐波信号，频率为：$F_3 = 2f_1 + f_2$，$F_3 = 2f_1 - f_2$，$F_3 = 2f_2 + f_1$ 或 $F_3 = 2f_2 - f_1$。互调谐波信号的大小，与产生互调谐波的非线性器件的特性有关，一般功率越大，非线性越差，产生的互调谐波信号也就越大。尤其当放大器工作在满负荷即最大功率（简称功率饱和）时，产生的互调谐波会更大一些。互调谐波的大小很难从理论上进行计算，但基波射频信号的功率越大，谐波信号的功率一般也会越大。因此，我们要优先消除大功率信号的互调谐波干扰。

四阶、五阶互调以此类推。但互调谐波信号一般都要比基波射频信号小得多，因此三阶互调谐波信号一般都比二阶互调谐波信号小得多，四阶、五阶等互调谐波信号就更小了。由于射频器件的非线性总是存在的，尤其工作于大负荷情况时非线性更加严重，二阶、三阶互调是不得不防的，在安排射频信号载频时，要尽可能避免产生的二阶、三阶互调谐波频率与某基波载频相同。

二阶、三阶互调谐波信号的频率如果落在本颗卫星的工作频段内，就会对正常业务信号产生干扰。但如果互调谐波信号的频率远离本颗卫星转发器的工作频带，就不会对使用本颗卫星的业务站产生干扰，但不排除对地面和空中其他通信设备产生干扰。为此，我们首先要避免产生本颗卫星工作频带内的二阶、三阶互调，也要尽量避免对其他通信设备造成干扰。如果频谱资源紧张，不得不使用会产生二阶、三阶互调干扰的基波，也要尽量安排信号功率比较小的业务站使用这些基波，这样即使产生了互调干扰信号，功率也比较小。

### 3. 其他干扰

卫星通信系统外部，甚至业务站设备内部也会产生无法消除的干扰。这些干扰比较多，通常有如下几类。

（1）地面设备干扰：包括业务站设备内部的杂波干扰。要严格做好设备的入网验证测试，确保杂波功率限制在规定的范围之内。

（2）电磁干扰：通常由地面存在的大量微波、雷达、无线电视、调频广播等产生，直接串入业务站对接收机造成干扰，或通过上行链路经转发器串入下行链路造成接收干扰。

（3）邻星干扰：来自相邻卫星转发器的信号干扰。随着同步轨道上的卫星越来越多，邻星干扰会越来越多。

（4）日凌干扰：在每年的春分和秋分前后中午时分，卫星将处在太阳与地球之间的直线上，这时地球站天线在对准卫星的同时也对准了太阳，太阳产生的强大的电磁波会对地球站产生严重干扰，甚至可能造成通信中断。

（5）电离层闪烁干扰：电离层结构的不均匀性和随机时变性，对穿过电离层的卫星通信信号的振幅、相位、到达角等特性会产生短周期干扰，造成信号的变形。

（6）人为干扰。

上述三大类干扰中，临近信道干扰和互调干扰都是卫星通信系统内产生的，且与业务信道载频分配有关，可以在组网控制中心的信道分配中尽量避免。第三类干扰是很难通过组网控制中心的合理设计与优化运行来消除的。因此，组网控制中心要设计尽可能优化的信道分配方案。

## 5.4.2 卫星信道的马鞍形排列优化

如上所述，如果大功率载波信号与小功率载波信号的频率接近，大信号会对小信号造成比较大的干扰。因此，在卫星信道分配中，一方面要尽量使各载波之间的距离比较大，另一方面要尽量避免大小载波相邻。如图 5.12 所示是载波排列不合理的例子，其中波形的幅度代表载波功率的大小。在这个载波排列中，一方面是载波集中在可用频带的局部，使得载波之间的间隔距离比较小，相邻信道之间的干扰会大一些；另一方面，小载波紧邻大载波，相邻信道干扰对小载波的影响更大一些。

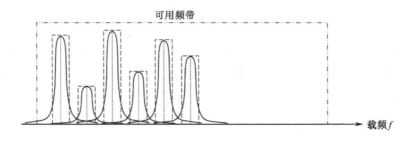

图 5.12　载波排列不合理的例子

根据相邻载波干扰尽可能小的原则，如果还是图 5.12 这样的载波需求，但分配给各业务站使用的载波（信道）按照图 5.13 这样排列，相邻载波之间的相互干扰就会小一些。一方面，两两载波之间相距比较远，相邻信道（载波）之间的干扰会小一些；另一方面，小载波相邻的只是略大一些的载波，这个略大的载波对小载波的影响，相对于大载波对小载波的影响，明显要小一些。

再来考虑二阶、三阶互调谐波产生的干扰。以 6/4GHz C 频段卫星转发器为例，卫星转发器工作频段内的基波频率，上行信号一般为 5850～6425MHz。这个频段内的基波 $f_1$ 与 $f_2$ 互调产生的二阶互调谐波信号 $F_2=f_1+f_2$ 或 $F_2=f_1-f_2$ 一定在该上行信号频段之外，因此对上行信号（以及对应的下行信号）并不产生干扰。这个频段内的 3 个基波 $f_1$, $f_2$, $f_3$ 互调产生的三阶互调谐波信号 $F_3=f_1+f_2+f_3$，2 个基波互调产生的三阶互调谐波信号 $F_3=2f_1+f_2$ 和 $F_3=2f_2+f_1$，一定都在该上行信号频段之外，因此对上行信号也不会产生干扰。但这个频段内的 3 个基波 $f_1$, $f_2$, $f_3$ 互调产生的三阶互调谐波信号 $F_3=f_1+f_2-f_3$，$F_3=f_1+f_3-f_2$ 和 $F_3=f_2+f_3-f_1$，2 个基波互调产生的三阶互调谐波信号 $F_3=2f_1-f_2$ 和 $F_3=2f_2-f_1$ 有可能就在这个频段内，会对上行信号（以及对应的下行信号）产生干扰。

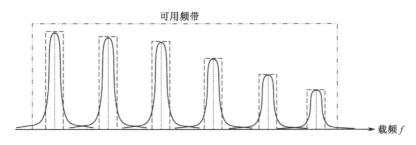

图 5.13　比较合理的载波排列方案

从产生频带内互调谐波信号的公式 $F_3=f_1+f_2-f_3$，$F_3=f_1+f_3-f_2$，$F_3=f_2+f_3-f_1$，$F_3=2f_1-f_2$ 和 $F_3=2f_2-f_1$ 可以看出，如果 $f_1$, $f_2$, $f_3$ 是工作频段内的最小频率（如 5850MHz）或最大频率（如 6425MHz），它参与产生的三阶互调谐波信号不在工作频段（5850～6425MHz）的比例比较大，因此载频为最小频率或最大频率时，对工作频带内其他载波的三阶互调干扰相对比较小。根据这个规律，我们可以把功率最大的载波（信道）安排在工作频段的边缘，功率比较小的载波安排在工作频段的中间。根据上述考虑，在图 5.13 排列规则的基础上，一般可以按照图 5.14 的规则来分配卫星信道，即将大功率载波尽量安排在工作频带的边缘，小功率载波尽量安排在频带的中间。图 5.14 这样的大小载波排列规则通常称为马鞍形排列。

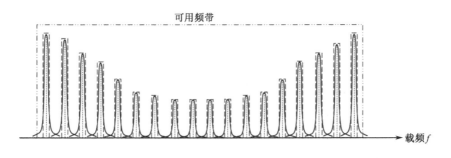

图 5.14　基于马鞍形规则的载波排列方案

### 5.4.3 动态优化的信道分配

如果不考虑动态分配的卫星信道之间的相互干扰，卫星信道分配时的载频选择是比较简单的事，可以按照载频从低到高、从高到低、从中间到两侧、从两侧到中间的顺序分配，甚至在空闲可用的频带中随机选择分配。但是，从前面的介绍中已经知道，工作频段内同时存在的载频之间最好符合如图 5.14 所示的马鞍形规则。

但是，前面只考虑了减少临近信道干扰和三阶互调干扰的一般原则，并没有直接计算各载波之间的三阶互调频率。如果能够根据三阶互调产生的规律，计算各载波之间三阶互调谐波信号的频率，使得这些三阶互调谐波信号的频率尽量避开正在使用的载频，这样就可以精确地优化信道分配，使得三阶互调的干扰总体上最小。当然，这样做有效的前提是，工作频带并未全部分配，有一些空闲可用的载频。精准优化的结果就是，这些空闲可用的频率正是在用载波产生三阶互调较多的频率。

如前所述，在卫星转发器工作频段内，3 个基波 $f_1$，$f_2$，$f_3$ 互调产生的三阶互调谐波信号中，只有 $F_3 = f_1 + f_2 - f_3$，$F_3 = f_1 + f_3 - f_2$，$F_3 = f_2 + f_3 - f_1$ 可能落在工作频段内，2 个基波 $f_1$，$f_2$ 互调产生的三阶互调谐波信号 $F_3 = 2f_1 - f_2$ 或 $F_3 = 2f_2 - f_1$ 可能落在工作频段内，会对上行信号（以及对应的下行信号）产生干扰。因此，在精确计算三阶互调谐波信号的频率时，只需要考虑上述 5 种谐波信号的频率。

通过精确计算三阶互调谐波信号频率来实现优化的动态信道分配的计算模型如下。

假设某个时刻，在用信道的载频为 $f_1, f_2, \cdots, f_n$，$f_{min} \leqslant f_n \leqslant f_{max}$，这时有了新的呼叫申请（建链请求），需要分配一对新的信道，其载频姑且记作 $f_{n+1}$ 和 $f_{n+2}$。选择 $f_{n+1}$ 和 $f_{n+2}$ 的条件如下。

（1）最佳条件：对任何 $i, j, m = 1 \sim n+2$：$2f_i - f_j \neq f_m$；且对任何 $i, j, k, m = 1 \sim n+2$：$f_i + f_j - f_k \neq f_m$。

用数学符号严格描述如下：

$$\forall i \forall j \forall k \forall m.(1 \leqslant i, j, k, m \leqslant n+2 \rightarrow (2f_i - f_j \neq f_m) \wedge (f_i + f_j - f_k \neq f_m))$$

（2）次佳条件：不满足上述"$\neq$"条件的个数最少。

如果再精确优化，在上述"次佳条件"中还可以区分大载波和小载波，即考虑到 $f_m$ 是大载波时受互调干扰的影响会相对较小，这样的"$\neq$"可以忽略；考虑到大载波参与产生的三阶互调谐波信号相对更大，对正常载波的影响也更大，因此，当 $f_i$，$f_j$，$f_k$ 中有大载波时，这样的"$\neq$"要优先满足；尤其当 $f_i$，$f_j$，$f_k$ 中有大载波，且 $f_m$ 是小载波时，这样的"$\neq$"必须满足。

好的组网控制中心设计应该在每次新分配卫星信道时按照上述模型进行优化计算，

获得优化的三阶互调谐波信号频率 $f_{n+1}$ 和 $f_{n+2}$ 将分配给业务站使用。如果有多对优化效果接近的 $f_{n+1}$ 和 $f_{n+2}$，还应该考虑相邻间隔最大和载波功率马鞍形排列的优化要求。

## 5.4.4　静态优化的按序选择分配

上述精确优化信道分配的模型的求解不是易事，计算复杂度颇高。对于需要每秒处理多次呼叫申请的组网控制中心，其配置的小型甚至微型计算机往往难以胜任，实时计算比较困难。这样也就无法在每次处理呼叫申请时临时计算最优化的载频。在难以实现精确计算优化分配的情况下，我们只好退而求其次，放弃临时计算的实时优化分配，改为提前计算的静态优化分配。

静态优化还是采用 5.4.3 节的精确优化模型，但不是实时计算，而是在假定条件下，提前计算精确优化的分配方案，在呼叫处理时依照优先顺序选择分配，而不再临时计算。

我们的假设条件是，卫星信道等带宽分配，即每个载波的占用带宽相同，也即相邻载波的间隔相同。不等带宽分配方案则很难用静态优化的方法，除非分段使用，分别优化。假设一个转发器的可用频带全部利用时可以分配 $n$ 个载波，分别记作 $f_1, f_2, \cdots, f_n$。

### 1. 计算静态优化的载波序列

第一步，按照 5.4.3 节的精确优化模型，计算符合"最佳条件"的所有 $m$（$m<n$）个载频，作为信道分配的第一载频集合，记作优先分配集合：

$$A=\{f_1, f_2, \cdots, f_m\}$$

第二步，在集合 $A$ 中的载频全部在用的情况下，按照 5.4.3 节的精确优化模型，依次计算符合"次佳条件"的第 $m+1$ 个载频、第 $m+2$ 个载频、……、直至获得 $f_n$。得到的是一个优先分配的载频向量，也可称优先分配序列：

$$B=[f_{m+1}, f_{m+2}, \cdots, f_n]$$

### 2. 信道分配时的近似优化分配

组网控制中心的任务之一是按照业务站的申请分配业务信道。在有了上述优先分配集合 $A$ 和优先分配序列 $B$ 之后，组网控制中心就不必再按申请分配时临时计算优化的载频，而是从集合 $A$ 和序列 $B$ 中选择分配。

如果优先分配集合 $A$ 中尚有未分配的载频，则从集合 $A$ 中任意选取一对载频分配给业务站使用，无论怎么分配，转发器的三阶互调干扰都是最佳的。但从相邻信道干扰的要求出发，还要尽量符合马鞍形排列的优化要求。对于长期静态使用，且发射信号功率较大的载波，如管控信息网络的出向控制信道，一般予以优先分配。

如果优先分配集合 $A$ 中已经没有未分配的载频，则从优先分配序列 $B$ 中从前往后依次选择未分配使用的载频分配给业务站使用。需要注意的是，如果这个业务站的发射功率大，属于大载波，可以在尚未分配使用的前 $k$（$k$=1,2,3,4,5，由组网控制中心的操作员设定）个载频中选择一个，选择的依据是马鞍形规则。

在上述静态优化的按序选择分配中，难免会出现序列 $B$ 中的载频尚在使用，而集合 $A$ 中的载频却因业务链路拆除（呼叫结束）而空闲，或者序列 $B$ 中排列在后的载频尚在使用，而排列在前的载频却因业务链路拆除（呼叫结束）而空闲的情况。这样的情况就不再符合优化要求，但静态优化也只能做到这个水平了，只能期待组网控制中心的计算能力提高到足以进行实时优化计算的水平。

# 5.5 发射功率控制

业务站发送的射频信号要经过长距离传播到达卫星，卫星转发器对其放大后转发出去，再经过长距离传播到接收业务站。其中，经过长距离传播造成的信号衰减很大，发送站必须发出足够大的信号，这样信号到达接收站时才能被正确接收。发送的信号功率太小，接收站无法正确接收；发送的信号功率太大，又会造成浪费，尤其是浪费通信卫星转发器的信号放大能力，而且信号功率越大，对其他载波的干扰也会更大。因此，控制发送站发射信号的功率是非常重要的，要尽量保持信号大小适中。

## 5.5.1 发射功率控制的依据

第 1 章已经介绍了卫星通信中链路传输的增益与损耗。假设一条卫星通信链路的发送站是 A 站，接收站是 B 站，A 站发射的射频信号功率为 $P_T$（单位为 W，从射频功放输出点测量），A 站天线的发射增益是 $G_T$，B 站天线的接收增益是 $G_R$，$G_S$ 表示卫星转发器的增益，$L_f$ 表示射频电磁波在上/下行传播路径上的总损耗，则 B 站接收机接收到的射频信号功率 $P_R$（单位为 W）为

$$P_R = \frac{P_T G_T G_R G_S}{L_f} \tag{5.1}$$

B 站能够正常接收的条件是 $P_R$ 大于接收机的灵敏度（最小接收信号功率，从天线的接收输出端测量，这里姑且记作 $P_{min}$）。

由于大多数业务站都是多个 SCU/MCU 配置的，每个 SCU/MCU 的输出是一路中频，多路中频合成后经上变频和高功放后发射出去（见图 5.15），要想考察一条业务链路的互通条件的好坏，要从中频输出和输入来看。如果把式（5.1）扩展到中频信号，即如果 A

站的中频输出信号功率为 $P_M$，A 站的上变频损耗加射频功放的合计增益为 $G_A$，则式（5.1）可以拓展为

$$P_R = \frac{P_M G_A G_T G_S G_R}{L_f} \tag{5.2}$$

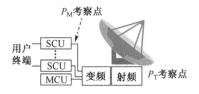

图 5.15　中频信号功率考察点

反过来，知道接收站的接收灵敏度 $P_{\min}$，就可以根据式（5.2）计算发送站的中频输出功率：

$$P_M = \frac{P_{\min} L_f}{G_A G_T G_S G_R} \tag{5.3}$$

其中，一个业务站的上/下变频损耗及射频功放的增益 $G_A$ 和天线增益 $G_T$ 一般都是固定的，不必分开计算，合并后用 $G_{AT}$ 来表示。$L_f$ 的计算可以参照式（1.1），$L_f$ 大小与业务站到通信卫星的距离平方（$d^2$）成正比。尽管业务站散布在卫星转发器波束覆盖区域内，不同业务站之间互通的电磁波信号经同步卫星转发的传播距离差一般不超过 10%，按照式（1.1）且按基本距离为 36500km 的 2 倍计算的 $L_f$ 的误差在 20%内。如果以距离中间值计算，误差在 ±10%内。距离带来的误差并不是太大，且在组网过程中确定每个业务站到同步卫星的距离也不太现实，因此大多数情况下可忽略距离的影响，而通过设计中的富裕量来保证不同距离都能够满足互通条件，这样就可以假设各站的 $L_f$ 相同。另外，在同一个卫星通信系统中组网应用的业务站，一般都有一个统一的或共同的接收灵敏度要求，也就是说，$P_{\min}$ 是一个全网统一的常数。卫星转发器的增益 $G_S$ 自然对所有业务站都一样。基于以上考虑，式（5.3）中的 $\dfrac{P_{\min} L_f}{G_S}$ 就可以用一个常数代替，姑且记为 $P_0$，则式（5.3）可以演化为

$$P_M = \frac{P_0}{G_{AT} G_R} \tag{5.4}$$

这就是组网控制中心进行功率控制的依据，发送站每条链路输出的中频信号的功率应该略大于用式（5.4）计算的 $P_M$。其中，发送站的 $G_{AT}$ 和接收站的 $G_R$ 都是每个站可以精确测量得到的；$P_0$ 则是一个常数，可以根据理论进行设计，也可以通过实际测量得到。

### 5.5.2 业务站的发射功率控制

为了在按申请分配信道的业务链路建立时控制每个 SCU 输出的中频信号的大小，组网控制中心要有每个站的 $G_{AT}$ 和 $G_R$ 参数，这些参数应该是业务站设备出厂时或建站时就确定的，需要组网控制中心将其作为业务站的配置参数预先记录在相关数据库中。

一个 MCU/SCU 发送的中频信号大小 $P_M$ 和式（5.4）中的 $P_0$ 两个参数则是一个卫星通信网的核心参数，需要根据卫星转发器的增益参数、业务站的灵敏度参数、卫星链路传输损耗情况、链路传输速率（信号带宽）和传输链路的设计裕量来综合确定，甚至可以是传输速率的函数。关于这两个参数的选取，有以下两个重要考虑。

#### 1. $P_M$ 的控制精度

$P_M$ 的控制精度也就是 MCU/SCU 发送的中频信号功率控制的分挡，$P_M$ 的取值范围为 $[0, 1, 2, \cdots, 2^n-1]$。如果分挡不是很精细，比如 4 挡（取值 0,1,2,3），可以用 0 代表最小功率，但不代表功率等于 0。具体分挡数目，取决于业务站的设计。

#### 2. $P_0$ 的选取

可以根据 $P_M$ 的最高挡功率来确定 $P_0$，使得需要互通且实际上也能互通但 $\dfrac{1}{G_{AT}G_R}$ 最小的两个站，在收发双方的 $P_M$ 都取最高挡时符合互通条件。假如这两个站是 A 站和 B 站，A 站的 $G_{AT}$、$G_R$ 记为 $G_{ATa}$、$G_{Ra}$，B 站的 $G_{AT}$、$G_R$ 记为 $G_{ATb}$、$G_{Rb}$，$P_M$ 的最高挡对应的信号功率（中频信号的强度）记为 $P_{Mmax}$，那么：

$$P_{0a} = G_{ATa} G_{Rb} P_{Mmax}$$
$$\text{或} \quad P_{0b} = G_{ATb} G_{Ra} P_{Mmax}$$

一般取 $P_{0a}$ 和 $P_{0b}$ 中比较大的作为 $P_0$，这样就会使 $P_M$ 偏大而不会偏小，以保证能够正常通信。

在按申请分配信道的业务链路建立过程中，组网控制中心在分配卫星信道资源之前，首先要为每个 SCU 确定其中频输出信号的大小，即用式（5.4）计算其 $P_M$。A 站 SCU 的 $P_M$ 为

$$P_{Ma} = \frac{P_0}{G_{ATa} G_{Rb}} \tag{5.5}$$

B 站 SCU 的 $P_M$ 为

$$P_{Mb} = \frac{P_0}{G_{ATb} G_{Ra}} \tag{5.6}$$

其中，下标 a、b 分别表示 A 站和 B 站的参数。

获得两个 SCU 的 $P_M$ 以后，可以据此判断它们之间是否满足互通条件。如果两个站中有任何一个站的 $P_M > P_{Mmax}$，则两个站之间就不满足互通条件。这时因为不能互通，就无法建立业务链路，组网控制中心向主叫 SCU 发出"拒绝分配命令"，其中包含的拒绝原因就是不符合互通功率条件。

如果满足互通条件，在发给 A 站 SCU 的信道分配命令中包含 $P_{Ma}$，发给 B 站 SCU 的信道分配命令中包含 $P_{Mb}$。A、B 站的 SCU 各自将中频输出功率设置为指定的 $P_M$ 挡。

### 5.5.3　简化的功率控制方案

5.5.2 节的发射功率计算方法比较精确，但还是忽略了传输距离的差异、业务站当地的天气条件等影响信号传播损耗的因素，再考虑到业务站的 $G_{AT}$、$G_R$ 的精确获得也有一定的难度，因此，太精确的控制没有太大的现实意义，可以采用简化的功率控制方案。

首先，降低不同业务站的 $G_{AT}$、$G_R$ 区分度，不用精确数字表示，只进行适当的分挡，比如分为一类站、二类站、三类站、四类站和五类站，其收发能力依次降低。然后根据理论分析、设计指标、实际测量等，确定五类业务站之间的互通性，以表格的形式来表达互通性，表 5.1 是一个示例。组网控制中心在每次按申请分配卫星信道资源前查表判断，不能互通的，组网控制中心向主叫 SCU 发出"拒绝分配命令"，其中包含拒绝原因。

表 5.1　业务站之间的互通性示例

| 站型 | 一类站 | 二类站 | 三类站 | 四类站 | 五类站 |
| --- | --- | --- | --- | --- | --- |
| 一类站 | 可通 | 可通 | 可通 | 可通 | 可通 |
| 二类站 | 可通 | 可通 | 可通 | 可通 | |
| 三类站 | 可通 | 可通 | 可通 | | |
| 四类站 | 可通 | 可通 | | | |
| 五类站 | 可通 | | | | |

其次，要为不同类型站之间的互通预先设定中频信号功率或电平（信号强度），如表 5.2 所示。其中，假设五类站的中频信号强度不分挡，记为 1 挡（只能跟一类站互通）；四类站的中频信号强度分为二挡，记为 1，2 挡；三类站的中频信号强度分为三挡，记为 1，2，3 挡；二类站的中频信号强度分为四挡，记为 1，2，3，4 挡；一类站的中频信号强度分为五挡，记为 1，2，3，4，5 挡。各类站都是 1 挡时中频信号最大，一类站的第 5 挡、二类站的第 4 挡、三类站的第 3 挡、二类站的第 2 挡和五类站的第 1 挡发出的射频信号相对接近。组网控制中心在每次按申请分配卫星信道资源时可以查表获得 $P_{Ma}$ 和 $P_{Mb}$，在发给 A 站 SCU 的信道分配命令中包含 $P_{Ma}$，发给 B 站 SCU 的信道分配命令中包含 $P_{Mb}$。A、B 站的 SCU 各自将中频输出设置为指定的 $P_M$ 挡次。

表 5.2 不同类型站之间互通的信号功率

| A 站类型 | B 站类型 | A 站 $P_{Ma}$ | B 站 $P_{Mb}$ |
|---|---|---|---|
| 一类站 | 一类站 | 3 挡 | 3 挡 |
| 一类站 | 二类站 | 3 挡 | 2 挡 |
| 一类站 | 三类站 | 3 挡 | 1 挡 |
| 一类站 | 四类站 | 2 挡 | 1 挡 |
| 一类站 | 五类站 | 1 挡 | 1 挡 |
| 二类站 | 二类站 | 2 挡 | 2 挡 |
| 二类站 | 三类站 | 2 挡 | 1 挡 |
| 二类站 | 四类站 | 1 挡 | 1 挡 |
| 三类站 | 三类站 | 1 挡 | 1 挡 |

注意，表 5.2 仅是一个示例，具体的中频信号的强度分挡和不同类型站互通时的信号强度挡应该通过卫星通信系统的工程设计给出，并且最好经过实际建链验证。考虑参数的误差、地理位置因素和天气的影响，在业务链路建立后的传输过程中，双方可以实时检测接收信号的信噪比，如果发现信噪比过低或过高，则设计了互控功能的 SCU 可以通知对方向上微调 1 挡发射功率。注意，只能微调，否则会出现不受控的情况，要避免这样的情况发生，以免信号功率过大影响其他业务站的通信。

## 5.5.4 控制信道的功率控制

SCU 之间业务链路的信号功率可以按照上述方案进行一一控制，每个站都无法预知对方业务站是哪个，因此无法预测对方业务站的 $G_{AT}$、$G_R$ 参数。但控制信道就不一样了。首先，全网控制信道信号一般只有一个 TDM 广播信道，即只有一个载波，由组网控制中心站发给所有业务站，因此要让网络中 $G_R$ 最小且传播距离最远的业务站也能正常接收TDM 广播信道的信号，发送信号的功率应该稳定不变；其次，入向控制信道（ALOHA信道）信号是众多业务站发送给组网控制中心站的，不同业务站的 $G_{AT}$ 差别较大，为了使组网控制中心站接收到的信号达到接收灵敏度要求的信噪比，$G_{AT}$ 小的站要以较大的功率发送信号，而 $G_{AT}$ 大的站则只要以较小的功率发送信号即可。发送信号大小可以按照式（5.5）逐个计算并逐个设定，也可以根据表 5.2 按照类型进行设定。

由于每个业务站 MCU/SCU 与组网控制中心站 CCU 之间都存在固定的通信连接（尽管采用了 ALOHA 协议），且组网控制中心站发出的 TDM 广播信道信号功率稳定不变，业务站的 CCU 可以实时检测接收到的 TDM 广播信道信号的强度，并据此判断本业务站 $G_R$ 在众多业务站中属于高还是低，从而适当调整 ALOHA 信道的发射信号功率，这其中也自动包含了业务站的地理位置因素和天气的影响。

上面所述组网控制中心发出的 TDM 广播信道信号功率稳定不变，严格地讲应该是

TDM 广播信道信号到达卫星天线时的强度稳定不变。考虑组网控制中心站当地的天气因素，当出现降雨甚至降雪时，信号传播损耗就会明显增大，这时就应该适当加大射频功放的增益以增大发射信号功率，抵消大气衰减的增加。应该注意的是，因为天气对卫星通信的影响是不区分哪个 CCU 或 SCU 的，这种情况下的发射功率控制一般是通过调节射频高功放的增益来实现的。检测中央站大气传播损耗的变化比较容易实现，增加一个专门接收 TDM 广播信道信号强度的接收机即可。这个方法也称"自环测试"，因为接收的信号是本站自己发送的。通常是配置一个空闲的 CCU，用于接收 TDM 广播信道信号，根据其接收到的信号变化就可以知道从组网控制中心站到卫星转发器的链路传输损耗变化。

## 5.5.5　透明转发器的功率占用率

前面所述的发送站功率控制，可以使通信双方收到的卫星转发的射频信号达到接收灵敏度要求，且不高于灵敏度太多。如果仅仅从互通的两个业务站自身来说，信号功率大并不是坏事，接收站收到的信号越强，信噪比就越高，这样能降低接收误码率，发送站只是多耗费一些电力而已。但对于透明转发器来说，情况就不一样了，卫星转发器收到上行信号时要先变频放大后再转发下行，一个转发器的放大器的总功率是有限的。当到达一个转发器的所有信号的功率总和超过该转发器的最大输入功率（通常称为转发器功率饱和）时，转发器就不能对信号进行线性放大，转发的信号就会严重失真，经卫星转发器的互通就无法达到预期目标。此外，一个载波的信号功率越大，对其他载波造成的互调等干扰也会越大。

综上所述，减小发送站发射的射频信号功率主要是为了让卫星转发器工作在正常的功率区间。这反过来提出了另一个问题，即当建立的业务链路比较小，互通的业务站比较少，卫星转发器工作在总功率比较低的低负荷区间时，是否可以让业务站发送的信号功率略大一些，以便互通性更好，降低互通时的误码率。答案是可以这样做！但如何判断卫星转发器是工作在低负荷区间还是接近饱和了呢？如果仅仅看互通业务站的数量，即分配使用的载波数量，那是远远不够的，因为不同载波占用的频带宽度不同，不同业务站发送的信号功率不同，不同的业务站组合起来占用卫星转发器的功率大小是不一样的。

判断卫星转发器是工作在低负荷区间还是接近饱和的办法有以下两个。一个办法是为每个转发器配置一个信号功率监测设备，比如频谱仪，用于获取当前下行卫星信号的功率，并与转发器饱和时的信号功率进行比较，这样就可以精确知道转发器当前的功率占用率。这个方法监测的转发器功率占用率比较准确，但缺点是要为每个转发器配备昂贵的监测设备，并且当要区分每个业务站发送的信号功率大小、该站的重要性等参数时，监测开销比较大。

第二个办法是由组网控制中心进行估算。式（5.2）计算的是经卫星转发器转发后的业务站接收到的信号功率。如果只计算由业务站发出、到达卫星转发器的信号功率，则要删去卫星转发器的增益 $G_S$ 和接收站的天线增益 $G_R$，路径传播损耗 $L_f$ 只计算上行即可。如前文假设，发送站的某 SCU 输出的中频信号功率为 $P_M$（单位为 W），发送站的上变频损耗加上射频功放的累积增益为 $G_A$，发送站的天线增益为 $G_T$，$L_f$ 表示射频电磁波在上行传播路径上的总损耗，则卫星转发器接收到的射频信号功率 $P_S$（单位为 W）为

$$P_S = \frac{P_M G_A G_T}{L_f} \tag{5.7}$$

将第 $n$ 个 SCU 发出的信号到达卫星转发器的射频信号功率记为 $P_{Sn}$，则卫星转发器收到的所有载波信号的功率总和为

$$P_{\text{S-total}} = \sum_{\text{所有发送信号的SCU}} P_{Sn} \tag{5.8}$$

如果一个卫星转发器能够接收（达到饱和前）的射频信号功率最大值为 $P_{S\max}$，则卫星转发器的功率占用率为

$$\mu = \frac{P_{\text{S-total}}}{P_{S\max}} = \frac{1}{P_{S\max} L_f} \sum_{\text{所有发送信号的SCU}} P_M G_A G_T \tag{5.9}$$

其中，$P_{S\max} L_f$ 可以通过测量获得。因为组网控制中心在信道分配过程中为每个 SCU 指定了中频信号的功率（或者根据信号幅度和带宽换算得到），就可以根据式（5.8）计算得到 $\sum_{\text{所有发送信号的SCU}} P_M G_A G_T$，而利用频谱仪和转发器的设计参数可以获得当时的 $\mu$，从而得到 $P_{S\max} L_f$。有了测量得到的 $P_{S\max} L_f$ 参数，组网控制中心就可以利用式（5.9）计算卫星转发器的功率占用率。

### 5.5.6 转发器功率资源管理

卫星转发器是有最大总功率限制的，一个转发器的功率占用率 $\mu$ 不能超过 1，且应该留有裕量，因为转发器输入/输出的信号功率越大，转发器的非线性越明显，放大后信号的失真就越严重，且产生的互调干扰也越多。对于一个功率受限系统，功率资源的科学管理是非常重要的。功率资源管理的原则是，转发器的功率占用率 $\mu$ 不能高于 1。但是，如果 $\mu$ 已经达到了 1，又有非常重要的业务站（高优先级用户）需要建立业务链路，这时若为其分配卫星信道资源，就必然要增加转发器的功率占用，没法保证 $\mu$ 不高于 1。结果就是，即使高优先级用户也不能再建立业务链路。

为了平衡转发器的功率控制目标和重要用户的业务传输需求，我们可以引入优先级机制，并设计一个基于优先级的转发器功率控制模型，如图 5.16 所示。图中假设用户优先级分为四级：超级用户、高级用户、一般用户、低级用户。这个模型给定：当转发器的功率占用率 $\mu \geq 60\%$ 时，低级用户的呼叫申请一律拒绝；当转发器的功率占用率 $\mu \geq 75\%$ 时，一般用户的呼叫申请一律拒绝；当转发器的功率占用率 $\mu \geq 90\%$ 时，高级用户的呼叫

申请也一律拒绝；当转发器的功率占用率 $\mu \geqslant 100\%$ 时，超级用户的呼叫申请也不得不拒绝了。

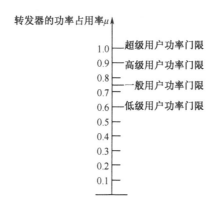

图 5.16 转发器功率控制模型

这个模型比较简单，只是一个例子。用户分为多少等级，以及各级别用户的功率门限都取决于每个卫星通信网的设计。有了这个模型，组网控制中心在分配卫星信道之前又多了一个判断，用主叫 SCU 的用户优先级别和当前卫星转发器的功率占用率 $\mu$ 对照功率控制模型来决定是否允许这个呼叫申请建立业务链路。

# 5.6 网络运行日志

卫星通信网的建设者和运营者希望对网络的运行情况了如指掌，恨不得"前知五百年，后知五百载"，以便总能够提前对网络的设备和网络运行进行及时的、适当的调整改变，使得网络的运行最平稳、网络的服务最佳化、网络的收益最大化。因此，其希望网络中发生的每件事情（如终端入网、退网，呼叫处理，呼叫清除等）都能留下可以观察和审计的痕迹，以便及时发现网络运行中的问题，也可事后查看分析网络的运行状态。

通常的做法是，组网控制中心对网络运行的所有过程和变化都产生一个网络运行记录，并以日志事件的形式归档留存。本书的设计方案是，组网控制中心的所有处理流程（如入退网处理、呼叫接续处理等）结束后，形成日志事件，经消息总线发给日志管理进程。日志管理进程将这些日志事件形成日志事件库（也称日志库），供网络管理人员查询审计，或者通过专门程序进行统计分析。日志管理进程可以灵活地组织日志库的结构，可以以 SCU 为基本单元来组织日志库；可以以业务站为单元来组织日志库；可以以用户组为单元来组织日志库。日志管理进程还可利用有关呼叫接续处理和链路拆除的日志事件形成通信记录库，据此形成业务量统计数据和必要的计费支持。

网络运行日志事件一般包括系统日志、业务日志和安全日志。网络运维人员可以通过日志了解网络服务情况、组网控制中心软硬件情况、网络运行过程中的错误及错误发生的原因。经常分析日志可以了解网络的服务质量、服务器的负荷变化及网络的安全性，从而及时采取措施纠正错误。

日志事件一般分两大类：一类为业务事件，另一类为运行事件。日志事件都需要标记事件发生的时间。业务事件用于描述当前卫星通信网内，业务通信实时态势和业务量统计等数据，这类事件一般为低等级严重性。运行事件一般反映组网控制中心内部软硬件的一些变化情况和管理操作人员对网络的调整设置等情况。

## 5.6.1 业务事件

业务事件类日志一般是指组网控制中心处理组网和呼叫通信过程中的原始业务事件，如 SCU 入网、SCU 退网、SCU 拒绝入网、呼叫接续事件、呼叫成功开始事件、呼叫拒绝事件、呼叫结束事件等，每类事件都有各自的唯一的事件代码，且存储于不同的表中，根据查询条件、范围限定可对当前通信网的运行日志进行查询。常用的业务事件类日志记录如下。

### 1. MCU/SCU 入网事件

MCU/SCU 发起入网申请，组网控制中心根据申请结果产生入网事件。该类入网事件一般包含以下内容。

- 事件编码：入网事件。
- 单元地址：入网 MCU/SCU 的网内工作地址。
- 事件时间：形成本次入网事件的时间。
- 工作频段：入网业务站的射频工作频段。
- 天线极化：本业务站收/发天线的射频信号极化方式。
- EIRP：本站的射频信号发送能力，主要体现天线增益和高功放的能力，一般用单位 dBW 表示。
- G/T：本站的接收能力，主要体现天线的增益和接收机的灵敏度要求，一般用单位 dB/K 来表示。
- 鉴权信息：入网 MCU/SCU 的身份认证信息。
- 传输体制：包括调制方式等在内的代表 MCU/SCU 传输特性的参数。
- 传输速率：支持的最高传输速率，或者列出支持的速率集合。
- 参数列表：MCU/SCU 入网时设置的工作参数。
- 入网结果：入网成功后所处的状态（子状态）或失败标记。

- 原因代码：入网成功进入相关状态（子状态）或失败的原因。
- 附加数据：比如执行纠错程序时的一些状态和数据记录等。

### 2. MCU/SCU 退网事件

MCU/SCU 发起退网申请，或者根据轮询机制、纠错程序判定退网，产生退网事件。该类退网事件一般包含以下内容。

- 事件编码：退网事件。
- 单元地址：退网 MCU/SCU 的网内工作地址。
- 事件时间：形成本次退网事件的时间。
- 鉴权信息：退网 MCU/SCU 的身份认证信息。
- 事件原因：申请退网、强制退网、轮询退网、纠错退网等。
- 附加数据：比如执行纠错程序时的一些状态和数据记录等。
- 在线时长：从上次入网至本次退网的时长。

需要注意的是，入网、退网两个事件可以合并成一个入退网事件，不必每次入网、退网分别保存一条事件日志。将入网、退网两个事件合并用一条日志记录来存储，可以为 MCU/SCU 在线时间统计节省计算开销。

### 3. 呼叫记录事件

当 SCU 发起呼叫申请，组网控制中心完成业务链路接续处理时，无论是业务链路成功建立还是拒绝分配，都要形成呼叫记录事件。呼叫记录事件一般包含以下内容。

- 事件编码：呼叫记录事件。
- 链路建立时间：发出信道分配命令时的本地时钟值。
- 主叫 SCU 的网内工作地址。
- 被叫 SCU 的网内工作地址。
- 被叫号码：呼叫申请中的被叫用户号码。
- 业务类型：语音、同异步数据、短消息、视频等。
- 呼叫处理结果：成功代码、失败编码（失败原因，如被叫无应答、被叫不在线、主叫无权限、被叫不接纳、被叫正在通信、被叫无此业务、被叫异常、信道资源不足等）。
- 链路速率 $V$ 或占用信道带宽。
- 主叫 SCU 载频 $f_1$。
- 主叫 SCU 发送电平 $P_1$。
- 被叫 SCU 载频 $f_2$。
- 被叫 SCU 发送电平 $P_2$。

### 4. 通信记录事件

每次成功地分配了卫星信道资源的一对 SCU，完成通信（发出呼叫完成报告）后，组网控制中心要形成对本次通信过程的事件报告。通信记录事件一般包含以下内容。

- 事件编码：通信记录事件。
- 链路建立时间：发出信道分配命令时的本地时钟值。
- 链路拆除时间：发出呼叫完成命令时的本地时钟值。
- 主叫 SCU 的网内工作地址。
- 被叫 SCU 的网内工作地址。
- 被叫号码：呼叫申请中的被叫用户号码。
- 业务类型：语音、同异步数据、短消息、视频等。
- 链路速率 $V$ 或占用信道带宽。
- 主叫 SCU 载频 $f_1$。
- 主叫 SCU 发送电平 $P_1$。
- 被叫 SCU 载频 $f_2$。
- 被叫 SCU 发送电平 $P_2$。
- 呼叫完成原因：主叫发送呼叫完成报告、被叫发送呼叫完成报告、异常结束（区分各站异常的代码）。

注意，每个通信记录事件都有一个对应的呼叫记录事件，它们的链路建立时间相同。

## 5.6.2 运行事件

运行事件类日志一般记录操作员对网络运行参数的调整设置情况和组网控制中心内部遇到的问题（如某软件模块无反应），用于网络管理控制操作的审计和组网控制中心的维护。其一般可以分为以下两类。

### 1. 管理操作日志事件

管理操作日志事件很多，每次操作员登录组网控制中心，都要形成日志事件，记录哪个时间哪个用户从哪个终端登录，以及登录中的相关身份认证信息。每次网络运行参数的修改操作，都要形成日志事件，记录哪个时间哪个用户修改了哪个参数，以及参数的前后数据。例如，卫星信道资源的配置（增减）、管控信息网络（TDM 广播信道、ALOHA信道）的参数调整、业务站的参数调整等。

因为需要形成日志事件的修改操作太多，限于篇幅，不再详细赘述。

### 2. 组网控制中心运行日志事件

组网控制中心由 1 台或多台计算机组成，其中运行了众多软件进程。硬件有可能发生故障（尽管概率比较低），但软件发生故障的可能性更高，比如软件崩溃（自动退出运行）、软件无响应、软件响应错误等。组网控制中心内部有必要的软件进程专门监控硬件运行，也有软件进程监控组网控制中心各相关进程的运行，组网控制中心相关进程之间会在交互管控信息的过程中发现对方软件进程异常。专门监控软件或组网控制中心相关进程交互中发现的组网控制中心的软硬件问题，都要形成日志事件和运行记录，保存在运行日志库中，以便让网络管理人员及时了解组网控制中心的运行情况、事后审查组网控制中心的运行情况。这些只涉及组网控制中心内部的日志事件，称为组网控制中心运行日志事件。该类运行日志事件一般包含以下内容。

- 事件编码：日志事件的细分编码。
- 事件时间：形成事件时的本地时钟值。
- 事件源：发现问题并形成事件的组网控制中心组件。
- 事件对象：发生问题的组网控制中心组件（硬件模块、软件进程），如入退网控制进程、呼叫接续控制进程、链路拆除控制进程、信道资源管理进程等。
- 事件严重等级：可以根据事件对组网控制中心运行的影响程度分配事件严重等级，如一般、警告、严重等。
- 事件描述：说明事件的现象。
- 附加数据。

另外，卫星通信网运行的性能达到预定的阈值也应该作为问题产生日志事件，如卫星信道资源利用率过高、呼叫申请队列过长等。

# 5.7　小结

本章介绍了组网控制中心的核心功能，即为业务站按申请分配卫星信道，控制主、被叫 SCU 建立业务链路，拆除链路回收卫星信道资源。为此，组网控制中心必须实时掌握 SCU 的状态，知道每个 SCU 是否处于可以建链通信的状态；必须建立用户号码表，必须有可用信道资源的分配算法等。围绕按申请分配卫星信道这个目标，本章分别介绍了业务站 MCU/SCU 的入退网控制流程、业务链路的按申请建立与拆除、卫星信道资源的按申请分配与优化、业务站的发送信号功率控制和组网控制中心运行过程的日志记录等内容。

组网控制中心掌握业务站 MCU/SCU 的实时状态是业务链路建立的前提。业务站的入网和退网过程是组网控制中心掌握 MCU/SCU 是否开机的首要环节，入网时还可以进行业务站的身份核验。事件报告和状态轮询是组网控制中心日常感知业务站状态变化的两个手段，前者及时但不太可靠，后者时延较大但可靠。

业务站之间业务链路的建立是按需的，由业务站 SCU 发出呼叫申请驱动。组网控制中心在帮助业务站建立业务链路时，要考虑被叫业务站有无空闲可以通信的 SCU，以及 SCU 是否支持呼叫申请中的业务类型、数据速率，要根据呼叫站的优先级分配一对卫星信道资源给主、被叫 SCU，还要为每个 SCU 确定合适的发射信号电平。

另外，组网控制中心要对所有的业务站入/退网事件、呼叫申请和链路拆除事件生成日志事件。当然，日志事件不仅指这些正常的业务处理事件，更多、更重要的是指遇到一些异常现象时形成的事件，这些事件为网络运行的趋势分析和故障排查提供了基础。

还有一点重要提醒是，本章以 FDMA 卫星通信网为例介绍了卫星信道资源分配和发射功率控制等内容，这些思路也适用于 TDMA 卫星通信网，只是其中每个卫星信道不仅要指定载频，还要指定载波内的时隙。

# 第6章

# 网络运行管理

● ● ● ● ● ● ● ●

第 5 章介绍了地球站如何加入网络（入网流程），入网的地球站在组网控制中心的控制下按需获得卫星资源，建立传输链路。当某个地球站收到来自用户的传输需求时，该站构造一个申请报文，通过管控信息传输通道发给组网控制中心。组网控制中心收到申请后，根据被叫站的忙闲和卫星信道资源的占用情况，分配或拒绝分配卫星信道资源。若分配，则组网控制中心向被叫站和主叫站发送控制指令，令它们在指定的一对载频上建立全双工点到点业务链路。这些基本功能实现以后，一个按需分配的卫星通信网就可以运行了。

那么，这个网络运行得怎么样呢？例如，地球站按需建立链路是否及时？地球站有无故障需要处理？卫星资源富余还是不足？这些问题都是维护和管理卫星通信网的人员非常关心的，这些问题就涉及网络运行管理的功能。

网络运行管理，狭义地讲就是指网络服务情况的监视控制和统计分析，广义地讲则还应该包括全网所有软件、硬件设备的管理，包括软件的装载和配置、设备的启动/关闭和故障监测等。第 5 章介绍的功能就是广义网络运行管理活动的一部分，而本章网络运行管理的重点是监视和分析网络的运行过程，掌握资源的使用情况，了解网络通信能力的变化，必要时采取一些控制措施（可以通过第 5 章所述的组网控制功能来实现），以保证通信网在短期、中期和长期内正常运行，保持服务等级不降低。

网络运行管理目标的实现需要网络管理的各方面来支持：快速识别故障和性能的变化，并启动控制功能；评价网络服务等级、服务故障的变化，关注响应时间、网络可获得性、利用率、业务量强度等信息；对网络运行记录进行定量分析，关注网络性能、业务量、资源利用率、用户需求，以及对当前与未来需求增长的预测，以确定最佳网络运行状态。总之，网络运行管理的最终目标是在合理的成本下以最佳容量为用户提供足够高质量的服务。

本章的卫星通信网运行管理的主要功能是对卫星通信网的资源使用情况、网络业务量、地球站运行状况、网络中发生的异常和故障进行全方位的监测与统计分析，为卫星通信网资源调度、组网规划等提供依据，从而提高卫星通信网管理与决策的科学化、自动化、智能化水平。

卫星通信网的运行管理可以分为卫星资源管理、通信网管理、事件与故障管理、网络运行评估、网络规划、系统管理等部分。其中，卫星资源管理是对卫星转发器资源进行规划分配和使用监视；通信网管理是对每个网络的资源使用情况、网络的运行性能进行管理；事件与故障管理则是收集网内事件、及时发现故障情况；网络运行评估是对卫星通信网的整体运行状况进行分析评估，为网络调整和发展规划提供决策依据；网络规划是对网络组建和调整进行决策，包括卫星资源和地面资源的统一分配规划；系统管理是对组网控制中心的运行进行监视和控制，以保证其正常运行。

# 6.1 卫星资源管理

一个卫星通信网的卫星资源是指通信卫星上可由该网使用的转发器波束和频带范围。卫星资源管理是网络运行管理的基础，卫星通信网的运行好坏、通信情况等直接依赖于卫星资源，卫星资源管理也是网络规划的主要依据。卫星资源管理包括卫星资源的分配、规划管理和卫星频率资源的监视管理等内容。

## 6.1.1 卫星资源配置管理

卫星资源配置管理包括卫星资源信息的维护和卫星资源的分配、回收等，实现资源信息的获取、录入、修改和查询统计等，并进行可视化呈现。卫星资源配置管理是卫星资源管理的基础，可为卫星资源的分配和使用提供数据基础。

卫星资源管理涉及卫星相关对象较多，对象关系复杂，为便于卫星资源管理的实现，首先要对卫星资源管理中所涉及的对象进行建模。

### 1. 卫星资源信息建模

卫星资源采用树形结构模型，按通信卫星的逻辑层次关系进行组织。卫星资源逻辑层次和信息模型如图 6.1 所示。

卫星资源信息模型的主要内容如下。

● 天线信息：天线名称、天线类型、天线口径、极化方式、天线状态等信息；

- 波束信息：波束名称、波束类型、波束夹角、波束中心点的经度和纬度、EIRP、
  $G/T$ 值等信息；
- 转发器信息：转发器名称、转发器类型、频段类型、极化方式、起始频点、终
  止频点、功率饱和值、增益、电流等信息。

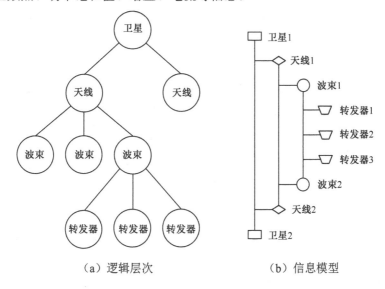

（a）逻辑层次　　　　　　（b）信息模型

图 6.1　卫星资源逻辑层次和信息模型

### 2. 卫星有效载荷建模

卫星资源还包括卫星上的有效载荷资源，有效载荷资源由天线、变频器、分合路器、功放、各类开关和交换设备等构成。对卫星有效载荷信息进行建模，在逻辑信道的层面上，有效载荷的信号处理设备提供了多个频率范围连续的通道，将通道记为 $C$，将接收信号的处理部分记为上行通道 $C^u$，将发送信号的处理部分记为下行通道 $C^d$。每个通道服务的地理范围由其所属的天线形成的特定波束 $B$ 确定。上、下行通道通过分合路器、开关和交换设备等形成复杂的铰链关系，铰链关系记为 $R$。卫星的功放设备可以为多个下行通道提供信号功率放大处理，其功率因素是通道信号转发的重要指标，因此将多个共用功放设备的通道称为转发器 $T$。

因此，一个卫星提供的有效载荷资源可以建模为五元组：

$$S = (B, C^u, C^d, R, T)$$

其中，$B$ 为波束集合，每个波束用波束中心点 $p$ 及其活动范围来表示；$C^u$ 为上行通道，$C^d$ 为下行通道，每个通道可用中心频率 $f$、带宽 $c$ 和所属波束 $b$ 来描述；转发器集合 $T$ 为下行通道集合 $C^d$ 的一个划分；铰链关系 $R$ 为集合 $C^u$ 到集合 $C^d$ 的映射，即 $R \in C^u \times C^d$。

在卫星有效载荷的运行过程中，任意一个转发器 $t$ 支持的所有通道 $C$ 的信号总功率不能超过其额定功率 $P_t$，即

$$\sum P_c \leqslant P_t \qquad \text{s.t. } c \in t$$

当卫星有效载荷中的开关状态发生变化时，卫星转发器中的铰链关系 $R$ 将发生改变，通道所属的波束也将发生改变。因此，将通信卫星一个特定开关状态称为有效载荷的模式 $m$，模式 $m$ 下对应的有效载荷模型 $S$ 也称为通信卫星的有效载荷资源模型 $S_m$。

那么，一个具有多模式的通信卫星的有效载荷资源的信息模型 $S_M$ 为

$$S_M = \left\{ S_{m_i} / m_i \text{ 是通信卫星的一个模式, } S_{m_i} \text{ 为模式 } m_i \text{ 下的有效载荷资源模型} \right\}$$

### 3. 卫星资源形式化描述

为便于卫星资源配置管理，正确描述对象间的关系，将卫星对象描述为五元组 $\text{Sat} = \left\{ s_i \langle \text{id,type,long,lat,} h \rangle \mid i = 1, \cdots, n \right\}$，其中，$s_i.\text{id}$ 为卫星标识；$s_i.\text{type}$ 为卫星类型；$s_i.\text{long}$ 为轨道经度；$s_i.\text{lat}$ 为轨道纬度；$s_i.h$ 为轨道高度。

将天线对象描述为三元组 $\text{Anti} = \left\{ a_i \langle \text{sid,id,type} \rangle \mid i = 1, \cdots, n \right\}$，其中，$a_i.\text{sid}$ 为天线所属的卫星标识；$a_i.\text{id}$ 为天线标识；$a_i.\text{type}$ 为天线类型。

将波束对象描述为六元组 $\text{Beam} = \left\{ b_i \langle \text{sid,aid,id,type,ftype,ang} \rangle \mid i = 1, \cdots, n \right\}$，其中，$b_i.\text{sid}$ 为卫星标识；$b_i.\text{aid}$ 为天线标识；$b_i.\text{id}$ 为波束标识；$b_i.\text{type}$ 为波束类型；$b_i.\text{ftype}$ 为波束的频段类型；$b_i.\text{ang}$ 为波束夹角。

将转发器对象描述为八元组 $\text{Tran} = \left\{ t_i \langle \text{sid,aid,bid,id,type,ftype,frece,band} \rangle \mid i = 1, \cdots, n \right\}$，其中，$t_i.\text{sid}$ 为卫星标识；$t_i.\text{aid}$ 为天线标识；$t_i.\text{bid}$ 为波束标识；$t_i.\text{id}$ 为转发器标识；$t_i.\text{type}$ 为转发器类型；$t_i.\text{ftype}$ 为转发器的频段类型；$t_i.\text{band}$ 为转发器的带宽。

频率资源需求通过七元组进行描述，七元组定义为 $< S, T, \text{FB}, \text{FE}, \text{TB}, \text{TE}, \text{Net} >$，其中，$S$ 为卫星编号序列，可通过卫星编号与卫星对象建立关联；$T$ 为转发器编号，可通过转发器编号与转发器对象建立关联；FB 为是频率起始点；FE 为频率结束点；TB 为资源开始使用时间；TE 为资源结束使用时间；Net 为网络需求编号，可通过网络需求编号与网络对象关联。对于分配给"频率资源需求"的每段资源，都用一个七元组来表示，通过七元组可从通信网的视角对通信网的卫星资源使用情况进行分析。

### 4. 卫星频率资源可视化分配

在分配管理卫星频率资源时，要考虑频带的带宽和使用时长。因此，可从时间和频率两个维度对频率资源进行分配管理。频率资源的分配管理可采用手动设置频率起始点和使用起止时间的方式，但这种方式在分配时易造成分配冲突，不直观。为便于从时间和频率两个维度对频率资源进行分配管理，可采用图形化的方式进行。为此，设计频率资源的图形化管理工具，其中用 $X$ 轴表示时间，用 $Y$ 轴表示频率，如图 6.2 所示。图中，白色部分为可分配的区域，灰色部分为已分配的区域。

图形化管理工具通过像素点重叠判定的方法，实现基于时间和频率的资源分配重叠判断。

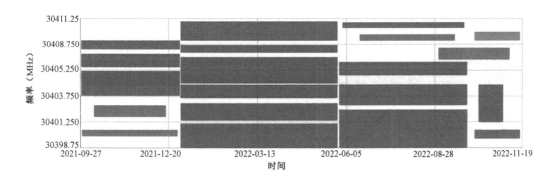

图 6.2　卫星频率资源图形化管理工具

从卫星资源数据库选择同一转发器的现有频率资源分配信息,并在图形控件中呈现。新分配资源时,首先通过图形化方式划分,由图形化管理工具实现重叠判断,当无重叠提示后,把新分配信息添加在图形中,并把信息按转发器加入数据库中。

## 6.1.2　卫星资源监视管理

卫星资源监视管理是卫星资源分配和规划的基础,为卫星资源规划提供决策依据。卫星资源监视管理包括波束覆盖监视和频率监视。

### 1. 波束覆盖监视

波束覆盖监视能够实时监视卫星波束所覆盖的位置和范围,查看卫星波束所保障的通信网的情况,当进行资源分配和规划时,可充分考虑波束的覆盖情况和波束内通信网的情况。

波束覆盖监视需要实时获取波束中心点的经纬度,根据波束所属卫星的经纬度、卫星高度及波束夹角,通过高斯投影和墨卡托投影计算波束在地球表面的覆盖范围(此范围仅为物理投影,在实际通信过程中还要考虑天线的 EIRP)。

### 2. 频率监视

频率监视是对卫星频率资源的态势进行监视,包括对正在使用频率的带宽和功率信息,以及载波监视设备所监测到的干扰和正常频谱信息进行监视。

通过频率监视功能可监视卫星转发器的频率使用情况,为卫星资源分配和规划提供数据支撑,如规划时可优先选择空闲频率资源多且干扰较少的转发器。

频率监视中的频率使用信息指通过组网控制中心获取的实时分配信息,包括业务信道信息和控制信道信息;频率监视中的频谱信息则指通过载波监视设备获取的频谱。频率监视效果如图 6.3 所示,其中上图为频率使用信息,下图为频谱信息。

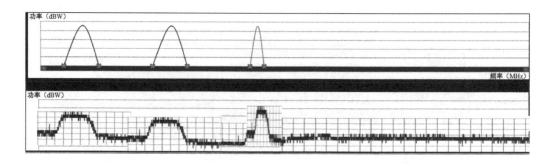

图 6.3　频率监视效果

通过组网控制中心获取的频率使用详细情况如图 6.4 所示，其中纵坐标为功率值（单位为 W），横坐标为频率值（单位为 MHz）。通过组网控制中心获取的频率使用信息包括控制信道分配带宽、功率，业务信道分配带宽、功率等。

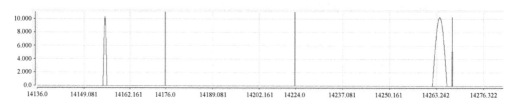

图 6.4　频率使用详细情况

我们在频率监视图形化显示中采用不同形状对正在使用频率和规划可用频率进行区分，以矩形表示规划可用频率，以正弦波表示正在使用频率；通过不同颜色区分通信的具体业务类型，如红色为超出规划的非法使用频率，蓝色为控制信道频率，白色为业务通信频率。图形化表示的具体内容如下。

（1）规划可用频率，采用矩形、绿色显示，具体信息包括网系类型、通信网络、起始频点、终止频点、功率。

（2）控制信道 TDM 和 ALOHA 的频率，采用正弦波显示，颜色为蓝色，提示信息包括网系类型、通信网络、用途（TDM/ALOHA）、起始频点、终止频点、信号功率。

（3）星地控制信道频率，采用正弦波显示，颜色为黄色，提示信息包括网系类型、通信网络、用途（TDM）、起始频点、终止频点、信号功率。

（4）实时分配的业务通信频率，采用正弦波显示，颜色为白色，提示信息包括网系类型、通信网络、地球站名称、业务类型、起始频点、终止频点、信号功率。

（5）非法信号频率，采用正弦波显示，颜色为红色，提示信息包括网系类型、通信网络、地球站名称、业务类型、起始频点、终止频点、信号功率。

通信频率的使用监视信息通过各组网控制中心实时获取，包括控制信道的实时分配信息、业务通信信道的实时分配信息等，并结合网络规划信息进行监视，频率使用监视流程如图 6.5 所示。

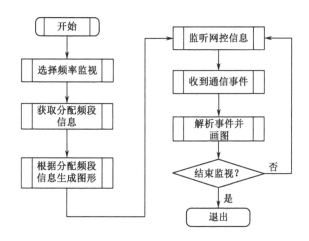

图 6.5　频率使用监视流程

### 3. 频谱监视

频谱监视通过载波监视设备实现对转发器频率的监视，频谱监视效果如图 6.6 所示，其中，纵坐标表示功率，横坐标表示频率。

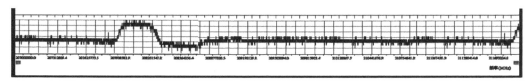

图 6.6　频谱监视效果

频谱监视的数据主要包括如下几项。

（1）所有业务载波的关键参数，用于判别它是否工作在指定范围内。

（2）卫星运行期间转发器的工作点。

（3）监测到的非法载波用户和干扰信号。

（4）转发器的通信载波的性能。

（5）转发器的集合功率。

（6）转发器的资源使用情况。

（7）非法信号和干扰。

结合频谱监视和组网控制中心频率使用实时分配信息，可对频率的非法使用进行定位并纠察。非法使用的纠察过程如下。

（1）实时获取组网控制中心的业务信道分配信息。

（2）实时获取地球站的实际发送信号（频率、功率）。

（3）实时获取载波监视设备监视的频谱信息。

（4）从载波监视设备监视的频谱信息中提取非法信号。

（5）确定非法信号的频点并与地球站使用的频点进行关联。

（6）确定频点使用的地球站。

（7）对地球站进行纠察。

# 6.2 通信网管理

通信网管理是对卫星通信网运行过程中的资源使用、配置管理、性能统计等进行监视和控制，通信网管理负责监视卫星通信网的实时运行情况，对通信网的历史性能进行统计分析，为通信网的优化调整提供依据。通信网管理的具体内容包括卫星通信网的资源分配与调整、信息维护、性能统计分析等。

通信网管理中涉及的对象包括信道单元、地球站、组网控制中心、卫星资源等，对象类型多样且复杂。为便于对通信网内所有对象进行统一管理，采用统一的对象建模；同时，为减少系统中管理对象的复杂性，采用元数据管理模式。

## 6.2.1 通信网管理对象建模

通信网管理的信息中包含了地球站、信道单元、终端、交换机、通信网、端口等众多类型的管理对象。对象建模是通信网多类型对象管理的基础，包括对通信网管理对象的设计和信息模型的设计，所有管理对象采用统一的计算模型和元数据管理模式。

### 1. 统一的对象状态计算模型

管理对象的状态信息是用户非常关心的一类基础管理信息，有助于判定当前系统的运行态势、分析故障原因等。然而，不同管理对象的状态信息通常是由该管理对象的多个属性值共同决定的，这些属性值之间又隐含了复杂的内在关系，且相互制约。因此，要为每种类型的管理对象提供其特有的状态计算方法，而且这些状态的计算逻辑非常精细，易错。为简化管理对象的状态计算逻辑，减少对象状态计算中的错误，可使用一个统一的对象状态计算模型。

统一对象状态计算模型具有以下特性。

（1）对象的状态是由对象的当前属性值确定的，对象的状态与对象属性值的历史变迁过程无关。

（2）一类对象的状态是由一到多个状态分量决定的，这些状态分量之间相互独立，互不影响。每个状态分量可以由一到多个属性值确定。

（3）对象的综合状态存在一个序关系，如"正常"＜"警告"＜"告警"＜"故障"。

（4）对象的综合状态是由各状态分量值中按序关系排列的最大值确定的。

目前，实际卫星通信网中各对象的状态均满足上述条件，且对象的状态分量通常是由一个属性值确定的。因而，其均适用统一对象状态计算模型。对于可能出现的不满足上述条件的对象类型，可以采用特殊计算方法来处理。

通信网管理对象采用枚举值来标识各类对象的状态分量，当对象的属性值发生变化时，设置该状态分量并调用统一对象状态计算模型。

通过统一对象状态计算模型将对象状态的计算过程分解为状态分量的计算过程，简化了对象状态的判定过程，为多类型的对象管理提供了统一的对象状态计算方法，使得对象状态计算更加简洁可靠。

### 2. 元数据管理模式

为便于多类型的通信网对象管理，在数据库设计中采用元数据管理模式，并把元数据模型作为通信网数据管理的主要依据。元数据管理模式主要包括两个方面。

（1）元数据库存储。在元数据库中建立被管系统的信息模型，并明确定义元数据模型与信息模型之间的映射关系。

（2）元数据编辑器。为了更加高效地管理元数据，应设计具有良好用户接口的元数据编辑器。当元数据发生变化时，只需要通过元数据编辑器修改数据库中的元数据信息，从而避免对上层管理程序的改动。

## 6.2.2　通信网资源管理

通信网资源管理主要包括通信网资源分配、通信网资源信息维护管理、通信网资源使用监视等。

### 1. 通信网资源分配

通信网资源分配包括为新建通信网分配卫星频率和功率资源，在通信网间进行卫星频率资源的调配，为通信网分配地球站地址段与号码段等，具体内容如下。

（1）新建通信网的卫星频率资源规划。

（2）新建通信网的地球站地址段和号码段规划。

（3）在通信网间进行卫星频率资源的规划和调配。

（4）根据通信需求，重点保障某些地球站的频率资源。

### 2. 通信网资源信息维护管理

通信网资源信息维护管理主要包括通信网基本资源信息维护管理、通信网内地球站基本资源信息维护管理、地球站的信道单元基本资源信息维护管理、其他设备资源信息维护管理，具体内容如下。

（1）通信网基本资源信息维护管理，包括通信网的名称、数量、类型、设备配置，所使用的卫星参数，使用的转发器参数、频率范围，地球站的类型和数量，归属部门等。

（2）通信网内地球站基本资源信息维护管理，包括站名、使用单位、联系信息、安装日期、站型、天线类型、位置信息、信道单元数等。

（3）地球站的信道单元基本资源信息维护管理，包括单元地址、单元号码、工作频段、支持的业务、管理状态、工作状态等。

（4）其他设备资源信息维护管理，包括组成通信网的各种通信设备、通信保障设备和通信管理设备等的相关信息。

### 3. 通信网资源使用监视

通信网资源使用监视是对通信网频率资源的使用监视，通过对载波监视信息、卫星资源分配信息、通信网资源使用信息进行综合对比分析，及时发现并记录恶意干扰、非法载波及资源不合理使用等情况，并将资源使用异常通过告警或故障的方式通知用户。

通信网资源使用监视效果如图 6.7 和图 6.8 所示。其中，图 6.7 为通信网内地球站通信拓扑监视，实时监视通信网内地球站之间的通信关系；图 6.8 为通信网内资源使用监视，包括通信网规划的所有频率资源、通信网内频率资源的实时占用和频谱监视信息，还包括通信网的资源利用率信息。

通信网资源使用监视可帮助管理员判定是否需要调整通信网资源，为通信网资源规划提供依据。通过通信拓扑监视和通信业务、频谱监视，可监视通信资源异常、盗用、不按规划使用等情况，并可定位到异常使用的地球站。

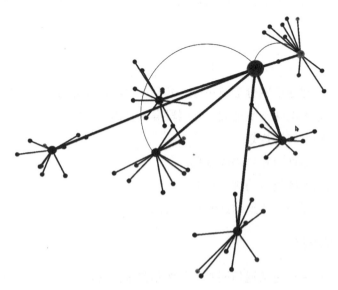

图 6.7　通信网内地球站通信拓扑监视

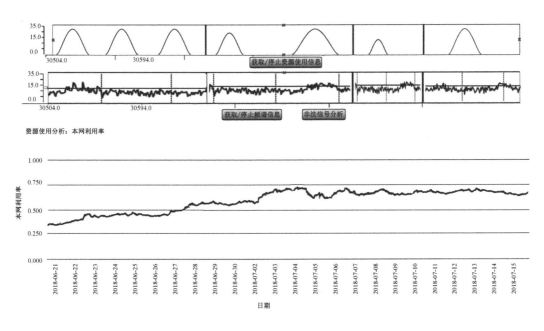

图 6.8　通信网内资源使用监视

## 6.2.3　通信网性能管理

通信网性能管理主要实现通信网性能的统计分析，为网络运行管理、网络规划提供数据支撑。通信网性能管理的内容主要包括通信网性能指标确定、性能数据采集、性能数据统计分析等。

### 1. 通信网性能指标确定

通信网性能指标包括网络运行指标、地球站运行指标和地球站设备指标。

（1）网络运行指标包括网络呼通率、网络可用率、网络故障率、频率利用率、功率利用率等。

（2）地球站运行指标包括地球站可通率、入网次数、在线时长、通信时长、呼通率、设备完好率等。

（3）地球站设备指标包括接收灵敏度、传输误码率、发射功率、天线增益、接收增益等。

### 2. 通信网性能数据采集

通信网性能数据采集是指通过组网控制中心实时获取通信网内的通信情况和地球站设备的运行情况，并根据通信情况和运行情况生成性能数据。性能数据采集主要包括性能监视配置、性能阈值配置和性能数据生成等内容。

性能监视配置可以定义从组网控制中心采集数据的范围、内容、周期等信息。性能监视配置生成后会及时分发给通信网，由通信网负责性能信息的上报。

通信网性能管理按性能配置信息收集通信网的运行数据，并对数据定期地进行维护管理；采集和维护数据时，对超过阈值的性能参数产生性能告警，并通知相关用户。

### 3. 通信网性能数据统计分析

通信网性能数据统计分析是指对数据库中的性能数据进行统计分析，自动生成日、周、月、季、年等长期质量趋势分析报告。统计结果以表格、图形等直观的方式显示，并便于灵活组合各种选项进行综合统计和查询，以及根据时间范围、网系、任务等对通信网的综合性能进行统计、查询和显示。

通信网性能数据统计分析的指标分析体系如图 6.9 所示。

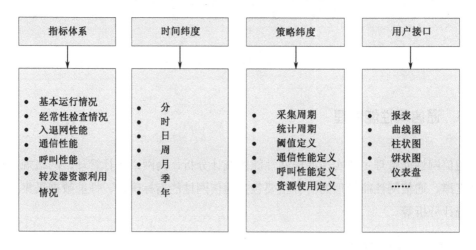

图 6.9　通信网性能数据统计分析的指标分析体系

# 6.3　事件管理与故障管理

事件管理为卫星通信网各系统间提供事件信息的交互机制，实现各系统间的实时信息交互。事件管理主要包括事件的订阅、发送和接收服务等功能。事件管理的功能实现包括事件管理客户和事件管理服务两部分。

故障管理是对卫星通信网的运行情况异常和网络设备异常进行检测、隔离和报警的一组功能。其主要功能是监视通信网所使用的地球站设备、卫星的运行状态告警及通信网内资源的使用告警，处理发生的告警并发送给相关用户。

## 6.3.1　事件管理

事件管理客户（软件）内嵌在各管理系统或功能模块中，专门负责与事件管理服务的交互，为所在管理系统或功能模块实现自身事件的对外发送及外部事件的订阅和接收，以保证各管理系统或功能模块对事件服务的透明访问。

事件管理服务集中处理整个系统中产生的各类事件（包括通知和告警等），为其他应用、服务、数据接入等功能模块提供事件的接收、订阅等功能，并提供各类事件的查询接口。

### 1. 事件管理客户

事件管理客户通过事件管理服务进行事件消费者的注册/注销，以及事件的发送、订阅等操作，主要功能如下（见图 6.10）。

（1）调用事件管理服务提供的发送事件接口发送各种事件。

（2）通过事件管理服务提供的事件消费者注册管理接口注册事件消费者对象。

（3）在事件消费者对象上添加和删除事件过滤器。

（4）创建线程，完成事件的接收。

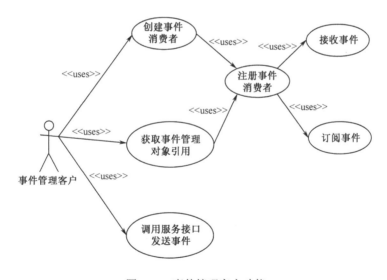

图 6.10　事件管理客户功能

事件管理客户发送事件、订阅事件的流程如图 6.11 所示。

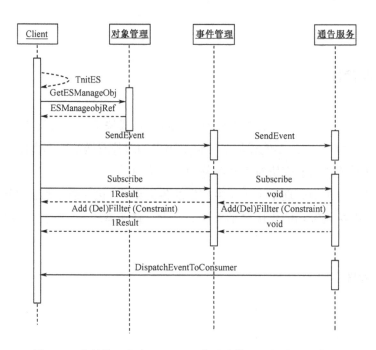

图 6.11　事件管理客户（Client）发送事件、订阅事件的流程

### 2. 事件管理服务

事件管理服务提供事件的发送、接收和查询等功能，具体功能如图 6.12 所示。

事件管理服务主要包括如下内容。

（1）对提供的通告服务进行管理，包括创建各种用途的通道、在通道上设置各种事件的传送策略等，事件客户端可以向事件服务模块申请只接收自己感兴趣的事件，而把不感兴趣的事件由事件服务模块过滤掉。

（2）完成事件服务客户端事件消费者对象向通告服务的注册、注销和轮询，事件服务接收到配置客户端接收事件过滤器的申请后，将该过滤器配置到数据服务，由数据服务根据过滤规则为每个注册的客户端事件接收器过滤事件。

（3）完成从其他各模块接收事件，并根据安全管理中设定的事件规则进行事件的分发，同时更新事件中包含的被管对象信息，完成被管对象信息的同步。

（4）完成不同事件对象、不同类型、不同粒度的查询，为满足查询的时间性能要求，在服务层采取按批次返回信息的方式，且信息通过事件和告警结构类型返回。

### 3. 事件过滤

为了实现灵活的事件管理机制，事件管理提供粗、细两种粒度的动态事件过滤管理机制。

（1）粗粒度接入：针对容量较小的网络，以网络为单位完成接入管理，实现粗粒度事件管理。

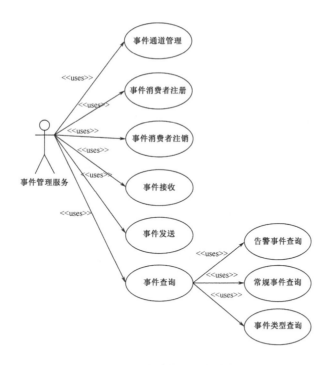

图 6.12　事件管理服务功能

（2）细粒度接入：针对容量较大的网络，依据管理人员的设置，以通信网络为单位完成网络数据管理，实现细粒度事件管理。

受卫星信道传输带宽的限制，各组网控制中心的管理信息必须有选择性地上传至运行管理系统，这个过程称为配置信息同步。为适应不同的管理信道带宽，可以设置不同的管理信道带宽模式，以对应不同的管理信息模型。当采用地面链路时，可以使用全管理信息模型；当采用卫星链路时，则使用精简管理信息模型。在精简管理信息模型中，仅保留必要的管理信息，而抛弃一些不重要的管理信息。配置信息同步流程如图 6.13 所示。

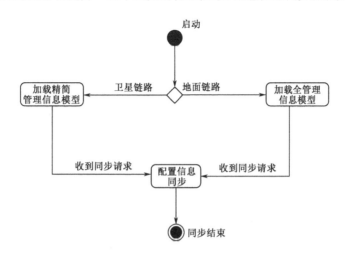

图 6.13　配置信息同步流程

## 6.3.2 故障管理

故障信息来自卫星通信网、地球站设备、卫星载荷等，故障管理将接收到的故障告警信息（处理前后）存储在数据库中，并将告警严重等级达到或超过故障管理配置中规定门限的故障告警信息上报相关用户。故障管理包括故障管理配置、故障管理监视等功能。

故障管理配置可以定义故障监视的范围和需要获得的故障告警信息的严重等级门限，形成故障配置数据。

故障配置数据生成后，将被及时分发给通信网管理模块和卫星管理模块，由通信网管理模块、卫星管理模块负责故障信息的过滤和上报。

故障管理监视可定义监视的范围，可以详细到单个对象，也可以包括全网、卫星通信系统、卫星有效载荷、应用系统和系统中对象的某个特定集合。故障管理监视的内容主要包括以下几项。

（1）通信网运行状态的监视。

（2）卫星运行状态的监视。

（3）地球站运行状态的监视。

故障管理监视可对故障事件进行收发，并根据等级把告警信息分发给相应的用户。故障管理接收来自通信网、卫星及本级设备的故障告警报告，当发生超过严重等级门限的故障时，向相关用户报告，并将符合条件的故障告警信息呈现给相关用户。

## 6.3.3 故障分析

故障管理通过对相关的故障告警进行关联分析，实现故障告警信息的过滤，把真正表征故障的告警分离出来。故障关联分析后，能够逐步压缩故障范围，定位后的故障信息应及时地反映在网络拓扑图中。

故障分析主要是综合网络中与故障相关的信息，对上报的故障告警信息进行智能化处理，其中包括对故障的快速定位和诊断，以及基于载荷和载波监视信息的异常检测。

### 1. 故障分析算法

1）多系统告警关联算法

该算法负责对多个系统之间的关联性进行分析，以确定某些故障告警是否与载荷信息和频率干扰等原因相关联，并找出多个系统之间相互影响的关联关系。

2）单系统告警分类算法

该算法针对单个信息源，采用决策树算法和模式分类算法剖析单个系统内部的故障原因。例如，地球站之间的呼叫失败是与业务类型及某一个或几个地球站等因素紧密相关的，决策树算法可以从海量的呼叫记录事件数据库中自动挖掘一系列的规则。通过这些规则，操作员可以发现本系统内部的呼叫失败与哪些因素相关，并对相关规则中出现的地球站、使用频段或业务类型等进行进一步的诊断，从而提高数据处理和故障诊断的能力。

3）基于性能数据的故障分析算法

该算法通过对卫星通信网正常状态下性能数据的分析，建立一个正常工作模式，一旦性能数据偏离正常工作模式，将向系统管理员报警。异常模式情况较多，可能由各种原因引起，无法枚举，即使建立专家系统也无法解决所有的异常问题，必然会出现漏报等问题。该算法利用模式识别技术，通过对正常卫星数据的学习和训练，建立一个正常工作模式，并计算由当前工作的各评价指标或监测数据组成的数据向量与正常工作模式的模式距离，以判断该状态是否为异常。由于卫星通信网的性能与天气、频谱特性、转发器工作状态等因素相关，当某些地球站出现呼通率降低或不能通信的现象时，传统的组网控制中心无法对这些性能下降的原因进行准确的判断。通过将载荷监视信息、载波监视信息、频谱干扰信息、气象信息等引入系统中，结合其他算法，可有效地确定网络性能下降的原因，从而指导操作员根据维修方案库中提供的维修方案采取相应的措施，快速恢复网络的性能。

**2. 故障分析流程**

故障分析通过故障案例库分析、故障关联分析、性能分析等实现，故障分析流程如图 6.14 所示。

1）故障案例库维护

收集各应用系统故障案例。如果当前发生的故障模式是之前发生过的，则故障案例库可以将当前的案例和经过自动告警关联模块后的故障判断结果进行比较，实现有监督的修正。同时，修正后的部分故障模式将反馈给自动告警关联模块。如果自动告警关联模块发现故障，而当前故障案例库中没有该故障模式，则该故障模式将作为新案例动态加入故障案例库，从而实现故障案例库的动态更新和完善。

2）性能数据分析

对地球站的通信状况进行实时的评估和检测，利用基于性能的故障分析模块自动分析和监测异常。

3）告警关联分析

利用指定的领域模型，推断卫星网络可能的故障分布。

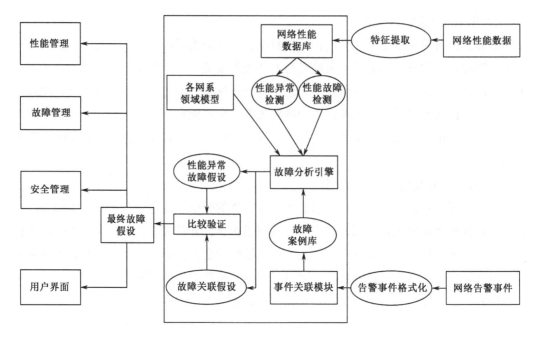

图 6.14  故障分析流程

4）告警关联和性能数据分析结果融合

网络性能数据的分析结果可以用于修正故障告警的关联模型，同时可以使故障案例库中的信息更加完善。

故障分析流程的处理过程分为两部分：基于神经网络的网络性能数据分析和卫星网络告警关联分析。

（1）基于神经网络的网络性能数据分析：对故障产生时网络性能的改变进行分析，增加故障诊断信息源。其通过约简数据和提取特征，降低算法的复杂度，提高算法的运算速度。其将处理后的性能数据存入网络性能数据库中，利用神经网络实现对网络正常及各种故障状态的学习。建立好网络故障模式后，就可以在线检测网络故障状态；可利用各种异常检测模型对各种异常情况进行监视。

（2）卫星通信网告警关联分析：根据卫星通信网告警事件和领域模型信息提供的领域知识推断当前网络中出现的故障，并将故障假设发送给管理人员的图形用户界面，以及故障管理、性能管理和安全管理等模块。故障分析引擎将告警信息和网络性能数据分析结果进行数据融合，以得出合理的判断，并且将处理过程作为案例保存到故障案例库中。对于后续相同的告警事件和输入情况，将在故障案例库中查找与当前告警特征最相似的案例，同时给出故障假设和解决故障的建议方法。每次故障的相关告警、处理办法和结果都将加入故障案例库。

### 3. 故障分析案例

下面以一个简单的例子说明如何利用决策树算法发现故障规律。表 6.1 给出了八条通信记录，类别 Y 和 N 分别表示通信有故障和没有故障。每条通信记录以三个参数作为表征属性，分别是 PWR（主叫功率）、PPWR（被叫功率）、TIME（通信时长）。其中，功率取值为 L（低）、M（中等）、H（高）；通信时长取值为 L（短）、M（正常）、H（长）。在实际的通信记录中，这三个参数的取值是连续的，本例为方便演示，做了一定的离散化处理。

表 6.1　通信记录示例

| # | PWR | PPWR | TIME | 类别 |
|---|-----|------|------|------|
| 1 | L | L | L | Y |
| 2 | H | H | M | Y |
| 3 | H | L | H | N |
| 4 | M | M | M | Y |
| 5 | M | H | H | N |
| 6 | M | L | L | Y |
| 7 | L | M | M | N |
| 8 | M | M | L | Y |

使用 C4.5 算法学习这八条通信记录，生成故障规律，可以得到如图 6.15 所示的决策树和规则集。

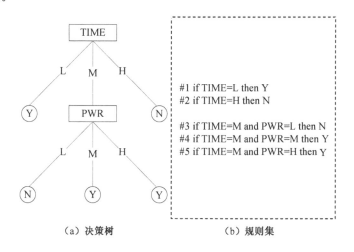

（a）决策树　　　　　　（b）规则集

图 6.15　决策树和规则集示例

以#1、#5 规则为例，#1 说明如果通信时长过短，则表明出现了通信故障；#5 说明如果通信时长正常，但主叫功率过高，则也是通信故障。不难发现，在已有知识的前提下，规则集中的规则较好地总结了通信故障发生的规律。

# 6.4 网络运行评估与规划

网络运行评估基于载波监视、卫星管理和通信网运行的数据，利用评估算法进行数据分析，对有效载荷、通信网和地球站的运行及使用情况进行评价，从而为管理人员和业务部门掌握系统运行情况、分析存在的问题、优化网络设计、规划未来网络和调整资源等提供决策支持。

网络运行评估需要一套完整的评估指标体系和反映指标优劣的标准，从而较为全面地反映通信网的健康状况和服务质量，以便为网络规划及通信任务保障决策提供科学依据。

网络规划则是根据网络运行评估的结果，在规划时用尽量低的成本，获得较高的频带利用率和相对较好的服务质量，尽可能地在单位面积的覆盖区域容纳更多的地球站，同时使每个用户得到的服务质量维持在一种可以接受的服务等级。

## 6.4.1 评估指标制定

网络运行评估指标根据专家经验定义，是可以用来衡量各主要分系统性能的参数，如卫星转发器的频率和功率资源利用率、载波排列方式、点波束实时覆盖区域、应用系统服务质量参数、抗干扰能力参数，以及覆盖区内的气象信息和空间环境信息等。

网络运行评估指标主要包括如下几种。

（1）卫星转发器评估指标：转发器本振频率的精确度和稳定度、转发器 EIRP 的稳定度、卫星信标频率及功率稳定度等。

（2）地球站设备评估指标：呼通率、呼损率、故障次数、安全工作时长、抗干扰能力、综合健康度等。

（3）通信网评估指标：卫星资源使用率、系统呼通率、系统呼损率、地球站平均在线率、平均通信时长等。

（4）星地一体化评估指标：卫星资源使用率、系统呼通率、系统呼损率、地球站平均在线率、卫星有效载荷的健康度、系统抗干扰能力、频带利用率和接通率等。

评估指标确定后，要对具体数据进行评估计算，但在计算时首先要对数据进行预处理，采用以下数据预处理方法。

### 1. 指标的正向化处理

（1）对越小越好的指标，如故障次数，采用升半梯形分布函数进行处理：

$$r(x) = \begin{cases} 0 & x \geqslant \max \\ (\max - x)/(\max - \min) & \min \leqslant x < \max \\ 1 & 0 \leqslant x < \min \end{cases}$$

（2）对越大越好的指标，如呼通率、平均通信时长，采用降半梯形分布函数进行处理：

$$r(x) = \begin{cases} 0 & 0 \leqslant x < \min \\ (\min - x)/(\min - \max) & \min \leqslant x < \max \\ 1 & x \geqslant \max \end{cases}$$

呼通率越高越好，100%最好。

（3）对于在某点处最优的指标的处理方法如下：

$$r(x) = \begin{cases} (x - \min)(a - \min) & \min \leqslant x < a \\ (x - \max)/(\max - a) & a \leqslant x < \max \\ 0 & x \geqslant \max \text{ 或 } x < \min \end{cases}$$

### 2. 指标的无量纲化处理

选定的各评价指标的含义和计量单位不同，而且量级可能相差悬殊，因此对指标值进行无量纲化处理是十分必要的。

（1）标准化处理法：

$$x_{ij}^{*} = \frac{x_{ij} - \overline{x}_j}{s_j}$$

其中，$\overline{x}_j, s_j$ 分别为第 $j$ 项指标均值和标准差的估计值。

（2）极值处理法：

极大型数据：$x_{ij}^{*} = \dfrac{x_{ij} - m_j}{M_j - m_j}$ ，其中，$M_j = \max\limits_{i}\left\{x_{ij}\right\}$；$m_j = \min\limits_{i}\left\{x_{ij}\right\}$。

极小型数据：$x_{ij}^{*} = \dfrac{M_j - x_{ij}}{M_j - m_j}$ 。

（3）线性比例法：

$$x_{ij}^{*} = \frac{x_{ij}}{x_j'}$$

其中，$x_j'$ 可取 $M_j, m_j, \overline{x}_j$。

（4）归一化处理法：

$$x_{ij}^* = \frac{x_{ij}}{\sum\limits_{i=1}^{n} x_{ij}}$$

（5）向量规范法：

$$x_{ij}^* = \frac{x_{ij}}{\sqrt{\sum\limits_{i=1}^{n} x_{ij}^2}}$$

（6）功效系数法：

$$x_{ij}^* = c + \frac{x_{ij} - m'_j}{M'_j - m'_j} \times d$$

其中，$M'_j, m'_j$ 分别为 $j$ 项指标的满意值和不容许值；$c$ 的作用是对变换后的值进行平移，$d$ 的作用是对变换后的值进行放大和缩小，常取 $c=60$，$d=40$。

## 6.4.2 网络运行评估

网络运行评估根据各评估指标的权重和指标的运行情况进行灵敏度分析，找出网络运行过程中的薄弱环节，即网络运行效能的主要影响因素，提供给用户作为网络优化的切入点，并对各指标随时间的变化趋势进行分析，为网络运行过程中的问题定位、故障排查等积累经验、提供技术支持。网络运行评估包括通信保障能力评估、地球站运行评估和转发器运行评估。

### 1. 通信保障能力评估

通信保障能力评估通过资源使用情况、业务服务质量等对通信保障能力进行评估，为后续通信保障提供技术支持。其主要的评估指标如下。

（1）服务保障质量：任务正常工作时长、任务中断时长、设备正常工作率等。

（2）业务服务质量：呼通率、语音建链时延、各业务数据量等。

（3）资源使用情况：频率资源利用率、功率资源利用率等。

（4）信道传输质量：接收信号信噪比、接收数据误码率、参考突发错误率、参考突发丢失率、数据突发错误率等。

（5）资源利用率：载波时隙利用率、载波频带利用率、载波功率利用率等。

（6）可靠性：节点正常工作率。

（7）业务量：语音通信时长、IP 业务等的数据量。

通过对以上指标运行数据的智能分析，可以对整个通信保障执行周期内的质量进行评价，并积累组网、资源分配等规划方案和实际运行效果的对比情况，进行机器学习训练，为后续网络规划提供数据支撑。

### 2. 地球站运行评估

地球站运行评估旨在对地球站的运行情况进行评估分析，对在网地球站的运行质量进行监视分析，定位运行不稳定或较差的地球站，为地球站的日常优化、故障排查提供决策支持，主要从地球站通信性能和运行稳定性等方面进行分析。

1）通信性能评估

对地球站的主叫呼通率、被叫呼通率、累计呼叫次数、平均通信时长、累计通信时长、平均在网时长、累计在网时长、装配时长、平均开通时长、开通成功率等指标进行分析，从而对地球站的通信性能进行评估和预测。

可以对单个地球站按照任意性能指标进行评价，也可以给出地球站在不同时间段和天气情况下的性能变化，还可以给出不同地球站间同类性能指标的比较。

2）运行稳定性评估

对地球站的故障频率、累计故障次数、平均故障恢复间隔、平均连续工作时长等指标进行分析，从而对地球站的稳定性进行评估。

可以给出地球站运行稳定性在不同时间段、不同天气情况下的变化，也可以给出不同地球站之间运行稳定性的对比，还可以挖掘出运行稳定性一直较差或明显变差的地球站，并向操作员告警。

3）地球站综合评估

在对地球站进行通信性能评估和运行稳定性评估的基础上，对地球站进行综合评估。

### 3. 转发器运行评估

转发器运行评估通过对卫星转发器的频率运行数据、功率运行数据、载波排列情况等数据的分析，对转发器的运行效能进行评价分析，指导转发器频率和功率资源的分配，以提高转发器的资源利用率，主要包括频率资源使用评估、功率资源使用评估、载波排列评估等。

1）频率资源使用评估

对转发器的频率资源使用情况进行评估，给出转发器频率资源使用时间的变化趋势、各转发器间频率资源使用情况的对比、不同类型转发器间频率资源使用情况的对比、不同频段转发器间频率资源使用情况的对比，可以对任意组合的转发器集进行横向和纵向的评估分析。

2）功率资源使用评估

对转发器的功率资源使用情况进行评估，可对卫星管理监测到的转发器功率使用情况和实际功率使用情况进行对比；给出转发器功率使用的变化趋势、各转发器间功率使用情况的对比、不同类型转发器间功率使用情况的对比、不同频段转发器间功率使用情况的对比，可以对任意组合的转发器集进行横向和纵向的评估分析。

3）载波排列评估

对转发器各频点产生的二阶、三阶互调进行计算，结合载波监视信息，对现有载波排列下系统的功率效率和带宽效率进行分析，完成载波排列评估。

### 4. 网络运行评估算法

1）基于 AHP 法的评估

层次分析（Analytic Hierarchy Process，AHP）法于 20 世纪 70 年代初由美国著名的运筹学家、匹兹堡大学教授 T.L.萨迪（T.L. Saaty）提出，用于处理那些难以完全用定量方法来分析、结构较为复杂、决策准则较多且不易量化的决策问题。它可以将复杂的问题分解成若干层次，在比原问题简单得多的层次上逐步分析；可以将人的主观判断用数量形式表达和处理；可以提示人们对某类问题的主观判断前后有矛盾。它思路简单明了，易于掌握，也易于应用。AHP 法的主要特征是，它合理地把定性与定量的决策结合起来，按照思维和心理的规律把决策过程层次化、数量化。它在本质上是一种决策思维方式，具有人的思维的分析、判断和综合的特征。

AHP 法的基本内容是：首先根据问题的性质和要求，提出一个总的目标；然后将问题按层次分解，对同一层次内的诸因素通过两两比较的方法确定相对于上一层目标的各自的权系数；这样层层分解下去，直到最后一层，即可给出所有因素（或方案）相对于总目标而言的按重要性（或偏好）程度的一个排序。

在 AHP 法中，用 $\lambda_{max}$ 代表判断矩阵的最大特征根。一致性指标用 CI 表征，CI 越小，一致性越好。为了衡量 CI 的大小，引入随机一致性指标 RI，$RI = \dfrac{CI_1 + CI_2 + \cdots + CI_n}{n}$。一般情况下，判断矩阵的阶数越大，则出现一致性随机偏离的可能性越大。将 CI 和 RI 进行比较，就可得到检验系数 CR，CR=CI/RI。如果 CR<0.1，一般认为对应的判断矩阵通过一致性检验，否则该矩阵不具有令人满意的一致性。

2）评估事例

以地球站效能评估为例，采用 AHP 法进行综合评估的流程如下。

（1）确定评估的目的，即对本例中的四个地球站根据其效能进行排队、择优。

（2）确定评估目的后，建立地球站效能评估的评估指标。在本例中，我们采用了在线总时长、通信成功次数、通信总时长、呼通率和入网次数五个指标。

（3）由于各指标的量纲不一致，对五个指标的数据进行无量纲化处理。所采用的方法是标准化处理法，具体公式如下：

$$x'_{ij} = \frac{x_{ij} - \bar{x}_j}{s_j}$$

其中，$\bar{x}_j, s_j$ 分别为第 $j$ 项指标均值和标准差的估计值。

表 6.2 中是五个指标的原始记录，表 6.3 是无量纲化后的指标数据。

表 6.2 地球站效能评估指标值（原始记录）

| 序号 | 在线总时长（分钟） | 通信成功次数（次） | 通信总时长（分钟） | 呼通率 | 入网次数（次） |
|---|---|---|---|---|---|
| 地球站 1 | 5000 | 600 | 600 | 0.2 | 300 |
| 地球站 2 | 5000 | 1 | 600 | 1 | 2 |
| 地球站 3 | 2000 | 500 | 500 | 0.5 | 800 |
| 地球站 4 | 800 | 1 | 120 | 0.3 | 20 |

表 6.3 用标准化处理法无量纲化后的地球站效能评估指标值

| 序号 | 在线总时长 | 通信成功次数 | 通信总时长 | 呼通率 | 入网次数 |
|---|---|---|---|---|---|
| 地球站 1 | 0.9733 | 0.9379 | 0.7035 | 0.0358 | 0.3603 |
| 地球站 2 | 0.9733 | 0.0734 | 0.7035 | 0.9260 | 0.5183 |
| 地球站 3 | 0.6489 | 0.6492 | 0.3015 | 0.1195 | 0.9669 |
| 地球站 4 | 0.2978 | 0.0734 | 0.0708 | 0.0769 | 0.4849 |

（4）在本例中，我们采用 AHP 法，建立地球站效能评估的层次分析结构图，如图 6.16 所示。

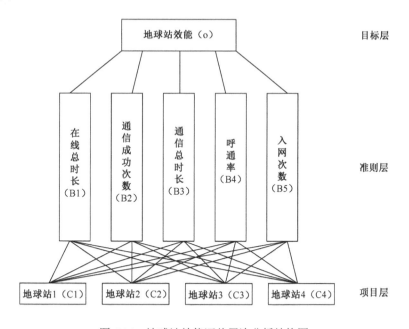

图 6.16 地球站效能评估层次分析结构图

（5）建立判断矩阵及进行一致性检验，确定评估指标权值。准则层判断矩阵如表 6.4 所示。

表 6.4　准则层判断矩阵

| 地球站效能综合评估 | B1 | B2 | B3 | B4 | B5 | 权值 |
|---|---|---|---|---|---|---|
| B1 | 1 | 1 | 1/3 | 1/5 | 1/2 | 0.083 |
| B2 | 1 | 1 | 1 | 1/5 | 3 | 0.149 |
| B3 | 3 | 3 | 1 | 1/2 | 3 | 0.222 |
| B4 | 5 | 5 | 2 | 1 | 3 | 0.448 |
| B5 | 2 | 1/3 | 1/3 | 1/3 | 1 | 0.089 |

对于此矩阵，根据 AHP 法计算可得*：$\lambda_{max}$ =5.364，CI= 0.091，RI=1.12。检验系数 CR=CI/RI=0.0813，通过一致性检验。

准则层五个因素的权值向量为 $W$=[0.083 0.149 0.222 0.448 0.089]。

（6）给出基于线性加权综合的地球站效能评估模型，求得地球站效能评估排名。

$$Y = W \times X$$

式中，$Y$ 为地球站效能评估的结果向量；$W$ 为五个评估指标的权向量；$X$ 为四个地球站各项指标的无量纲化数据矩阵。

$$Y = W \times X = \begin{bmatrix} 0.083 & 0.149 & 0.222 & 0.448 & 0.089 \end{bmatrix} \begin{bmatrix} 0.9733 & 0.9733 & 0.6489 & 0.2978 \\ 0.9379 & 0.9734 & 0.6492 & 0.0734 \\ 0.7035 & 0.7035 & 0.3015 & 0.0708 \\ 0.0358 & 0.9269 & 0.1195 & 0.0769 \\ 0.3603 & 0.5183 & 0.9669 & 0.4849 \end{bmatrix}$$

$$= \begin{bmatrix} 0.4248 & 0.7093 & 0.3571 & 0.1289 \end{bmatrix}$$

从计算结果分析可得，地球站效能评估排名为：地球站 2 最佳，其次是地球站 1，地球站 3 较差，地球站 4 最差。

3）评估模型

评估模型作为对评估对象进行评估的依据和基础，是进行评估的关键。在网络评估中，描述逻辑采用 OWL DL（Ontology Web Language Description Logic），它是一阶谓词逻辑的确定子集，在牺牲部分表达能力的基础上实现了推理的确定性，具有较强的概念推理能力，但在基于属性的推理方面具有缺陷。推理规则取消了一致性的约束，可以表达更为复杂的知识。SWRL（Semantic Web Rule Language）在规则中加入了对 OWL 中类、属性等的支持，是与 OWL 兼容的推理规则规范，可以表达基于本体的推理规则，如：

$$\text{hasParent}(?x, ?y) \wedge \text{hasBrother}(?y, ?z)$$
$$\rightarrow \text{hasUncle}(?x, ?z)$$

将 OWL 和推理规则相结合，可以提高知识的表达能力，成为大量基于本体应用的解决方案。

---

\* 本例计算结果取四舍五入后的结果。

在 SCNEO 中，设备和评估指标独立定义，它们之间通过设备类型关联，即某一类设备共用相同的评估指标。例如，所有地球站可以用"呼叫频度"指标进行评估，而所有转发器可以用"稳定度"指标进行评估。

通过"设备类型"类、设备的"hasDevtype"对象属性和评估指标的"forDevType"对象属性，基于 OWL DL 和 SWRL 的推理机制可以实现评估对象与评估指标的关联，如图 6.17、图 6.18 所示。

```
//通过 OWL 支持的推理功能获取设备对应评估指标
input: d//设备
procedure:
    begin
            devtype = getDevtype(d);
            C = create class " forDevtype equals devtype) and 评估指标 "
            indexList = getIndividuals(C)
            return indexList
    end
```

图 6.17　基于 OWL DL 推理机制的设备关联指标获取流程

```
//通过 SWRL 支持的推理功能获取设备对应评估指标
input: d//设备
procedure:
    begin
            define class " result"   without any property or restriction;
            define rule:

            rule= "设备(d) ^ hasDevtype(d,?x) ^
                    评估指标(?y) ^ forDevtype(?x)
                    → result(?x)"
            Using rule engine to execute the reasoning on " rule "
            return "individuals of result"
    end
```

图 6.18　基于 SWRL 推理机制的设备关联指标获取流程

网络运行评估系统中除了对地球站、转发器等设备进行定义，通常还定义逻辑对象，用于对特定的设备集合进行管理，如为满足特定任务通信保障需求，需要建立保障组，以对参加保障的地球站、频率资源进行管理；为方便对系统进行管理，按照使用单位和地区对地球站进行分组，如东南亚区、中东区、黄海区等。这些设备集合本身并不是具体的设备对象，对它们评估所依赖的数据仍然是所包含设备的运行数据，如保障组的"呼叫频度"指标就是其所包含地球站"呼叫频度"指标的求和，而"呼通率"指标可以看作其所包含地球站的"呼通率"指标的加权平均。如果仍然为这些设备定义评估指标，则会出现指标信息冗余，不利于指标的一致性维护。

另外，当某一类设备的指标过多时，为便于管理，可能需要对这些指标进行分组管理和使用。根据 Miller 的研究成果，当同级指标数目达到 9 个以上时，用户对其进行偏好区分变得困难，增加了用户对其管理的复杂度。按照某种标准对其进行分组合成，进而在合成指标的基础上进行评估，在一定程度上简化了评估操作，改善了评估系统的使用体验。

SCNEO 在"评估指标"类下构建"基本指标"和"综合指标"子类，综合指标用于定义指标合成。SCNEO 将指标合成方式定义为"同级组合"和"子对象组合"两类，且限定"子对象组合"方式只能对子对象中的一类进行合成；并对指标合成算子进行定义，将其分为"average""sum""weighted_average""weighted_sum""custom"五类，指标合成的关键是合成候选指标的获取和合成指标的计算，并利用 OWL DL 和 SWRL 支持的推理功能，实现合成指标的自动计算和无缝合成。

1）同级合成候选指标获取

在"同级组合"方式下，所有适用于某一设备类型的指标都可以作为候选指标，其获取流程如图 6.19 所示。

```
//通过 SWRL 支持的推理功能获取同级合成候选指标
input: devtype//设备类型
procedure:
    begin
        define class  " result "   without any property or restriction;
        define rule:
         rule = "评估指标(?x) ^  forDevtype(?x, devtype)
                → result(?x) "
        using rule engine to execute the reasoning on "rule"
        return "individuals of result"
    end
```

图 6.19　同级合成候选指标获取流程

2）子设备合成候选指标获取

当某设备的指标由其所属子设备对象的评估指标合成时，子设备合成候选指标获取流程如图 6.20 所示。

3）合成指标计算

合成候选指标确定以后，根据其合成方式、包含的子指标及合成算子，可以实现合成指标的计算。设逻辑设备"logicalDev"有名称为"integratedIndex"的合成指标，其依赖的子指标为"baseIndex"指标,合成算子为"calculator",则计算过程如图 6.21 所示。

```
//通过 OWL DL 和 SWRL 支持的推理功能获取子设备合成候选指标
input: devtype//设备类型
procedure:
    begin
        define class " result"   without any property or restriction;
        dev = get any individual which belongs to devtype;
        //childDevtype 用于保存子对象设备类型
        define class " childDevtypeClass"   without any property or restriction;
        define childDevtypeRule:

        childDevtypeRule=
            "hasFather(?child,dev) ^ hasDevtype(?child,?devtype)
                → childDevtypeClass(?x)"

        //候选子对象设备类型
        childDevtype = get any individual which belongs to childDevtypeClass;
        modify   class   "result"   by   adding   restriction"(forDevtype   equals
        childDevtype) and (评估指标)"
        using OWL inference engine to reasoning;
        return "individuals of result"
    end
```

图 6.20　子设备合成候选指标获取流程

```
//逻辑设备 " logicalDev " 合成指标  " integratedIndex " 计算方法
input: logicalDev integratedIndex//设备类型
procedure:
    begin
        //获取 " task " 子对象中所有与子指标对应的子对象
        define class " temp_children"   to contains all task's children;
        define swrl rule to get children:

        child
        Rule = "hasId(logicalDev,?id)^hasFather(?child,task)
            ^forDevtype(srcIndex,?devtype)^hasDevtype(?child,?devtype)
                → temp_children(?x)"

        execute swrl based reasoning engine;
        children = getIndividualOfClass(temp_children);//所有子对象
        result = 0;//用于保存子指标聚合后的取值
        calOperator = getCalculator(integratedIndex);//获取合成方法
        foreach(child in children)
        begin
                //计算子对象 child 在指标 srcIndex 的取值
                val = getValue(child,srcIndex);

        end
            return result;
    end
```

图 6.21　合成指标计算过程

在上述技术的基础上,通过对用户进行指标配置、对象类型配置和对象侧面配置,可以实现从评估对象到评估模型再到评估指标的灵活关联,从而实现灵活的评估对象与评估模型的关联对应,避免大量的评估模型构建需求,实现评估模型的自适应。

### 6.4.3　网络规划

网络规划的核心是卫星资源的分配。利用网络运行评估的结果,在进行卫星资源分配时,需要考虑波束覆盖、频段带宽及信号传播质量等因素,同时要考虑网络业务的增长等因素。网络规划考虑的主要因素如下。

（1）波束覆盖。为了保障重点区域使用需求,天线波束对目标区域覆盖范围内的 EIRP 需要大于一定值,即要求地球站接收到的卫星信号强度必须大于地球站信号接收所设定的某一阈值。

（2）频段带宽。保证能容纳足够数量的业务信道,以满足呼叫建立和切换的需要,保证在目标区域内的平均统计业务量覆盖达到一定的系统设计要求。

（3）信号传播质量。通信网中的同频干扰和邻频干扰必须控制在可以保证可靠的信号传播的范围内。

网络规划需要结合通信任务需求信息进行,需求信息包括如下内容。

（1）任务的性质:决定了网络规划的拓扑结构及站型类别。

（2）任务优先等级:决定了转发器的资源配置质量、控制信道的配置、地球站工作模式的选取等。

（3）任务规模的大小:决定了地球站的配置数量、转发器的资源配置数量、业务量的大小等。

（4）任务的时间和地点:时间和地点决定了系统链路的可用度,还需要外部信息源的支持,如气象参数,包括任务地点所处的雨区位置、历年气象统计的降雨概率等。

网络规划功能需要根据通信任务模型,利用网络规划算法得到规划结果。网络规划主要包括以下内容。

（1）卫星转发器资源的分配。

（2）站型的配置,包括地球站设备类型和数量。

（3）地球站工作模式的设定。

（4）站型通信能力的配置,主要指通信速率的大小。

（5）控制信道的设置。

（6）站型分布地理位置的设置。

（7）多波束覆盖位置的设置等。

　　网络规划中各部分间的关系如图 6.22 所示。通过规划和调度引擎，搜索资源调度策略数据库，实时计算资源分配方案，提供给用户。

　　规划专家和资源调度专家根据任务、网络运行状态和网络运行评估信息等，建立可选的策略数据库，通过领域模型和资源约束计算规划方案，然后进行分析和修正，形成预案。

　　在网络建设初期，规划专家将根据初始状态，通过规划与资源调度引擎计算，与可选策略数据库中的策略进行匹配。如果没有匹配结果，则由规划与资源调度引擎直接按照资源约束和领域模型计算，得到理论上的网络规划预案。

　　资源优化主要实现的是，根据当前的任务请求，通过计算资源的最佳分配方案，实现资源的合理配置。

　　资源优化过程：首先接收新的任务，然后根据当前的初始状态，请求资源优化引擎搜索可选的策略数据库，若没有匹配，则通过资源约束和领域模型直接计算资源分配方案，制订调度计划。

　　资源优化流程如图 6.23 所示。

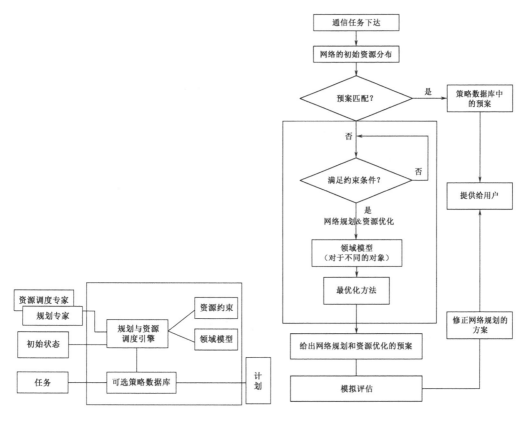

图 6.22　网络规划中各部分间的关系　　　　图 6.23　资源优化流程

# 6.5　系统管理

系统管理负责与整个运行管理及组网控制相关的全部系统（本节简称系统）的安全管理和系统自身的运行管理，实现对系统用户、权限和日志的管理，以及对系统中硬件和软件的监视与管理，从而保障系统软硬件的正常运行。为保障系统的高效和稳定运行，需要在设计中从性能和可靠性方面进行综合考虑。

## 6.5.1　安全管理

安全管理的功能包括登录用户的认证，以及用户和用户组权限的管理。除了基本安全，其提供必要的访问控制机制，包括虚拟对象管理、用户管理和权限管理。此外，安全管理还具备会话管理和日志管理功能，能够记录用户的活动情况，提供操作记录能力。

安全管理架构如图 6.24 所示。

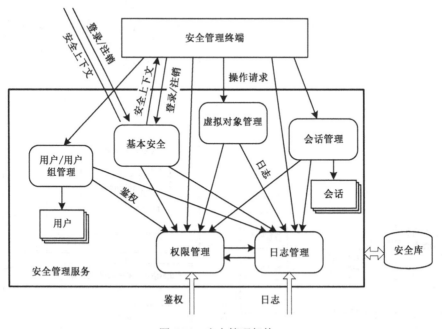

图 6.24　安全管理架构

### 1. 权限管理

权限管理是安全管理的一个重要内容，除系统管理员拥有所有权限外，其他用户的权限均由系统管理员进行分配。

权限包括以下两部分内容。

（1）用户管理的范围，即允许用户访问的对象集合，粒度可以细到每个模块（组成部分）。

（2）操作权限，即允许对访问范围内的对象执行哪些操作，以系统全部功能集为基础，根据需要对用户操作权限进行任意定制，应提供良好的界面，方便系统管理员进行用户授权操作。

### 2. 用户管理

用户管理的权限只有系统管理员才拥有，一般用户只能对自己的口令和锁定时间进行修改，而不允许修改其他用户的信息。

系统管理员通过添加用户、删除用户、修改用户属性、用户信息浏览等操作对系统的用户进行管理。

用户管理提供用户登录、注销和锁定等功能。用户在使用系统时必须先进行登录，只有登录成功的用户才能使用其权限规定的功能；用户离开系统时必须进行注销，注销时系统生成一条日志记录；如果用户在规定时间内没有进行任何操作，系统将进入锁定状态，在该状态下系统不允许用户进行任何操作。用户可通过输入正确的口令解锁，使系统退出锁定状态。用户离开时也可通过功能键手动使系统进入锁定状态。

### 3. 日志管理

日志管理对用户的每次登录、注销过程形成完整的登录日志记录，以便系统进行跟踪管理，日志内容不允许任何用户修改。安全管理对用户登录期间的操作提供完整的操作日志管理功能，操作日志内容不允许任何操作员修改。操作日志包括以下内容：用户名、终端标识（终端名、IP 地址、MAC 地址等）、操作时间、操作名、操作结果、操作的详细内容等信息。

系统管理员可对所有日志进行查询浏览，一般用户只能对自己产生的日志进行查询浏览。系统支持日志备份功能。

## 6.5.2 系统运行管理

系统运行管理主要完成对系统内各软件模块、进程、用户、硬件及网络设备性能的监视和管理，包括（服务/适配器/应用）进程监控、（服务器/用户终端/适配器）主机监控、在线用户/会话监控、网络设备性能监控等。

### 1. 进程监控

进程监控是指对系统内的软件进程进行监视和管理，进程包括服务进程、管理终端进程和数据接入进程。进程监控的主要内容如下。

（1）监视进程的运行情况，如进程的状态（已启动/暂停/停止）、启动时间、持续时间。

（2）重启、暂停、恢复进程的运行。

（3）监视进程的业务状态和负载统计，如管理终端进程的登录用户、登录状态（登录/锁定）、正在执行的操作等，服务进程和数据接入进程收发/处理的事件及功能请求数统计、占用内存与 CPU 等资源的负载统计等。

### 2. 主机监控

主机监控是指对支撑系统运行的硬件平台进行监视和管理。硬件平台包括管理终端、数据库服务器、管理应用服务器、Web 服务器等。主机监控的主要内容如下。

（1）监视主机的磁盘、事件日志、文件系统、网络组件、操作系统设置、打印机、进程、注册表设置、服务、共享、用户、组等。

（2）更改服务运行状态、共享配置、用户和组信息、进程状态等。

### 3. 在线用户监控

在线用户监控是指对当前正在使用系统的用户及其会话进行监视与管理，主要包括如下内容。

（1）监视在线用户和会话，以及相应的终端主机、登录状态、正在执行的操作等。

（2）锁定、中止在线用户或会话状态。

### 4. 网络设备性能监控

网络设备性能监控是指对支撑系统运行的局域网环境进行监视，主要包括如下内容。

（1）监视系统硬件平台之间由系统内进程产生的网络流量，并按照软件功能模块统计流量分布。

（2）监视网络环境中由系统之外的进程产生的网络流量，并根据 IP 和端口特征统计流量分类与分布，对异常网络流量给出告警。

## 6.5.3　性能与可靠性设计

为了提高系统处理各种信息的能力，提高系统性能和稳定性，需要对系统进行性能与可靠性设计。

### 1．性能设计

性能设计包括本地信息快速加载和多线程事件处理两个方面。

1）本地信息快速加载

在运行管理数据初始化时，需要将其管辖范围内的管理对象都加载到内存里。在执行过程中，依次调用每个管理对象的信息加载方法。每个对象的加载方法都需要进行一次完整的数据库读取操作，因此初始加载耗时较长。随着管理容量逐步增加，管理数据的初始化耗时将成比例增加。

为了进一步加快本地信息的加载速度，可采用批量加载和延迟加载两种方式。

（1）批量加载：相同类型的管理对象都存储在同一个数据库表中，因此可按照管理对象类型，使用一个数据库查询操作来返回管辖范围内的所有该类对象，从而减少与数据库之间的交互次数。

（2）延迟加载：启动过程中，系统仅加载对象的概要配置信息，详细配置信息则由独立的详细配置信息加载线程完成，其加载过程不影响系统的初始化加载进程及后续管理行为。延迟加载过程如图 6.25 所示。

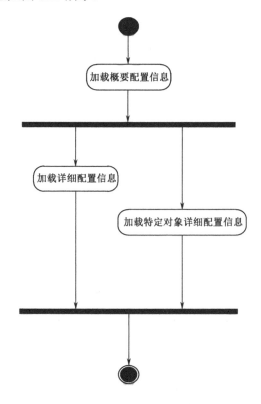

图 6.25　延迟加载过程

2）多线程事件处理

系统以通信网络为单位构造多个事件处理线程，以充分发挥多 CPU 并行处理优势，提高处理能力。系统按到达时间顺序处理来自组网控制中心的事件流，以保持数据的一致性。

### 2. 可靠性设计

为了确保系统能够持续地处理信息，应保证系统中数据的可靠性。可靠性设计的内容主要包括以下两个方面。

1）状态初始同步管理

在配置信息初始同步的过程中，为了确保各管理对象的状态同步（系统记录的状态与真实运行状态一致），可采用强制信道单元退网，再读取其当前状态的模式。此方法在同步过程中会产生大量的状态变更事件。这些变更事件是由管理数据的初始化过程导致的，而非卫星通信网发生的真实状态变更。因此，系统在状态初始同步过程中，将新的状态与旧的状态进行比对，仅产生真正发生变化的状态变更事件，而不是简单地先归零再重置。这样可以大量减少初始化过程中的状态变更事件，剩余的变更事件则是在运行间隔中积累产生的真实变更事件，从而使管理数据的恢复过程呈现"用户无感"的效果。

2）一致性检查机制

为避免事件处理导致的系统信息的累积误差，需要建立一致性检查机制。一致性检查由后台独立线程执行，与事件处理线程并行工作。一致性检查线程采用定期轮询的机制，完成系统管理信息的比对，修正管理信息状态，并触发相应的管理信息变更事件。

一致性检查包括配置信息一致性检查和状态信息一致性检查两个部分。其中，配置信息一致性检查是通过调用配置管理提供的配置信息查询接口来完成的；而状态信息一致性检查则需要先触发状态查询命令，再处理状态报告事件。

# 6.6　小结

本章主要介绍了卫星通信网运行管理的内容和运行管理系统的设计思想。其中，6.1节和 6.2 节主要介绍卫星通信网管理对象，包括卫星资源对象的形式化建模、通信网资源对象的形式化建模、卫星资源监视等内容；6.3 节和 6.5 节介绍卫星通信网运行管理系统设计和架构，包括系统中事件的发生和处理、故障的定义和处理分析、系统的可靠性设计等内容；6.4 节介绍卫星通信网管理中的智能化评估与网络规划，包括卫星通信网评估指标的确定、评估方法、网络智能规划等内容，对提高网络运行效率具有重要的意义。

# 第 7 章

# 组网控制中心的备份

根据第 3 章所述的按需分配卫星通信网组网架构和第 5 章所述的组网控制实现方案，组网控制中心按需为需要通信的两个业务站动态分配卫星信道资源。这种由一个中心对全网的运行进行实时控制和分配的星形管控模式，存在非常典型的"单点故障"问题，即一旦其中一个点失效，那就意味着全网（所有点）瘫痪。因此，我们要采取各种办法来提高组网控制中心的可用性，以保证卫星通信网的正常运行。

为了克服组网控制中心单点故障对全网的影响，大多数卫星通信网的组网控制中心至少都会采用本地备份方案，即在组网控制中心内部署两套管控服务器：一套作为当前管控服务器运行，另一套作为热备份，随时接替作为当前管控服务器。本地备份的主备管控服务器一般都在同一个局域网内，且共用同一套管控信息传输设备（MIG/CCU）和射频设备。在对卫星通信网运行的稳定性和可用性要求更高的场合，组网控制中心的部署还必须考虑异地备份方案，以便应对地震、狂风、大范围停电等"特殊的天灾"情况，一旦当前组网控制中心失效，备份的组网控制中心即时接替运行，以免全网瘫痪。

本章主要介绍卫星通信网组网控制中心的本地热备份和异地备份的实现方案。

## 7.1 管理信息系统的备份技术

纯粹物理设施的备份技术很多，也相对比较简单，如动力电源分两路供电、水管铺设两根等。对于一个无状态系统，备份很简单，就像我们平时用的网络终端，坏了换一台就行，虽然有些小麻烦，但影响不大。但有状态的管理信息系统中存储着大量的数据，比如银行的账目数据库，一旦故障，造成数据丢失和系统失效，将可能产生无法估量的经济损失和社会问题。如何保证即使有局部系统失效也不会丢失数据，而且不影响大量终端用户的使用，是管理信息系统建设中必须考虑的重要问题。

鉴于管理信息系统备份的重要性，2005 年 4 月，国务院信息化工作办公室正式发布了《重要信息系统灾难恢复指南》。这是我国第一个灾难备份指导性文件，该文件的出台是我国容灾建设的一个里程碑。《重要信息系统灾难恢复指南》用于规范和指导重要信息系统的使用及管理单位对信息系统灾难恢复的规划与准备工作，规定了对重要信息系统的灾难恢复应遵循的基本要求。该文件主要从灾难恢复规划的管理、灾难恢复需求的分析、灾难恢复等级的确定、灾难恢复等级的实现，以及灾难恢复预案的制定、落实和管理等方面，对灾难恢复的规划和准备活动的规范化要求进行全面描述。

2007 年，《重要信息系统灾难恢复指南》正式升级为国家标准《信息系统灾难恢复规范》（GB/T 20988—2007）。这是我国信息系统容灾建设的第一个国家标准，对国内重点行业及相关行业的灾难备份与恢复工作的开展和实施有着积极的指导意义。《信息系统灾难恢复规范》规定了信息系统灾难恢复应遵循的基本要求，适用于信息系统灾难恢复的规划、审批、实施和管理。该标准具体包括灾难恢复行业相应的术语和定义、灾难恢复概述（包括灾难恢复的工作范围、灾难恢复的组织机构、灾难恢复的规划管理、灾难恢复的外部协作、灾难恢复的审计和备案）、灾难恢复需求的确定（包括风险分析、业务影响分析、确定灾难恢复目标）、灾难恢复策略的制定（包括灾难恢复策略制定的要素、灾难恢复资源的获取方式、灾难恢复资源的要求）和灾难恢复策略的实现（包括灾难备份系统计数方案的实现、灾难备份中心的选择和建设、专业技术支持能力的实现、运行维护管理能力的实现、灾难恢复预案的实现）等内容。

## 7.1.1 灾难恢复能力等级

在《信息系统灾难恢复规范》中，灾难是指由于人为或自然的原因，信息系统严重故障或瘫痪，使信息系统支持的业务功能停顿或服务水平不可接受，且持续时间达到一定阈值的突发性事件。灾难恢复则是指为了将信息系统从灾难造成的故障或瘫痪状态恢复到可正常运行状态，并将其支持的业务功能从灾难造成的不正常状态恢复到可接受状态而设计的活动。一旦信息系统发生灾难事件，通常可以切换到灾难备份中心运行，以便尽快恢复信息系统的服务。

火灾、地震等自然灾害，信息系统的硬件故障，信息系统的软件错误和病毒攻击，甚至操作人员的误操作，都有可能造成信息系统的严重故障或瘫痪（灾难）。信息系统遇到灾难后的恢复工作的核心是两件事：一是保护数据不至于因灾难而丢失（数据备份）；二是保持系统的服务不停顿或服务水平可接受。根据数据备份的完备性和实时性、备用系统接替服务的及时性等几个要素，《信息系统灾难恢复规范》的附录 A 中将灾难恢复能力划分为六个等级，每个等级的基本要求（这里省略了对管理措施和运维人员的相关要求）如下。

第 1 级　基本支持。只要求每周执行至少一次完全数据备份，且备份介质场外存放。

第 2 级　备用场地支持。在满足第 1 级要求的基础上，有备用场地且在灾难发生后能在预定时间内调配所需的信息系统软硬件基础设施到备用场地，并能在预定时间内调配所需的设备和线路以开通备用场地的网络。

第 3 级　电子传输和部分设备支持。要求每天执行至少一次完全数据备份，且备份介质场外存放；有备用场地，且配备灾难恢复所需的部分信息系统软硬件基础设施，有备用网络通达这些备用设施；每天多次利用网络将关键数据定时批量传送至备用场地的信息系统。

第 4 级　电子传输及完整设备支持。在满足第 3 级要求的基础上，备用场地配备灾难恢复所需的全部信息系统软硬件基础设施和网络，并 7×24 小时处于就绪状态或运行状态。

第 5 级　实时数据传输及完整设备支持。要求每天执行至少一次完全数据备份，且备份介质场外存放；备用场地配备灾难恢复所需的全部信息系统软硬件基础设施和网络，并采用远程数据复制技术经通信网将关键数据实时复制到备用场地的信息系统，具备自动或集中切换能力，在主用系统发生灾难后由备用系统接替提供服务；备用场地的信息系统和网络 7×24 小时处于就绪状态或运行状态。

第 6 级　数据零丢失和远程集群支持。要求每天执行至少一次完全数据备份，且备份介质场外存放；备用场地配备与主用系统处理能力一致并完全兼容的软硬件基础设施（简称备用系统）；备用系统对主用系统的数据实现远程实时备份，数据零丢失；备用系统的网络条件与主用系统相同并处于运行状态，最终用户可通过网络同时接入主、备用系统；应用软件是"集群的"，具备远程集群系统的实时监控和自动切换能力，可实时无缝切换。备用场地的备用系统和网络 7×24 小时处于运行状态。

上述灾难恢复等级中，第 6 级是最高级，主用系统和备用系统能力一致，相互之间数据实时备份且零丢失，并可以同时为最终用户提供服务，有人称其为"双活"系统；第 5 级能够将关键数据（而非全部）实时复制到备用系统，备用系统处于就绪或运行状态，但不对最终用户提供服务，只有主用系统停机时备用系统才对最终用户提供服务，有人称其为热备份系统；第 4 级数据的备份不是实时的，仅要求每天多次利用网络将关键数据定时批量传送至备用系统，备份不够完整，主、备用系统之间也不能自动切换。从第 1 级到第 6 级，要求不断提高，最终反映的实际上是主用系统遭遇灾难后备用系统接续为最终用户提供服务的"接续速度"。第 6 级主、备用系统同时提供服务，没有主备切换过程；第 5 级主、备用系统交替提供服务，备用系统接替主用系统提供服务是自动实现的；第 4 级及更低的级别就没有自动接替服务功能了，需要人工介入。

## 7.1.2 灾备系统的架构与数据复制

信息系统的灾难恢复的重要性已经不言而喻了，下面主要介绍当下信息系统建设中常见的灾备技术和系统。其中，所述的"灾备"是指"容灾+备份"，可以用于实现第 6 级的灾难恢复。

容灾：指在相隔较远的两处或多处（同城或异地）分别建立两套或多套功能相同的信息系统，各套系统之间相互进行健康状态监视和服务功能切换；当一处系统因灾难而停止服务时，另一套或多套系统可以接替提供服务；可以采用双活模式，也可以采用热备份模式，这取决于软件实现。

备份：指为信息系统产生的重要数据（或者原有的重要数据信息）生成并保存一份或多份复制，以提高数据的安全性。

由两套系统组成的灾备系统的一般结构如图 7.1 所示。两套系统分别部署于相隔一定距离的两个场地，每套系统都有基于数据库的信息系统的基本部件，比如磁盘阵列和多台服务器，分别用作数据库服务器和应用服务器。根据备份目标的不同，主用系统的存储容量和服务器处理能力也可以比备用系统的强一些。

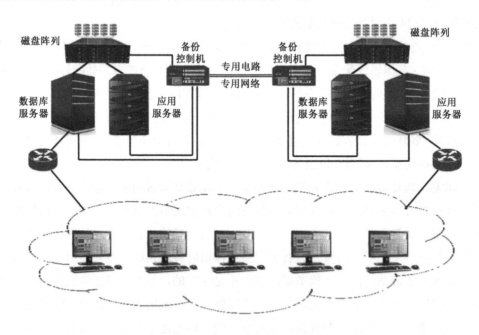

图 7.1　由两套系统组成的灾备系统的一般结构

从图 7.1 中可以看出，与普通信息系统不同，因为备份的需要，每处都增设了一台备份控制机。备份控制机的不同也就决定了备份技术方案的不同。有些备份控制机必须采用专线电路，如专门的一对光纤；有些备份控制机则允许使用高速局域网连接。备份控制机一般都可以配置，并提供系统运行的监控功能，包括灾备配置、流量监控、恢复控制等。

还有一些灾备系统没有独立的备份控制机，只是将一套灾备软件，安装在每台服务器上。在主用和备用两个系统中，相同功能的主、备两台服务器之间形成一对一的备份关系，灾备软件捕获应用数据并传输到备份服务器，实现数据的实时复制保护。备份的内容可以根据服务器的功能进行设置。灾备软件还能实现应用的监测和切换控制，要求做到不管主用系统发生任何异常，备份端的应用都能自动快速接替。目前有些灾备系统的切换时间在数分钟内。

支持异地灾备的数据备份方法主要有以下四类。

### 1. 基于存储系统的数据复制技术

通过存储系统（比如磁盘阵列控制器）内建的固件或操作系统，基于 IP 网络或光纤通道等高速传输介质互联，将主用存储系统的数据复制到备用存储系统，构建磁盘阵列之间的直接镜像，从而实现数据的灾难保护。基于存储系统的复制可以是"一对一"复制，也可以是"一对多或多对一"复制，而且复制还可以是双向的。这种数据复制技术对网络连接和硬件设施的要求比较高，互联的网络或通道必须是低时延、大带宽的。

### 2. 基于主机的数据复制技术

基于主机的数据复制技术是指通过特定的软件（或称主机数据管理软件），将主用主机磁盘卷的数据完全复制到备用主机上，在备用主机上形成主用主机磁盘卷的镜像。这种复制技术不需要专门的硬件设备，对存储设备的兼容性好，只要主用主机与备用主机间有带宽足够的 IP 网络即可，数据传输可靠，效率相对较高。其缺点是复制软件的运行要占用主机的 CPU 资源，对软件的实时性、正确性和可靠性要求较高。有些商用软件已经可以做到字节级的实时复制。

### 3. 基于应用的数据复制技术

信息系统内的数据变化都是由应用程序对数据的增、删、改造成的，因此可以将应用程序设计成对主用系统和备用系统同时执行数据的增、删、改操作（双写或多写），保证主用系统和备用系统的数据一致性。由应用程序负责实现的数据复制技术，既能容灾，又能分担负载，因为主用系统和备用系统同时运行，应用程序的读操作只需要选择其中一个系统进行，主、备用系统之间可以分担负载。但是，基于应用的数据复制技术实现复杂，与应用软件的业务逻辑相关，一般以中间件或在应用平台的层面进行封装和实现，对上层的应用透明。由于其实现难度高，成熟的商用软件比较少。

**4. 基于数据库的数据复制技术**

基于数据库的数据复制技术可以实现两个数据库之间的数据一致。逻辑复制主要实现异步复制，主用数据库和备用数据库内的数据最终能够一致，但无法保证实时一致。基于数据库的数据复制技术将在后面专门介绍。

## 7.1.3  数据库的备份方式

数据库管理系统对数据的备份一般有以下四种方式。

（1）完全备份。这是比较充分的备份方式，是对整个数据库的全部数据进行备份，包含用户表、系统表、索引、视图和存储过程等所有数据库对象。备份需要花费较长的时间和较大的存储空间，一般一周做一次完全备份。每个数据库都有专门的工具支持完全备份。

（2）事务日志备份。事务日志是数据库管理系统的一个单独的文件，记录着数据库内容修改的流水账，在数据库出现问题时，利用尚存的数据和日志就可以恢复数据库的内容。事务日志的备份只需要复制自上次完全备份以来对数据库所做的全部改变即可，所以备份所需的时间较短。为了使数据库具有鲁棒性，一般推荐至少每小时备份一次事务日志。每个数据库都有专门的工具支持事务日志备份。

（3）差异备份。其也称增量备份，只备份数据库中有变化的那部分数据。差异备份比完全备份的内容要少得多，只备份自上次完全备份以来所有改变过的数据库。差异备份的内容相比事务日志备份更多，但优点是恢复速度也更快。一般推荐每天做一次差异备份。每个数据库都有专门的工具支持差异备份。

（4）文件备份。数据库的内容都是以文件的形式存储在硬盘上的。如果数据库内容多，文件就会非常大，备份操作就会比较费时。

上述备份方式可以根据备份时是否需要停止数据库服务分为 3 种，即冷备份、热备份和暖备份。

（1）冷备份。这种方式必须先停止数据库服务，然后执行备份，备份过程中用户无法访问数据库。一般用光盘、磁带等介质将数据库内的各类数据或关键数据定期备份存储，然后将光盘、磁带等介质异地存放，以实现灾难备份。冷备份的优势在于技术含量低，易于实现，花费小。但是，这种方式也存在明显的缺点，就是备份时系统无法继续使用，且遇到故障后的恢复时间长。在这种备份方式下，一般不会部署备用的信息系统，如果涉及硬件故障，恢复信息系统硬件运行所需的时间难以确定，而且一般需要从存放地将介质运送到恢复系统所在地。一般来说，只有在用户对信息系统的可用性要求不太高的情况下才采用此种方式，其主要适用于影响面不大的小型应用系统。

（2）热备份。这种方式在执行备份时，数据库提供正常服务，支持数据库的读写操作。热备份是效果最好、恢复最快的一种备份方式，也是实现最为复杂、费用昂贵的备份方式，一般要采用前面介绍的灾备系统结构和数据复制技术。热备份只有在对数据的可靠性、安全性、实时性要求特别高的时候才使用。

（3）暖备份。其也称温备份，这种方式在执行备份时，数据库可以照常提供读服务，但不提供写服务，即在备份时数据库内容不能修改。暖备份是介于冷备份和热备份之间的一种方式，是一种在性能与成本之间折中的方案，大多利用数据库的复制功能来实现，但不同厂商数据库管理系统之间的兼容性比较差。

## 7.1.4　数据库的复制技术

对于第 6 级的灾难恢复，数据的备份、切换控制都比较复杂。如果只实现第 5 级的灾难恢复目标，即实现"实时数据传输和完整的备用系统支持"，就要简单一些，其实现的关键是采用远程数据复制技术经通信网将关键数据实时复制到备用场地的信息系统。

实时复制数据可以采用完全数据复制技术。但从实现的难度和成本考虑，关键数据的实时复制，也可以采用数据库管理系统的数据复制软件来实现。数据库自带的系统还可用于更低级别灾难恢复目标的数据备份和复制，比如"每天多次利用网络将关键数据定时批量传送至备用场地的信息系统"。

我们把待复制数据所在的数据库称为主数据库（简称主或主端），将拟存储数据副本的数据库称为从数据库（简称从或从端），数据库复制大多支持一主多从的复制。主、从数据库之间的数据复制技术主要有以下四类：

（1）异步复制。主数据库将数据更新操作（也称事务）发送至从数据库，让从数据库也执行同样的更新操作。无论从数据库是否收到更新操作，也不管从数据库是否正确执行完更新操作，都不反馈消息给主数据库。异步复制操作只是增加了主数据库的有限负担，但无论复制结果如何，都不影响主数据库的操作。其优点是复制操作的效率高，从数据库的个数对主数据库的影响比较小，但缺点也很明显，即主、从数据库的数据一致性无法保证。异步复制适合对数据一致性要求不太严格的应用。目前大多数据库管理系统的数据复制软件都支持异步复制。

（2）全同步复制。主数据库将数据更新操作发送至从数据库，让从数据库也执行同样的更新操作。每个从数据库成功执行完该操作后要向主数据库返回一个确认，在所有的从数据库都执行完该更新操作并返回确认后，主数据库才算完成该次数据更新操作。全同步复制的优点是能够确保数据实时复制到所有从数据库，但复制的效率会比较低，主数据库的等待时间会比较长。更严重的是，一旦某个从数据库更新操作失败，主数据库的操作还要回滚，并向用户返回更新操作失败信息。全同步复制适合对数据一致性要求非常严格的环境，部分商用数据库管理系统的数据复制软件并不支持全同步复制，但有第三方工具可以实现。

（3）半同步复制。半同步复制介于异步复制和全同步复制之间，即主数据库执行完数据更新操作之后不立即向用户返回操作结果，而是等待至少从数据库成功执行完一个该操作并向主数据库返回确认后再向用户返回操作结果。相比于异步复制，半同步复制提高了数据的一致性，但也增加了时延；相比于全同步复制，半同步复制提高了数据复制的效率，但也降低了数据的一致性。半同步复制可以保证在主数据库出现问题时，至少能在一个从数据库中找到数据。

（4）组复制。若干个数据库实体构成一个平等的复制组，当用户发起一个数据更新操作时，组复制先在其登录的数据库实体执行操作，执行完本数据库操作之后产生数据复制操作并广播给组内所有其他数据库实体。如果组内所有数据库实体的复制操作都成功，该次数据更新操作就返回成功信息，否则就要回滚。这样可以保证组内数据的强一致性。组复制的优点是数据库实体之间不分主从。

上述介绍的数据库复制技术各有优缺点，数据一致性强的数据库更新操作效率比较低；反之，数据库更新操作效率高的数据一致性不太有保证，需要根据实际应用的需要来选择。另外，异步复制实现相对简单，大多数数据库管理系统的数据复制软件都支持，但对其他的复制技术就不一定支持，不过有第三方软件可以提供这些功能。

本节介绍的信息系统灾备技术，在卫星通信网组网控制中心的可靠性与备份设计中，大多无法直接照搬应用，但可以作为主要参考和部分选用。

# 7.2　组网控制中心的备份要求

前面只介绍了组网控制中心的本地备份和异地备份的硬件设施。在发生部件失效后的主备切换中，MIG/CCU 是无状态继承切换的，新启动的 MIG/CCU 不需要获得原主用MIG/CCU 的运行状态数据。而对于管控服务器的主备切换，就需要备用管控服务器继承主用管控服务器的网络状态数据，然后接替对全网的组网控制和管理。如果备用管控服务器无法继承主用管控服务器的网络状态数据，当主用管控服务器停机、备用管控服务器接替后，整个卫星通信网必须从零开始，每个业务站要重新"开机"。即使这样，部分业务站也无法"从零开始"，因为它们也许正在通信中。这部分"正在进行的通信"占用了部分业务信道，"从零开始"的备用管控服务器却不知道。

因此，管控服务器的主备切换要比 MIG/CCU 的主备切换复杂得多，本节主要介绍组网控制中心的备份模式和管控服务器主备切换的功能要求，以便通过软件来实现恰当的备份和切换控制。

## 7.2.1　组网控制中的数据

卫星通信网的组网控制中心中的管控数据主要可以分为以下三类。

### 1. 网络配置数据

网络配置数据是一个卫星通信网运行管理的基础，比如用户（地球站配置）、卫星信道资源配置（配置有哪些业务站、可以使用哪些卫星信道），网络配置数据决定了哪些用户是合法用户，哪些卫星信道资源可供分配。当然，其中的细节很多，比如每个用户的电话号码、每个用户的优先级、每个地球站的地理位置等，这里不再一一罗列。

网络配置数据一般不会频繁更新，只有网络管理操作人员主动修改网络配置时才会发生变化，属于相对静态的数据。

### 2. 网络运行状态数据

网络运行状态数据是指由地球站的入网和退网、用户通信的开始和结束等活动造成的地球站工作状态变化、卫星信道资源占用状态变化相关的网络运行记录，包括各种工作参数的改变。

网络运行状态数据是随网络的运行时时刻刻发生变化的。

### 3. 网络运行记录数据

网络运行记录数据是管理者事后分析网络运行效果、查找网络运行问题、收取网络使用费用等所需的，对卫星通信网的运行没有直接影响。这类数据万一丢失，对网络的运行并不会有直接影响，但有可能影响运营收益。对这类数据的要求是尽量不要丢失，即使一时无法读取也是可以容忍的。因此，对这类数据做好及时备份即可。其既可以从当前管控服务器上备份到备用管控服务器中，也可以备份存储到离线介质（如磁带、光盘等）中。

网络运行记录数据是随网络的运行时时刻刻产生的，产生以后不会变化。

## 7.2.2　备份方式选择

7.1 节介绍了信息系统灾难恢复的等级和要求。其中影响等级的主要因素有三个：是否有能力相当的备用信息系统；是否实现数据的实时复制；是否实现自动切换。从长期运行来看，备份效果的好坏与具体的备份需求、资金投入有很大关系。如果想要一个好的备份方案，则备用系统建设的花费可能巨大，但灾难恢复所花费的精力肯定就比较少，系统重新运行的修复时间也肯定很短。因此，在初期选择备份方案时，就应该根据实际目标来选择。

假设组网控制中心一年失效一次（组网控制中心的软件可靠性一般比硬件可靠性低一些），如果切换的时间为 5 分钟，那这个组网控制中心的有用性可以达到 99.999%；如果切换的时间为半小时，那这个组网控制中心的有用性就只能达到 99.99%。因此，对组网控制中心的可用性要求就决定了对备用组网控制中心的切换时间要求。一般来说，既然是实时组网控制中心的备份，自然离不开"实时"，因此对主用组网控制中心失效后备用组网控制中心接替继续对全网"实时"控制的"主备切换时间"，自然希望越短越好。

备用系统的主备切换时间与备份方式密切相关，而备份方式又对组网控制中心的备份相关软件的实现有较大影响。参考信息系统的灾难恢复能力等级，我们可以把组网控制中心的备份方式分为配置数据备份、系统冷备份和系统热备份三种。

### 1. 配置数据备份

在这种方式下，没有备用的组网控制中心硬件设施，只是定期进行配置数据的备份。一般可以要求每天甚至每半天备份一次，并将备份介质存放到独立的场地（比如另一栋楼）。因为没有备用的硬件，一旦管控服务器失效，恢复的时间就难以确定，恢复的效果也没有保证。例如，仅仅是软件故障，服务器重新启动就可以恢复，这时可以利用备份的配置数据重新启用网络，但哪个业务站还在占用此前分配的信道资源进行通信就不可知了，这在一定程度上会影响后续的网络运行，但也是局部的影响。又如，服务器硬件发生故障，那就必须找到一个兼容的服务器硬件才能重新启用网络，恢复时间有很大的不确定性，半天、一天甚至数天都有可能。

但是，这种备份方式最简单，费用最低，对组网控制中心的软硬件没有任何附加要求。

### 2. 系统冷备份

系统冷备份在配置数据备份的基础上，有备用的组网控制中心硬件设施，软件系统安装调试完毕，一旦开机并导入配置数据后，就可以直接用于组网控制。定期备份的配置数据，除了场外存放，也要保证随时可以导入备用管控服务器。这种备份方式遇到管控服务器硬件故障后的恢复效果与配置数据备份方式一样，但恢复的时间比较短。

这种备份方式与配置数据备份方式一样简单，对组网控制中心的软硬件没有任何附加要求，只是增加了备用组网控制中心硬件设施的成本。

### 3. 系统热备份

在系统冷备份的基础上，系统热备份的备用组网控制中心硬件设施和软件系统实时运行，主用管控服务器的网络配置数据、网络运行状态数据和网络运行记录数据实时复制到备用管控服务器上，从而保持数据的实时一致性。但是，业务站的管控信令不会发送到备用管控服务器上，备用管控服务器也不主动向业务站发送管控信令。备用管控服务器在保持各种数据与主用管控服务器一致的同时，只是静静地等待，等待主用管控服务器故障后自动切换为主用管控服务器。

这种备份方式比较复杂：首先，主、备用管控服务器上的网络配置数据和网络运行状态数据等管控数据要保持实时一致性；其次，组网控制中心要有专门的切换控制软件，负责发现主用管控服务器的失效和自动地切换控制。

配置数据备份和系统冷备份在技术实现上没有什么区别，发现故障后的恢复工作需要技术人员介入。尤其是在组网控制中心的软件设计上，二者不需要为备份专门进行设计，因此本书不对这两种备份方式做更多的介绍。本书重点介绍如何实现组网控制中心的热备份。

### 7.2.3　热备份的目标和功能

卫星通信网组网控制中心的备份问题与常见的以数据库为核心的管理信息系统的冷热备份问题不尽相同。大多数管理信息系统的核心是数据库，多个用户对同一个数据库进行操作访问，其重点是保持用户数据的唯一性和完整性。而对于卫星通信网的组网控制中心，设置热备份的主要目的是，在当前组网控制中心失效后，保持用户（地球站）之间的既有通信连接不受影响、新的通信连接需求（呼叫）能够按需建立。

根据卫星通信网组网控制中心设置热备份的目的，组网控制中心的热备份需要做好以下三件事。

首先，需要一套甚至多套能够接替作为组网控制中心站运行的备份硬件设施，组网控制中心的所有易损件（包括软件）都要有适当的备份，甚至要有一整个备份的组网控制中心站。组网控制中心硬件设施备份的方案将在 7.3 节详细介绍。

其次，组网控制中心的备份设施中必须复制足够的关键数据，从这些数据备份系统中能够知道：哪些用户是合法用户及其所处状态；有哪些卫星信道资源可供分配及其当前分配状态。知道一个地球站是合法用户才能为其通信需求提供呼叫接续服务，知道各地球站所处的状态（入网否、空闲否）才能为合法通信需求完成呼叫接续服务。在呼叫接续服务中，知道可供分配的卫星信道资源，才能分配合适的卫星信道资源以完成接续；知道可供分配的各卫星信道的状态，才不会分配一个其他业务站已经占用的卫星信道，否则就会与此前已经建立的通信连接互相干扰，使两对地球站的通信都受到影响。

最后，在主用组网控制中心站或者其中部件或组件失效时，备用组网控制中心站或者备份的部件或组件能够及时接替运行，以保证组网控制中心的运行连续性。

以上主备切换控制和关键数据备份的实现方案将在 7.4 节和 7.5 节分别讨论。还有一些问题在组网控制中心的备份时也需要考虑，比如网络运行日志等历史记录数据的备份，但即使其有点儿问题也影响不大。当然，对于需要计费的卫星通信网，历史记录数据也是重要的，但偶尔切换时的少量丢失造成的损失也不是不能承受的（相对于实现这些内容的备份所需的投资）。

根据以上分析，卫星通信网组网控制中心的关键数据备份和主备切换控制设计中需要考虑的主要问题如下。

### 1. 网络配置数据的及时同步

网络配置数据一般不会频繁更新，属于相对静态的数据，因此在当前管控服务器中修改配置数据后，对备用管控服务器执行及时更新即可。即使在数据更新的时刻当前管控服务器失效，发生同步失败，管理人员也会及时发现，可以根据短期的记忆重新修改切换后的当前管控服务器的配置数据。

### 2. 网络运行状态数据的实时同步

在卫星通信网组网控制中心的备份和切换中，网络运行状态数据的主备同步是关键。备用管控服务器必须实时掌握每个业务站 SCU 的当前工作状态和工作参数，其中包括哪些业务站已经入网、哪些信道已经被哪些业务站占用等。因此，当前管控服务器对网络运行状态数据变更后，要对备用管控服务器（包括备用组网控制中心内的管控服务器）的网络运行状态数据进行实时更新。因为一旦当前管控服务器失效，备用管控服务器启用时必须拥有与当时网络真实状态一致的网络运行状态记录。

如果网络运行状态数据不同步，备用管控服务器启动以后可能会影响正常的网络业务。例如，业务信道频率 $f_n$ 在切换前刚刚被分配给某业务站建立业务链路，因为状态数据未能做到实时同步，备用管控服务器接替运行后，又会将 $f_n$ 分配给新的业务链路，造成重复分配、互相干扰，影响两条业务链路的通信。网络运行状态数据同步中可能的问题是，在软件错误等因素造成主机性能下降后，数据同步的功能不能够保证。在热备份技术中，数据的实时动态同步是实现的难点，因为有相当一部分数据只在内存中记录，并没有写入数据库。对于保存于数据库的数据，比如银行业务数据，热备份技术已经相当成熟，可以利用一些现成的技术。

### 3. 网络运行记录数据的及时备份

网络运行记录数据既可以从当前管控服务器备份到备用管控服务器中，也可以备份存储到离线介质（如磁带、光盘等）中。本地备份和异地备份可以采用不同的策略。本地备份中，局域网传输环境下，可以对网络运行记录数据进行实时同步备份，在实施主备切换后也能随时对运行记录进行操作。而在异地备份中，传输条件不太容易保证，可以不对运行记录实时备份。因此，本书将不在 7.5 节介绍网络运行记录数据的异地备份方案。

### 4. 当前管控服务器的实时状态监测

卫星通信网组网控制中心备份和切换的目的是，在当前管控服务器或组网控制中心失效时，由备用管控服务器（本地切换）或组网控制中心（异地切换）及时接替对整个卫星通信网的组网控制，尤其是通信接续服务。失效或即将失效的管控服务器或组网控制中心是不会自行发布"遗嘱"的，备用管控服务器或组网控制中心的接替运行要依赖对当前管控服务器的状态监测。

计算机系统的简单宕机是最容易监测的，但即使没有宕机的管控服务器也可能已经失效，即使主用管控服务器还能运行，但可能因为部分进程退出、系统资源消耗太多、遇到软件错误等，其组网控制的服务性能下降较多，处理管理操作请求的时延大大增加，这也是一种失效。管控服务器的失效是指其无法对地球站的请求及时做出正确的反应，比如对地球站的入网请求没有及时发布入网指令并配置工作参数，更常见的则是没有及时处理地球站的连接请求（呼叫请求），既没有及时发出拒绝分配命令，又没有发出信道分配命令。

因此，备用管控服务器需要对当前管控服务器的输入/输出进行监测，从而发现各种失效情况，以便及时决定是否执行主备切换。监测的内容和方式需要特殊的设计，这将在后续内容中介绍。

### 5. 主备切换的过程控制

一旦监测到当前管控服务器或组网控制中心已经失效，备用管控服务器或组网控制中心就要接替对全网的管控服务。一旦开始执行管控服务器的主备切换，主备切换的控制过程就要避免对已经建立的正在进行的通信连接造成影响，需要考虑如何使地球站已经发出并已经到达组网控制中心的管控操作请求（如业务链路建立的申请）不会被丢弃，或尽可能少被丢弃，主备切换的过程尽可能让业务站用户无感，尽可能使业务损失最小。

除了发现主用管控服务器运行异常时的自动切换，还应该设计支持人工启动的有意切换，让主、备用管控服务器或组网控制中心轮替运行，以便于设备和软件的维护与更新。另外，备用管控服务器也未必与主用管控服务器同时开机，也许是在主用管控服务器开机运行一段时间后才开机运行；也许备用管控服务器并非全时开机，一旦有软件升级维护，就先对备用管控服务器进行升级维护操作，完成后再重新开机启用备用管控服务器。为了支持上述功能，在数据复制中要补充一个要求：备用管控服务器启动时，在完成网络配置数据的及时同步后，也要执行网络运行状态数据的批量及时同步，当然原有网络运行状态数据的实时同步功能不变。

# 7.3 组网控制中心的硬件设施备份架构

组网控制中心是管控信令的发出地和接收地，经卫星（转发）信道与业务站实现管控信令的交互。管控信令的传输与处理的各环节及其相互之间的关系如图 7.2 所示。

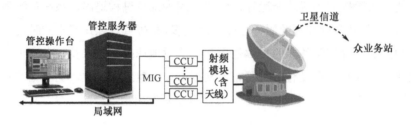

图 7.2 管控信令的传输与处理的各环节及其相互之间的关系

从图 7.2 中可以看出，卫星通信网的组网控制中心由管控操作台、管控服务器、MIG、CCU、射频模块（含天线）组成，并经卫星转发器与地球站交互管控信令。管控信令处理与传输环节之间的关系如图 7.3 所示。

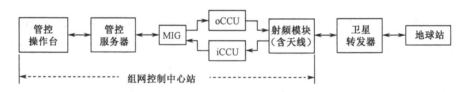

图 7.3 管控信令处理与传输环节之间的关系

由图 7.3 可知，管控操作台处于管控信令处理与传输环节的末端，而且可以多个并行部署，假设同时发生故障的概率等于零，因此可以认为其可用性为 100%。管控操作台不会成为组网控制中心失效的原因。组网控制中心的射频模块（含天线）、oCCU、iCCU、MIG、管控服务器中的任何一个组件失效，都将造成组网控制中心失效。组网控制中心有数据库，还有天线、功放等射频系统，其不直接面对用户，而是对业务站进行实时的组网管控信息传输。因此，组网控制中心备份的功能和要求与纯粹的基于数据库的信息系统有所不同。

在一个地球站（包括组网控制中心站）中，天线的大部分组件都是无源且静态的金属材料，除了特殊的天灾，一般不认为会出现失效情况。射频模块是有源电子设备，工作状态比较简单，可以采用 2 路或多路并联工作，进行功率合成，一方面提高发射功率，另一方面自然形成备份。只要假设其不会同时发生故障，那就只会因部分故障出现性能下降，而不会完全失效。

组网控制中心站中相对最容易发生故障，且一旦发生故障就会造成组网控制中心失效的组件主要是管控服务器、MIG 和 CCU。在生产制造环节提高管控服务器、MIG 和 CCU 的硬件可靠性是可行的，但其中也运行着大量的软件，尤其管控服务器的软件众多、庞杂，复杂软硬件组合系统的可用性至今无法精准计算和测试。因此，一般采用备份的办法来提高软硬件集成系统的可用性，一旦在用的组件失效，就启用（切换）备份组件来接替运行。

另外，在一个组网控制中心内部，管控操作台、管控服务器、MIG 之间是通过局域网交换机互联的，交换机是一个有源设备，也需要适当备份。MIG 与 CCU 之间一般通过有线电缆连接，比如 RS-232、RS-485 等，使用何种电缆取决于 CCU 的接口设计方案。CCU 与射频模块（含天线）之间一般用射频电缆连接。因此，MIG 与 CCU 之间、CCU 与射频模块之间的连接都使用无源的电缆，一般不认为会出现故障。

但是，即使对组网控制中心设置再多的备份，如果遇到地震、狂风等"特殊的天灾"情况，再可靠的组网控制中心还是可能会失效的。因此，组网控制中心的部署还必须考虑异地备份方案，以便当当前组网控制中心失效时，备用组网控制中心即时接替运行，以免全网瘫痪。

下面先介绍 MIG 和 CCU 的备份架构，再介绍管控服务器的本地备份架构，最后介绍组网控制中心的异地备份架构。

## 7.3.1 MIG 与 CCU 的备份架构

MIG 和 CCU 的备份设计比较简单。一个 MIG 可以控制多个 CCU，通过配置数据决定每个 CCU 硬件作为 oCCU 运行还是作为 iCCU 运行，以及相应的载频等工作参数。CCU 本来就是通用的，只要比正常运行所需多配置 1 个以上的 CCU，就能在某个 CCU 失效时启用空闲的 CCU 来接替运行，备用 CCU 的数量可以根据 CCU 的可靠性灵活决定。

MIG 也可能失效，还必须设置 MIG 的备份。由于 CCU 与 MIG 的连接关系是固定的，一般不能动态切换，这样就需要配置至少 2 个 MIG，每个 MIG 配置足够数量的 CCU。其中，CCU 的数量要保证只有 1 个 MIG 正常工作时也能够满足管控信息传输的需求。这样的 MIG 与 CCU 的备份架构如图 7.4 所示，CCU 的数量必须是正常运行所需的至少 2 倍。另外，网络交换机也不是 100%可靠的，还可以将 2 个 MIG 分别通过不同的交换机连接到管控服务器。

就 MIG 的能力而言，正常只要 1 个运行就够用，但为了备份，需要配置 2 个 MIG。当然，也可以配置 3 个或更多个 MIG 来同 CCU 组合，在其中 1 个 MIG 失效时，剩余的 MIG 及其配置的 CCU 能够满足整个卫星通信网的管控信息传输需求。

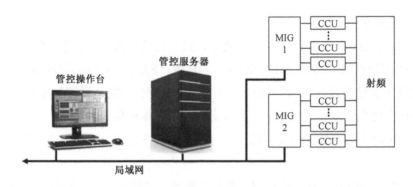

图 7.4　MIG 与 CCU 的备份架构

　　MIG 与 CCU 的配置管理软件（一般运行在管控服务器上）要实现管控信息传输通道的监控和配置管理功能。管控服务器可以通过 MIG 改变 CCU 的配置来实现 CCU 之间的切换，所谓的切换也就是关闭一个 CCU 再启动一个 CCU，CCU 之间不存在工作参数和运行记录数据的转移操作，新启动的备用 CCU 不需要继承主用 CCU 的状态数据，CCU 的切换是无状态记忆的。

　　有关 MIG 与 CCU 的备份和切换，以上只介绍了一般性的情况，还有诸多工程实现的细节，涉及 MIG 与 CCU 的故障模式、故障的监测判断，以及重新配置 MIG 与 CCU，这些通常是由管控服务器上一个专门的软件模块实现的，诸多细节本书无法一一介绍，不再赘述。

　　如果为了备份，已经配置了正常所需 2 倍以上的 CCU，再多配置的 MIG 和 CCU 只是空闲等待切换，就有些浪费了。一方面，可以多个 MIG 同时运行，每个 MIG 只打开一部分 CCU，从而在多个 MIG 之间形成负载分担，以降低每个 MIG 的管控信息传输时延。另一方面，可以利用一部分闲置 CCU 实现管控信息传输通道的性能监测，比如在 MIG 的控制下，通过一个 CCU 发送、另一个 CCU 接收来测量管控信息传输所用卫星信道的质量特性。如果对 CCU 的功能进行适当改造和扩充，还可以实现更多的管控信息传输通道的监测功能，甚至可以对各地球站所用的卫星业务信道的情况进行一些监测。

## 7.3.2　管控服务器的本地备份架构

　　在组网控制中心内，管控服务器的作用主要有两个：提供数据库服务（对应数据库服务器）和运行管控软件（对应管控软件服务器）。其中，数据库服务器包括数据库的数据存储设施并运行数据库管理系统软件；管控软件则比较多，包括第 5 章介绍的组网控制和资源分配（实时控制）软件、第 6 章介绍的网络运行管理软件（非实时控制），以及本章所述的备份和切换控制所需的软件。管控服务器内运行着大量软件，软件的实现漏洞是不可能完全避免的，复杂和庞大软件的总体可靠性往往还不如其运行平台（硬件）

的可靠性，因此总免不了出现软件崩溃甚至死机的情况。另外，管控服务器还可能出现硬件宕机、操作系统宕机等无法预测的情况。当管控服务器无法对全网提供正常的组网控制服务（简称失效）时，就需要另一个管控服务器来接替运行。

下面针对不同规模的组网控制中心分别介绍管控服务器的备份架构（硬件设施组成），具体实现（软件功能）则在后面章节详细介绍。

对于小规模的组网控制中心，原则上一台管控服务器就可胜任网络管控工作，其用来运行数据库管理系统软件和专门的管控软件（参见图 3.3）。为了实现管控服务器的高可用性，可以在小规模的组网控制中心部署 2 套管控服务器以实现互为备份，其中一套主用，另一套备用。考虑到局域网交换机也是有源设备，可以采用双局域网架构，每台服务器配置双网口，分别通过 2 个交换机互联。这是一种独立数据库配置的备份架构，如图 7.5 所示。其中，每个管控服务器安装独立的数据库管理系统软件，独立存储数据库文件，每个管控服务器上的数据库都各自采用磁盘阵列实现冗余的可靠存储，各管控服务器上的管控软件访问各自的数据库。备用管控服务器与主用管控服务器在同一个局域网内，且共用一套管控信息传输设备 MIG/CCU，因此这样的备份称为本地备份。

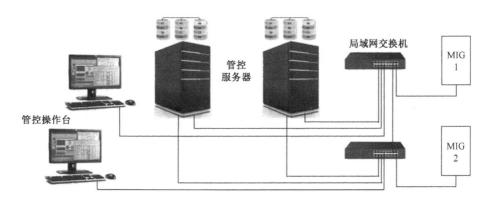

图 7.5　独立数据库配置的备份架构

上述备份架构中，两套管控服务器各自安装数据库软件、各自存储数据，保持主、备用管控服务器的数据一致性是一个难点。因此，在信息系统设计中，还有一种小规模备份架构，更利于保持数据的一致性，那就是共享数据库配置的备份架构，如图 7.6 所示。在共享数据库配置的备份架构中，组网控制中心只有一套数据库管理系统软件，采用磁盘阵列实现数据库文件的冗余可靠存储，主、备用管控软件服务器上运行卫星通信网的管控软件，主、备用管控软件服务器都访问一个共同的数据库服务器。因为只有一个数据库管理系统，主、备用管控软件服务器之间就没有数据库的数据一致性问题了。

上述配置独立数据库和共享数据库两种架构各有优缺点，其中共享数据库配置的备份架构是当前以数据管理为主要功能的管理信息系统设计者所喜欢的。这两种架构的主要优缺点如下。

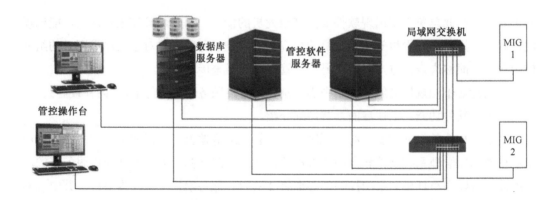

图 7.6    共享数据库配置的备份架构

### 1. 独立数据库配置的备份架构的优缺点

独立数据库配置的备份架构的优点是每个管控服务器各自访问自己的数据库，一个数据库的失效不会影响全部的管控服务；缺点是两个管控服务器的数据库互相独立，两个数据库之间需要进行专门的数据同步，以便在主用（当前）管控服务器失效后、备用管控服务器接替时，能够保证切换前后网络的运行状态是连续的和稳定的。

### 2. 共享数据库配置的备份架构的优缺点

与独立数据库配置的备份架构正好相反，在共享数据库配置的备份架构中，主用（当前）和备用管控软件服务器都访问同一个数据库，没有数据库之间的同步问题，主备切换后的数据必然是一致的，这是优点。但是，其缺点也很明显，一旦唯一的数据库服务器失效，就会影响全部的管控服务。

针对共享数据库配置的备份架构的缺点，规模较大的组网控制中心（允许部署更多的服务器）也往往为数据库服务器单独设立备份，也就是管控软件服务器有备份，数据库服务器也有备份，如图 7.7 所示。图中，原来（见图 7.6）的一台数据库服务器改为两台，互为备份，但采用一套磁盘阵列柜实现数据库文件的冗余可靠存储。

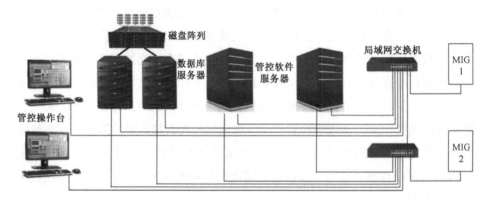

图 7.7    双数据库服务器配置的备份架构

在图 7.7 这样的备份方案中，设备比较多，组网控制中心的处理能力比较强，可以管理的地球站数也比较多。但作为卫星通信网的组网控制中心，这样的大规模配置还比较少见，最常见的还是如图 7.5、图 7.6 所示的基本架构。

实际上，本地备份方案采用如图 7.5 所示的独立数据库配置的备份架构相对更好，其中每个管控服务器配置独立的数据库，各自访问自己的数据库。这样设计的优点之一是管控服务器硬件设施的弹性比较大。对于规模不太大的网络，数据库服务器不必采用单独的硬件，一台计算机就可以运行全部的管控软件和数据库管理系统软件。在主备配置的情况下，两台计算机（服务器）也就够了。其另一个优点是备份的完备性更好。前面已经介绍过，每个管控服务器各自访问自己的数据库，一个数据库的失效不会影响全部的管控服务。但每个管控服务器配置独立数据库的缺点是，两个管控服务器的数据库互相独立，两个数据库之间需要进行数据同步。

## 7.3.3　组网控制中心的异地备份架构

前面提到，除了"特殊天灾"，一般不认为地球站的固定天线会出现失效情况。但对于一个对可靠性要求非常高的卫星通信网来说，即使遇到"特殊天灾"，也要保证卫星通信网的正常运行。在这种"特殊天灾"情况下，全网只有一个组网控制中心是不够的，必须设立异地的备用组网控制中心，一旦主用组网控制中心失效，备用组网控制中心即时接替运行，以避免全网瘫痪。异地备用组网控制中心站的地理位置要优选，主、备用组网控制中心站的地理分布要尽可能广，使得主、备用组网控制中心站同时遇到"特殊天灾"的概率为零，同时保证组网用到的所有卫星转发器对主、备用组网控制中心站的信号覆盖和传输条件良好。

备用组网控制中心与主用组网控制中心必须具备相同的管控功能，但每个异地备份的组网控制中心的内部配置可以不一样，比如只在当前（主用）组网控制中心内部设置热备份，异地备份的组网控制中心不设本地备份等。主、备用组网控制中心的架构关系如图 7.8 所示，其中备用组网控制中心接收组网控制中心对业务站的管控信令，不发送对业务站的管控信令，必要时可以收发与备份及切换控制相关的信令，与主用组网控制中心交互。

如果部署多个备用组网控制中心，则这些备用组网控制中心之间还可以形成备份梯队，一旦主用（当前）组网控制中心失效，优先由第一备用组网控制中心接替，如果第一备用组网控制中心没有接替，则由第二备用组网控制中心接替，其余以此类推。

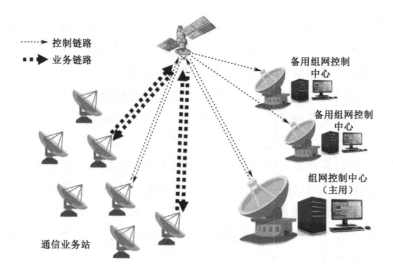

图 7.8　主、备用组网控制中心的架构关系

# 7.4　管控服务器的本地热备份

在组网控制中心的本地热备份架构中，主用和备用管控服务器通常都在一个局域网内，网络传输带宽足够大，传输时延也很小，并且有时还可以共用一个高可靠的数据存储阵列。因此，本地热备份的实现条件相对较好，实现难度相对较小。

本章介绍的本地热备份方案采用如图 7.5 所示的独立数据库配置的备份架构，设置两套管控服务器并各自安装数据库管理系统软件，各自存储数据，各自运行管控软件。

## 7.4.1　本地主备数据同步

在如图 7.5 所示的独立数据库配置的备份架构中，两套管控服务器是利用局域网互联的，网络条件比较好，速度快、可靠性高。因此，我们一般可以尽可能利用数据库自带的软件来进行数据复制，以实现主、备用数据库的数据一致。

针对 7.2.3 节中提出的对主用管控服务器与备用管控服务器之间进行数据复制的要求，本地热备份的不同数据在不同的阶段可以采用不同的方法来实现。

### 1. 网络配置数据的复制

网络配置数据是一个卫星通信网运行管理的基础，且一般不会频繁更新，加上备用管控服务器并不保证时刻在线，因此数据复制的过程（在备份控制器的控制下）按照如下方案执行。

备用管控服务器初次启动运行时，在备份控制器（软件）的主导下分别执行数据库的完全备份和恢复。此后定期执行增量备份（差异备份）。主用数据库和备用数据库之间的关系如图 7.9 所示，备份控制器依据其所在的管控服务器承担主、从两个不同的角色。

图 7.9　主用数据库和备用数据库之间的关系

完全备份的数据复制流程如下。

（1）在备份控制器启动运行后，主备份控制器发送"启动备份"请求，表示备用管控服务器开始运行了。

（2）主备份控制器收到"启动备份"消息后，调用数据库管理系统软件执行完全备份操作，生成完全备份文件。

（3）主备份控制器调用 FTP 或其他工具将完全备份文件传递到备用管控服务器，并通知从备份控制器。

（4）从备份控制器收到完全备份文件后，调用数据库管理系统软件执行完全备份的恢复操作。

此后，主备份控制器要定期（或人工指定）执行增量备份数据复制，每次增量备份的数据复制流程如下。

（1）主备份控制器调用数据库管理系统软件执行增量备份操作，生成增量备份文件。

（2）主备份控制器调用 FTP 或其他工具将增量备份文件传递到备用管控服务器，并通知从备份控制器。

（3）从备份控制器收到增量备份文件后，调用数据库管理系统软件执行增量备份的恢复操作。

**2. 网络运行状态数据的初始同步**

备用管控服务器经常是在主用管控服务器开机运行一段时间后才开机运行的。因此，在备用管控服务器启动时，在完成网络配置数据的复制后，需要执行网络运行状态数据的初始同步操作。

网络运行状态数据的初始复制也是在备份控制器的控制下实现的，与网络配置数据的初始同步类似：当备用管控服务器初次启动运行时，在备份控制器的控制下，分别执行数据库的完全备份和恢复操作，如图 7.9 所示，这里不再赘述。

### 3. 网络运行状态数据的实时同步

网络运行状态数据频繁发生变化，对数据复制的实时性要求比较高，不宜采用前述初始同步的方法，必须每产生一个数据更新操作就对数据进行备份（复制）。如前所述，备用管控服务器并非全时开机运行，为了支持只有主用数据库单独运行而没有备用数据库运行的情况，网络运行状态数据的实时同步可以采用异步复制技术来实现。这个功能是一般的数据库管理系统软件都支持的。

采用异步复制时，主用管控服务器上的数据更新操作会被自动发送到备用管控服务器执行。但无论备用管控服务器是否收到并完成更新操作，都不会给主用管控服务器反馈结果，因此，即使备用管控服务器没有开机，也不影响主用管控服务器的运行。由于局域网内传输质量基本有保证，因此网络运行状态数据的一致性比较容易保证。

### 4．网络运行记录数据的备份

网络运行记录数据大多也是存储于数据库的，主要用于管理者事后分析网络运行效果、查找网络运行问题、收取网络使用费用等。其对备份的实时性要求不高，因此可以采用与网络配置数据一样的数据复制方案，这里就不赘述了。

## 7.4.2　本地主备切换控制

主用管控服务器和备用管控服务器上都要运行一个切换控制软件（简称切换控制器）。其负责实现备用管控服务器对主用管控服务器失效情况的实时监测和主备切换的控制。在本书卫星通信网组网控制中心内部的本地热备份方案中，两套管控服务器是平等、互备的，一套为主用，另一套为备用，在遇到失效和要求切换的情况时，主备身份发生切换。为了表述方便，本节不再用"主用管控服务器"来指称，改用"当前管控服务器"来指称当前正在发挥组网控制作用的管控服务器，"备用管控服务器"名称则继续沿用。切换控制器（分为主、从角色）与组网控制中心各相关模块的关系如图 7.10 所示。

### 1. 当前管控服务器的实时状态监测

备用管控服务器需要监测当前管控服务器是否对业务站的请求及时做出了正确的反应，比如对业务站的入网请求是否及时发出入网指令并配置工作参数、对业务站的连接请求（呼叫请求）是否及时处理（发出拒绝分配命令或信道分配命令）。因此，备用管控服务器需要对当前管控服务器的输入/输出信令进行监测，以便发现各种失效情况，及时决定是否执行主备切换。

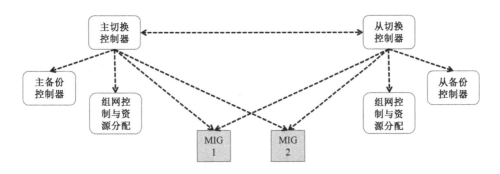

图 7.10　切换控制器与组网控制中心各相关模块的关系

最适合用于监测"当前管控服务器是否对业务站的请求及时做出了反应"的是 MIG，因为所有业务站发送给组网控制中心的入向信令都要经过 MIG，所有组网控制中心发送给业务站的出向信令也都要经过 MIG。因此，可以对 MIG 的功能进行适当改造，为每个 MIG 加上出向信令监测功能，在向当前管控服务器转发信令的同时，启动"组网控制反应超时定时器"，一旦发现当前管控服务器的"反应时间"过长，即向切换控制器报告"当前管控服务器失效"事件。这个报告可以采用局域网广播的方式发送，并且间隔一定时间反复发送，直至收到切换控制器的指令，或者收到管控服务器的出向信令为止。

当然，主、从切换控制器之间还可以有定期的消息交互，通过"互致问候"来互相确认对方处于正常运行状态，从切换控制器可以在"互致问候"的过程中发现主切换控制器的异常并主动发起切换控制，主切换控制器也可以在必要时通知（通过切换指令）从切换控制器启动主备切换流程。因为切换控制器不只负责切换控制，还要负责保证管控服务器内各相关软件模块的运行，所以这个"必要时"可以是当前管控服务器内各种软件进程发生任何可以感知的错误情况时，比如进程崩溃退出、进程没有反应等。

### 2．自动的主备切换控制

一旦监测到主切换控制器异常、收到主切换控制器的切换指令，或者收到 MIG 的"当前管控服务器失效"事件报告，从切换控制器就要启动主备切换流程。这里假定备用管控服务器已经启动多时，进入稳定运行状态，即已经执行完毕网络配置数据完全备份和恢复，其他数据同步正常进行。切换控制过程不需要主切换控制器参与，是在从切换控制器的控制下完成的。切换控制流程大致如下。

（1）从切换控制器指令备用管控服务器上的组网控制相关软件进入"活跃"状态，这些软件进入活跃状态要执行的动作主要是向 MIG 发布指令，通知其当前管控服务器已经切换，同时接收来自业务站的入向信令并转发给新的当前管控服务器。

（2）通知原主切换控制器和其他相关软件模块已经发生切换控制，消息收发对象各自进行调整（记录）。如果原主切换控制器仍处于运行状态，要转为从切换控制器，并指令相应的备份控制器从主角色转变为从角色。

（3）原先的从切换控制器转为新的主切换控制器角色，并指令相应的备份控制器转变为主备份控制器。

一旦完成主备切换，备用管控服务器就接替了对全网的管控服务，MIG 也只从新的当前管控服务器收发网络管控信令。

如果要支持人工启动的有意切换，以便让主、备用管控服务器轮替运行，只要在切换控制器软件中增加一个人工控制切换的按钮就可以，人工点击此按钮等效于监测到主切换控制器异常、收到主切换控制器的切换指令，或者收到 MIG 发送的"当前管控服务器失效"事件报告。

# 7.5 组网控制中心的异地备份

相比于本地的管控服务器热备份，组网控制中心的异地热备份更加难以实现，实现的技术方法也不一样，其实现上的困难和差别主要是由备用组网控制中心站（简称备用站）之间的互联网络环境不同造成的。管控服务器本地热备份中的主、备用管控服务器都在局域网环境中，而异地的主、备用组网控制中心则往往分布在比较远的地理位置，互联的网络传输距离远，要么网络建设成本高，要么网络带宽不确定，传输时延比较大，一般不能共用数据库服务器。因此，主、备用组网控制中心保持网络运行状态数据的实时同步要采用不同的技术，而且判断"主用"组网控制中心失效的标准也不一样了。

前面已经介绍了组网控制中心异地备份的基本思路。异地备份的组网控制中心站一般会分布在比较广的地域上，且这些地方的卫星通信信号覆盖和传输条件良好。对组网控制中心的可用度要求比较高的卫星通信网，可以设置多个备用组网控制中心，形成备份梯队，在当前组网控制中心失效时依次接替对网络的控制。

组网控制中心的异地备份也可以分为三类：冷备份、静态热备份和动态热备份。冷备份的实现无非就是投资多建一至多个组网控制中心，一旦管理人员发现当前组网控制中心失效，就执行加电、开机、启动等操作。静态热备份相比冷备份略微进一步，备用组网控制中心平时就处于加电开机状态，但组网控制中心的核心软件并不处于工作状态。冷备份、静态热备份在技术实现上没有太大区别，静态的网络配置数据都是提前设置好的，一般可以采用人工的数据库导入/导出方法进行同步，当然也可以采用数据库自动复制的方法进行同步。冷备份、静态热备份的切换控制过程一般都是由人工完成的。因为冷备份、静态热备份的实现比较简单，所以本书就不再介绍更多的细节了，而重点介绍技术复杂度较高的动态热备份。

在组网控制中心的动态热备份技术中，备用组网控制中心的硬件配置与当前（主用）

组网控制中心的基本一致,比如射频和功放、MIG 和 CCU,但管控服务器可以不设备份,当然也可以有备份。如果备份站内的管控服务器有备份,两套管控服务器之间按照 7.4 节所介绍的方案设计和部署即可。因此,本节不再介绍备用站内的管控服务器备份技术,仅介绍异地备用组网控制中心之间的数据同步和切换控制方案。

异地的备用组网控制中心之间一般相隔较大的距离,各组网控制中心内部的局域网之间不能直接采用高速且廉价的局域网技术,相对于组网控制中心内部的本地备份,异地备份的传输条件一般都要差一些,甚至差别巨大,取决于备用站的位置和地面网络条件。异地主、备用组网控制中心之间可供选择的连接方式有卫星通信网内部的数据链路、地面公用数据网络、地面专线电路等。

异地的主、备用组网控制中心之间,无论采用哪种互联方式,我们都可以利用既有的管控信息传输通道实现主、备用组网控制中心之间的部分通信。当前组网控制中心利用 oCCU 在出向控制信道上向各备用组网控制中心发送相关信令,各备用组网控制中心在入向控制信道(ALOHA 信道)上经 iCCU 向当前组网控制中心发送相关信令。

主、备用组网控制中心之间的通信内容有两类:一是它们之间传输的管控信息,如备用站启动报告、它们之间的查询,这类数据的特点是数据量小、发送强度相对于系统的业务来说小得多;二是备份数据库数据,这类数据的特点是数据量大,但发送频率并不高(只在备用站启动或数据库被修改时才需要传输)。以上这两类数据都要求较高的传输可靠性。

考虑传输容量需求、建设或租用成本、特殊情况下的可用性、管控数据的保密性、组网控制中心的安全性等多种因素,尽管卫星通信网内部的卫星信道数据链路传输速率相对于地面网络比较低,但也往往成为有吸引力的选择。因此,本书介绍的异地备份方案就是针对主、备用组网控制中心之间采用较低速率互联的情况设计的,如果有更好的互联条件,本书的方案自然也适用。

## 7.5.1  网络配置数据的异地同步

网络配置数据需要及时同步。网络配置数据一般不会频繁更新,属于相对静态的数据,在当前组网控制中心修改了网络配置数据后,对各备用组网控制中心的配置数据库进行及时更新即可。考虑到前述主、备用组网控制中心之间采用较低速率互联的情况,不太频繁变动的网络配置数据的同步有以下多种方案可以选择。

### 1. 初始配置数据库的人工导出/导入

在备用组网控制中心刚刚建立时,当前组网控制中心的已有配置数据库(简称初始配置)需要一次性同步到备用组网控制中心的数据库,数据量比较大,低速传输链路往往不太适用。初始配置的同步是一次性的，并且对同步完成的时间没什么要求，因此可以采用人工介入的办法，人工从当前组网控制中心的数据库中导出数据，将数据存储介质人工携带或快递到备用站，由备用组网控制中心的技术人员导入数据库。

### 2. 基于数据库软件的配置数据库更新

初始配置同步完成以后，配置数据的更新并不会很频繁，每次更新也不会有大量数据，这时可以采用数据库管理系统软件自带的数据复制功能来实现。这个方案对互联传输链路的速率和质量还是有一些要求的，与数据库管理系统软件有关。当传输链路的速率和质量不能满足要求时，容易出现同步错误。

### 3. 基于专用工具的数据库更新

考虑传输条件的特殊性，也可以设计专门的软件来实现主、备用组网控制中心之间的配置数据库更新。这个方案可以针对特定的传输内容进行专门设计，针对性强，但不够通用，软件开发成本也要高一些，本书不再赘述。

## 7.5.2　网络运行状态数据的异地同步

对于卫星通信网组网控制中心的异地备份来说，网络运行状态数据的主备实时同步是关键。如果网络运行状态数据的同步更新不及时，切换以后有可能出现管控服务器记录的地球站和卫星信道资源的状态与实际不一致的情况，对网络的运行产生不利影响。

网络运行状态数据的初始同步可以采用前面介绍的"初始配置数据库的人工导出/导入"的方法，在备用组网控制中心初次启动运行时，随着配置数据的导出/导入，一次性地导入网络运行状态数据。即使导入的数据是数小时甚至数日前的数据，可能有些早就已经发生了变化，那也不要紧，因为网络运行状态数据初始同步真正针对的不是频繁变化的那部分数据，而是几乎不变的那部分数据，比如为两个业务站建立的专线链路。因为其长期不变，所以需要通过这种方式让备用组网控制中心与主用组网控制中心一致。至于那些频繁变化的网络运行状态数据，采用本节后面介绍的同步办法，经过数日运行，就会逐渐同步。

下面主要介绍网络运行状态数据的后续同步方法。

在组网控制中心的异地备份中，网络运行状态数据实时同步的数据内容与本地备份的情况是一样的，但可能采用的技术有比较大的差别。本地备份的传输带宽足、时延小，相对比较容易实现，而且保存于数据库的数据可以采用共用可靠磁盘阵列的方法来实现。但异地备份的传输带宽不足、时延较大，主、备用组网控制中心各自建立数据库，既有两个数据库的同步，又可能有非数据库（为了提高实时状态数据的读写速度，部分反映网络运行状态的实时数据可能只保存于内存）的同步。

由于网络持续运行，网络运行状态数据是频繁产生的，要在当前组网控制中心与备用组网控制中心之间实现网络运行状态数据的实时同步，可以采用的方法与主、备用组网控制中心之间的互联传输能力有关。如果传输条件足够好，比如有稳定的地面网络（或专线）来实现主、备用组网控制中心之间的互联，这时就可以采用 7.5.1 节所述的方法，这里就不重复叙述了。

考虑到异地备用站之间的互联传输条件并不一定都能满足"足够好"的条件，尤其是当前组网控制中心需要向多个形成梯队的备用站发送网络运行状态数据时，我们还需要设计一种适合卫星通信网组网特点且不依赖于地面网络支持的网络运行状态数据异地同步方法。下面首先对网络运行状态数据异地同步的特点做一些分析，以便说明异地同步方法的合理性。

首先，所有的网络运行状态数据都与地球站有关，比如地球站的入退网、地球站的业务通信连接建立和拆除、卫星信道资源的分配和回收等。而网络运行状态数据主要体现为各 MCU/SCU 的状态和卫星信道的使用状态。

组网控制中心的网络运行状态的变化，都是通过接收和发送信令来实现的，比如 MCU/SCU 的状态转换就是由管控操作指令驱动的。这些变化都是在组网控制中心发送给地球站的信令中体现的，地球站的状态也是在接收到这些信令以后才发生变化的。网络运行状态数据的变化就是地球站工作状态和卫星信道资源分配使用状态的变化，而这些状态的变化都是在当前组网控制中心发送给地球站的管控信令中体现的。

因此，组网控制中心发出的各类指令中包含了所有业务站 MCU/SCU 的业务状态变化信息，其中的信道分配指令（也称呼叫分配，Call Assignment）中还包含了卫星信道的使用状态。基于这样的背景，主、备用组网控制中心的网络运行状态数据同步，可以采用两种方法：基于批量数据的远程传输方法和基于管控操作指令的数据提取方法。前者经远程网络传输，实时性比较差，适用于静态配置数据和变化不太频繁的动态数据；后者中的备用组网控制中心几乎与业务站同时接收到管控操作指令，可以实时驱动 MCU/SCU 状态数据的变更，可以实时记录卫星信道资源的分配使用情况。一般来讲，备用组网控制中心的射频接收能力远胜业务站，因传输误码而丢失管控操作指令的情况几乎可以忽略。

其次，当前组网控制中心发送给地球站的管控信令是在出向控制信道中发送的。出向控制信道信号是经卫星转发的无线电信号，处于同一个卫星通信网中的所有地球站都能够收到，当然也包括备用组网控制中心。因此，所有的备用组网控制中心都能够收到当前组网控制中心发送给地球站的管控信令，不必专门向备用组网控制中心发送。

最后，作为备用组网控制中心，其所在地球站的射频功放和天线增益都是在全网地球站中比较大的。如果各业务站的射频和功放能力有大小，那么备用站属于射频和功放能力最大的那一些站。因此，当前组网控制中心站与备用站之间的卫星信号传输质量一般要远好于当前组网控制中心站与普通业务站之间的传输质量，备用站接收出向控制信道信号的误码率应该比普通业务站接收出向控制信道信号的误码率低一个数量级甚至更多。因此，如果通信能力最弱的业务站能够正常接收当前组网控制中心发出的管控信令，那么备用组网控制中心正确接收管控信令的概率更大。即使在备用站天气条件比较差的情况下，仅就接收当前组网控制中心站的出向信道信令来说，备用组网控制中心正确接收到管控信令的概率一般也不会低于普通业务站。

基于以上考虑，我们可以设计一个当前组网控制中心无感（不需要主动参与）的卫星通信网运行状态数据异地同步方法，具体思路如下。

在由当前组网控制中心执行对全网的运行控制过程中，各备用组网控制中心要配置本站的一个或多个CCU在当前出向控制信道载频上接收，作为"旁观者"接收出向控制信道的所有信令，由处于"闲置"状态的备用站管控服务器对这些信令进行解析，从中获取网络运行状态数据，包括以下两大类。

（1）地球站（信道单元）的入退网、参数设置等状态变更信息，用于及时更新本站的地球站运行状态数据。

（2）业务传输链路的建立和拆除信息，用于更新本站的地球站业务状态数据和卫星信道资源分配使用状态信息。

其中，组网控制中心发出的管控信令与地球站（信道单元）运行状态之间的关系应该符合图3.10～图3.12的状态转换关系，管控信令的具体内容与格式见5.2节和5.3节。

以上的网络运行状态数据同步方法有以下优点。

（1）不需要当前组网控制中心参与状态数据同步过程，同步过程和同步软件的错误不会影响当前组网控制中心的处理能力。

（2）不需要在当前组网控制中心与备用组网控制中心之间建立稳定的数据传输通道，没有开销。

（3）不需要关心有多少个备用组网控制中心，同步方法与备用站数量无关，方便实现梯队式的多备用站架构。

当然，这个方法也有缺点。因为由备用组网控制中心自行接收管控信令来解析获得运行状态，理论上总存在接收信令有差错的情况，比如遇到极端恶劣天气、特殊的强干扰。但这种情况的发生概率很小，甚至小于基于数据库复制技术等同步方法出现错误的概率。

### 7.5.3 异地主备切换控制

在如图7.5和图7.6所示的本地热备份方案中，主、备用管控服务器共用一套管控信息传输通道，包括MIG、CCU和射频部分。本地热备份方案中的主备切换并不涉及管控信息传输通道的变化，切换的发生条件也与管控信息传输通道无关，备用管控服务器只通过局域网监测当前管控服务器的运行，并不监测管控信息传输通道正常与否。当然，管控信息传输通道的运行状态也是需要监控的，但那是当前管控服务器的事，当前管控服务器必须实时掌握 MIG 和 CCU 的运行状态，如果监测到 MIG 或 CCU 发生了失效事件，当前管控服务器需要调整 CCU 的配置，启动空闲的 MIG 或 CCU 接替运行。本地热备份管控服务器的主备切换并不影响管控信息传输通道的运行，各地球站并不会感觉到主备切换的发生。

对于异地的备用站来说，上述关系发生了变化。首先，主、备用组网控制中心之间没有任何共用的物理设施，最直接的互相感知就是管控信息传输通道，因为备用站要从出向控制信道的信令中提取网络运行状态信息。其次，备用组网控制中心接替失效的当前组网控制中心时，只能启用备用站配置的 MIG 和 CCU。另外，如果当前组网控制中心失效了，而管控信息传输通道的出向控制信道的载波信号却一直在发射，只是没有管控信令发出，这时备用组网控制中心接替时还必须更换出向控制信道的载频。

根据以上不同，异地备份监测当前组网控制中心是否失效的方法和主备切换的控制过程都与本地热备份大不相同。

### 1. 当前组网控制中心失效的监测

组网控制中心的管控信息是由 MIG 控制的 CCU 经射频模块和卫星信道传输到业务站 MCU/SCU 的。如果当前组网控制中心能够发出正常的控制指令，那就说明当前组网控制中心运行正常。当前组网控制中心的天线、射频模块等失效，最简单的表现就是不能发出正常的控制指令。要注意的是，不排除 CCU 仍然在通过射频模块和天线发射物理波形，但没有动态的控制指令发出的情况，即有载波无信令。

在异地主备切换控制中，监测当前组网控制中心是否失效的标志性信号是当前管控信息传输通道的出向控制信道信号。各备用组网控制中心要配置本站的一个或多个 CCU 在当前出向控制信道载频上接收，这些 CCU 就可以兼作出向控制信道监测使用。另外，从监测当前组网控制中心是否失效的目的出发，还应该配置至少一个 CCU 在备用的出向控制信道载频（这是全网配置数据中的一个参数）上接收。只有当前和备用出向控制信道都被监测到失效时，才能认为当前组网控制中心失效。

如果出向控制信道载波消失（足够长的时间，比如 $\tau$ 秒），足以说明当前组网控制中心站出现了严重故障，需要备用站接替对卫星通信网的组网控制。但要注意，备用组网控制中心应该先对本站进行自检，以便确认是主用组网控制中心站失效，而不是本站的接收通道故障。

除了出向控制信道载波消失这种简单情况，还有可能出现有载波无信令的情况。这种情况的判断需要以备用站监测的组网控制中心对地球站发出的管控信令消失为依据，但没有信令发出也并不等于组网控制中心失效，因为深更半夜时没有地球站需要入退网、建立或拆除业务链路也是有可能的。因此，备用站在监测到出向控制信道中长期（比如

τ秒）没有发出有效管控信令时，可以利用备用站与当前组网控制中心站的联络信令进行问询，如果当前组网控制中心没有及时发出响应，则可以确认当前组网控制中心失效。

### 2. 主备切换的过程

一旦发现当前组网控制中心失效，就要开始执行组网控制中心的主备切换，切换中要尽可能使业务损失最小。其中对现有业务链路的影响，主要在卫星信道资源分配记录的数据同步中解决。对于当前组网控制中心已经分配出去的卫星信道，备用组网控制中心都实时地"同步"记录了，备用组网控制中心接替控制后就不会重复分配，对已经建立的业务链路就没有影响。

主备切换过程的最大影响是正在呼叫业务的损失，即业务站 SCU 已经向当前组网控制中心发出了链路建立请求信令，在这些请求获得当前组网控制中心处理并发出信道分配指令前，若当前组网控制中心失效，则这些请求就被损失掉了，请求的业务站 SCU 就不会得到信道分配指令。其他由业务站先发起的管控操作指令也类似，不会再得到组网控制中心的响应，也被损失掉了。好在这些"损失"都可以由业务站重新发起管控操作指令来解决。

备用组网控制中心在监测到当前组网控制中心失效以后，备用站就要根据此前与当前组网控制中心同步的配置数据启动本站的 MIG 和 CCU，建立新的管控信息传输通道，即启动至少一个 CCU 作为 oCCU 来发送管控信令（包括入向控制信道配置信令），启动至少一个 CCU 作为 iCCU 来接收地球站的管控信令。

异地的主、备用组网控制中心切换需要考虑的最大问题不是上述"损失"问题，而是管控信息传输通道冲突问题。备用组网控制中心监测到的当前组网控制中心失效情况可能有两种：一种是管控信息传输通道载波消失，另一种是能收到管控信息传输通道的物理信号，但没有管控信令。

如果监测到的是出向控制信道载波消失，主备切换相对简单一些，对出向控制信道的载频不做修改，按照备份的配置数据中的管控信息传输通道配置（一样的载频、速率等）启动 MIG/CCU，开始收发管控操作信令即可。入向控制信道的载频是否调整由新接替的当前组网控制中心决定，在入向控制信道配置信令中向全网地球站发布即可。

如果监测到的是出向控制信道中长期没有发出有效管控信令，就不能那样做了，此时原当前组网控制中心的出向控制信道载波（频率记作 $f_1$）还在发射，管控信息传输通道还有信号发出，这个信道（载波）不能再用作管控信息传输，新接替的组网控制中心必须更换出向控制信道的载频，启用备用管控信息传输载波，在备用的出向控制信道载频（这是全网配置数据中的一个参数，记作 $f_2$）上发送管控信令。入向控制信道的载频是否调整仍由新接替的当前组网控制中心决定，在入向控制信道配置信令中向全网地球站发布即可。

这就需要业务站的配合，各业务站在发现当前管控信息传输通道只有载波信号、没有管控操作指令后，自动转到预设的备用管控信息传输通道上接收管控操作指令。这样，当主、备用组网控制中心进行切换时，必须用备用管控信息传输通道启动 CCU。

### 3. 梯队备份关系的建立

在多个备用站的配置中，每个备用组网控制中心的参数 $\tau$（前述用于监测出向控制信道的定时器）互不相同就自然形成梯队关系。假设第一备用站的参数为 $\tau_1$，第二备用站的参数为 $\tau_2$，……只要参数 $\tau$ 之间符合 $\tau_1 < \tau_2 < \cdots$，自然就是第一备用站先监测到当前组网控制中心失效并执行主备切换，后续梯队依次在前序备用站没有实现接替（主备切换）的情况下接替运行。

### 4. 对地球站的要求

与备用组网控制中心监测当前组网控制中心失效情况一样，地球站（信道单元）也要监测当前组网控制中心是否失效。如果地球站监测到了出向控制信道载波消失，或者监测到了出向控制信道中长期没有发出有效管控信令，就可以在当前和备用出向控制信道载频（全网配置数据中的一个参数）上交替接收，直至收到有效的管控信令为止。

## 7.6　小结

组网控制中心的备份不是组网控制中心的基本功能，但组网控制中心的软件规模比较庞大、结构非常复杂，因此组网控制中心软件的可靠性往往不比硬件的可靠性高，尤其是当新的组网控制中心还没得到长时间实际运行的检验时，软件的可靠性往往更低。因此，组网控制中心软件出现运行错误的概率可能会比较大。

组网控制故障，甚至只是局部软件模块错乱，都有可能造成组网控制中心实时控制功能失效，从而造成整个网络的按需分配组网功能瘫痪。因此，如果要提高卫星通信网的可用度，就必须提高组网控制中心的可用度。

提高单一组网控制中心的可用度是非常困难的，而且即便可用度再高，也有失效的可能。因此，保证组网控制中心长期有效运行的不二途径就是设置备份的组网控制中心，或者设置组网控制中心中易失效部件的备份。组网控制中心中软件规模最大、系统最为复杂的部件当然就是管控服务器了。

本章主要介绍组网控制中心主要部件的备份实现方案，即本地的管控服务器热备份，以及异地的组网控制中心的备份实现方案。本章介绍的只是备份方案的设计思想和技术框架，具体的数据同步和切换控制软件的实现还有许多细节，限于篇幅，本章就不再一一赘述了。

# 第 8 章

# 安全组网

● ● ● ● ● ● ● ●

任何一个信息网络都面临来自方方面面的威胁，卫星通信网也不例外。卫星通信网中的管控信令、测控指令和业务数据都是在开放的无线信道上传输的，只要是在卫星转发器波束覆盖范围内的攻击者，都有可能接收或发射这些波束的卫星通信信号，实施被动攻击或主动攻击，从而危害通信网及其用户的安全。因此，必须对在卫星通信网的无线信道上传输的数据实施有效的安全防护，以保证用户信息的传输安全，避免被窃听、破坏或仿冒；卫星通信网本身也需要有效的安全防护，以保证网络的正常运行，避免拥塞或瘫痪。如何构建一个安全的卫星通信网，是每个卫星通信网建设者需要考虑的基本问题之一，需要从多个角度、全方位地考虑组网中存在的安全问题，堵塞各种安全漏洞。

卫星通信网安全组网的重点是无线卫星通信链路上传输的各类数据，要对卫星通信网中传输的数据提供机密性和完整性保护，并支持节点间的身份认证，以保证数据的来源可辨别。其中，针对网络管理控制数据的数据机密性和完整性保护、数据来源的身份认证就是为了保护卫星通信网自身免遭损害。假冒的地球站会非法占用网络资源，影响对正常用户的通信服务质量；也可能造成正常用户被冒名入网，使得正常用户反而无法入网通信；甚至有可能产生恶意的网络使用（比如频繁发送管控信令，造成管控信息传输通道拥堵），造成网络瘫痪。

在卫星通信网中为数据提供安全通信服务时，必须充分考虑卫星通信中上/下行链路的非对称性、无线信道的误码率较高和传输时延大等特性，满足卫星通信网的拓扑结构、信道条件、传输特性等特殊要求。卫星通信网的节点（地球站）地理分布广、拓扑动态变化的情况，给密钥管理和安全认证带来难题。针对卫星通信网的特点，我们需要设计完善的安全组网设施和手段，对网络各层次进行增强保护，以便有效抵御重放攻击、仿冒攻击、劫持攻击和拒绝服务攻击等，从而确保整个卫星通信网及其用户的安全。

由于卫星通信网的固有特点，其安全组网的重要性与保障难度均超过了地面通信网。

目前，全球在卫星通信安全加密、密钥管理和认证机制等安全防护技术方面并没有统一的标准与要求，尚未形成一个通用的、成熟的安全防护体系。本章将根据卫星通信网特征，探讨卫星通信网安全组网需求的特殊性，明晰破坏这些安全需求的各种威胁，从安全架构、密钥体系、密码技术、身份认证和密钥管理等多方面介绍本书系统采用的安全组网架构。

# 8.1　卫星通信网特征

图 8.1 中的卫星通信网由各种网络节点和通信链路组成，网络节点主要包括通信卫星、通信业务站、组网控制中心和卫星测控站，通信链路主要包括控制链路、业务链路和测控链路。卫星通信网规模庞大，网络节点跨越了陆、海、空、天，而卫星通信信道是典型的无线信道，具有时间和空间的开放性。因此，卫星通信网与传统地面网络有着显著的区别，在加强组网安全防护措施上有其独特性。

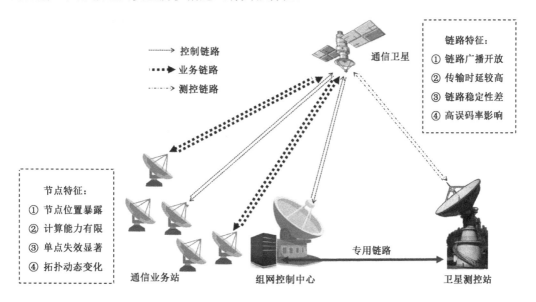

图 8.1　卫星通信网面临的各种问题

## 8.1.1　网络节点的特征

卫星通信网中的节点具有以下特征。

### 1. 节点位置暴露

部分通信业务站位置固定且目标明显，攻击者容易接近并截获信号，且卫星节点直接暴露于空间轨道上，处于恶劣的自然环境中。另外，组网控制中心的控制信道是经过开放空间的，用户很容易获知控制信道的相关参数。因此，这些网络节点容易遭受非法截获、无意/蓄意攻击甚至摧毁。

### 2. 计算能力有限

受卫星有效载荷技术及太空恶劣环境等因素（如功耗要求、宇宙射线等）的影响，卫星节点的计算、存储、带宽、物理空间等资源均受到较大限制，处理能力非常有限。在现有技术条件下，通信卫星发射后，其硬件层面几乎没有升级改造的可能，难以实现能力的有效扩展。类似地，组网控制中心和部分通信业务站也存在计算能力和资源受限的可能性，如组网控制中心的入向控制信道容易过载。

### 3. 单点失效显著

通信卫星作为整个网络无线电通信的中继站，处于一个非常关键的位置，而计算资源受限使卫星十分脆弱。一旦有非法用户接入卫星，并采用拒绝服务等方式对卫星进行攻击，其破坏效果将数倍于对传统网络的攻击。组网控制中心是整个卫星通信网的管控中心，如果它受到攻击，其管辖范围内的卫星通信网将会瘫痪。

### 4. 拓扑动态变化

卫星节点始终处于高速运转状态，当卫星通信网中存在多个卫星可用时，在组网控制中心的管控下，卫星节点可以加入或退出网络。地面移动节点，如车载站、机载站等的位置也可能处于不断改变中，并且一般无周期性。这些节点的高度动态变化特性，导致整个卫星通信网的拓扑频繁发生变化，节点之间的信任关系需要随变化而持续不断地维护。另外，拓扑的不断变化致使通信双方的往返时延方差较大，难以准确预测往返时延，造成不必要的数据重传。

## 8.1.2　通信链路的特征

卫星通信网中的链路具有以下特征。

### 1. 链路广播开放

卫星通信具有广播特性，下行链路接收范围大，缺乏合理有效的物理保护手段，造成星间、星地等链路极易受到恶意电磁信号、大气层电磁信号及宇宙射线等的干扰，并可能遭受恶意用户的窃听。卫星通信链路的开放性使卫星通信网在信号层面没有可信域，给安全管理带来了很大的难度。

### 2. 传输时延较大

卫星距离地面远，地球站分布范围广，当地球站之间需要传输数据时，卫星通信网的链路传输距离远大于传统地面网络。这使得卫星通信网中的数据传输存在大时延的问题，会给实时性较高的业务和安全措施带来影响。

### 3. 链路稳定性差

由于卫星及链路始终处于变化的恶劣自然环境中，如太阳黑子爆发、暴雨天气等，链路的连通难以像传统地面网络一样保持时间连通性，进而造成通信时延极易大幅变化，通信链路呈现连通间断性、时延方差大等特点。

### 4. 高误码率影响

卫星信道会有由恶劣天气、宇宙射线或电磁干扰引起的高突发错误，其误码率高于地面有线传输媒介，而较高的误码率对于高精确性的安全协议或算法影响非常大，很容易造成分组的丢失和安全同步的丢失，这些给安全机制的实施带来不小的难度。

## 8.1.3　卫星通信网的其他特征

卫星通信网的其他特征如下。

### 1. 可扩展性要求

卫星通信网对安全机制的可扩展性提出了更高的要求。卫星通信网的建设是一个逐步完善的过程，中间需要不断扩展、补充，各种新型的航天航空器、新型的用户、新型的业务需求都会不断出现。对于现有的成熟的网络体系，卫星通信网要有能力与其进行互通互联，有时甚至将其作为异构的通信网络接入，这就要求卫星通信网有很强的可扩展性。

### 2. 多层次安全需求

卫星通信网应用呈现多样性，各种不同的应用对安全性也有不同的需求，如普通的广播数据显然比资源勘查数据敏感度要低。在规划卫星通信网安全体系时，必须仔细分析实际安全需求。

### 8.1.4　卫星通信网的层次结构

根据卫星通信网本身的特殊性，从组网角度可以将其分为以下三个层次（见图 8.2）。

（1）节点设施层：用于支持网络节点运行的基础软件和硬件设施。该层以各种网络节点为单位进行组织，包括地球站上安装的各类业务设备、信道设备、信号收发设备、加解密设备、站内监控系统和操作系统软件，以及卫星节点上的有效载荷等。

（2）组网控制层：用于卫星通信网的运行管理与组网控制，包括通信网及通信业务连接的建立、维持和拆除，为了实现组网控制，可以对网络节点、网络资源和网络参数进行控制及调整，完成路由和用户的管理等功能，并建立相应的安全机制。该层主要包括组网控制信道、组网控制协议和软件。

（3）业务通信层：在前两层的支持下，用于实现网络节点之间的业务通信，实现无差错传输的功能，在点到点或点到多点的业务链路上保证信息可靠传输。该层主要包括卫星传输链路和相应的链路协议。卫星传输链路主要包括卫星上行链路、卫星下行链路和星上处理链路。链路协议的主要功能是对卫星通信链路进行差错控制、数据成帧、同步控制等。

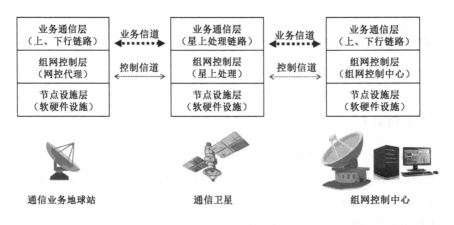

图 8.2　卫星通信网的层次结构

## 8.2　安全组网威胁

从系统组网的角度来看，威胁卫星通信网的安全因素是多方面的，总体上可分为两类：一类是被动攻击，以窃取信息为主要目的，如通过信号侦收、流量分析、协议分析、密码破译等手段窃取网络中的各种信息，这种攻击不会对节点设施层造成破坏；另一类是主动攻击，这类攻击除窃取信息外，还以破坏通信网络和节点设施为目的，使其不能正常工作，甚至瘫痪，从而达到破坏正常通信的目的。主动攻击的行为有干扰、重放、仿冒、伪造、篡改、抵赖、非授权访问、拒绝服务、恶意代码和摧毁等。

　　一般来说，主动攻击比被动攻击更复杂、更难成功，实施主动攻击通常需要昂贵的设备，需要对组网控制层的各种协议和机制比较了解，而且需要获得通信网的访问权。当然，上述安全威胁并非单独存在，攻击者往往使用各种手段来形成一套完整的攻击组合拳，如先截获信号，从中提取有用信息，接下来对信息进行分析，进一步了解组网通信流程，挖掘组网控制层协议的漏洞，然后对系统进行各种攻击。攻击效果除取决于攻击强度外，还取决于卫星通信网自身的健壮程度，因此卫星通信网需要具有完整的安全分析和综合防御机制。

## 8.2.1　被动攻击

　　被动攻击（Passive Attack）主要采取窃听的方式来实现。在卫星通信网中，攻击者需要使用地球站和通信协议的基本知识，并需要具备调谐到不同频率和接收其他地球站流量或向其发送流量的能力。被动攻击可能会造成潜在的敏感或有价值数据的泄露，而且不对数据做出任何修改，因此很难被检测到。卫星信道的开放性使网络信息容易被截获和窃听，尤其是下行链路具有广播特性，增加了卫星通信中的窃听风险。现有的被动攻击往往针对下行链路，主要是因为下行链路可以在特定的波束覆盖区的任何地方接收，而窃听上行链路需要与目标站点位置非常接近。如果攻击者可以从下行链路中提取会话密钥，其也可以解密上行链路。

　　根据攻击者对所截获信息的不同处理方式，可以将被动攻击方式分为信息窃取、信号侦收、密码破译、密码嗅探、协议分析和流量分析等，它们的行为特征和影响对象有所差异。根据被动攻击采用的分析手段，可以将被动攻击分为直接分析出消息和对通信行为进行分析两类。直接分析出消息是指攻击者直接从截获的信息中获取对攻击者有用的信息，如密码嗅探可捕获会话密钥；对通信行为进行分析是指攻击者通过观察通信双方所交换的信息的长度、频度或其他通信量，并应用数学中常用的统计学方法，分析得出通信双方所交互的消息的性质，或者通过分析和猜测的方法得出信息的内容，协议分析和流量分析都可以采用这种分析手段。如表 8.1 所示为被动攻击方式及其影响分析，给出了这些攻击方式的行为描述、在通信网层次结构中的影响层次和影响域，以及相应的脆弱性/缺陷及破坏的安全性类型。被动攻击的破坏性主要取决于卫星通信网采取的加密协议，因此本书使用 *Cryptographic Protocol Flaws—Know Your Enemy* 一文中的分类方法来标识各种缺陷。

表 8.1　被动攻击方式及其影响分析

| 攻击方式 | 行为描述 | 影响层次 | 重要影响域 | 脆弱性/缺陷 | 破坏的安全性类型 |
|---|---|---|---|---|---|
| 信息窃取 | 通过传输信道窃取传输的明文信息 | 组网控制层<br>业务通信层 | 组网控制协议<br>业务通信数据 | 链路广播开放<br>加密系统缺陷 | 机密性、隐私保护 |
| 信号侦收 | 收集各种通信信号频谱、特征、参数 | 组网控制层<br>业务通信层 | 组网控制信道<br>业务信道下行链路 | 链路广播开放 | |
| 密码破译 | 对信息进行破译，获取有价值的情报 | 组网控制层<br>业务通信层 | 组网控制协议<br>业务通信数据 | 加密系统缺陷 | |
| 密码嗅探 | 使用协议分析等捕获口令和密钥，达到非授权使用 | 组网控制层 | 组网控制协议 | 基本协议缺陷<br>密码猜测缺陷 | |
| 协议分析 | 分析组网控制协议，供仿冒、重放等主动攻击使用 | 组网控制层 | 组网控制协议 | 基本协议缺陷 | |
| 流量分析 | 通过分析获得通信时间、用户位置等关键信息 | 组网控制层<br>业务通信层 | 组网控制协议<br>业务通信数据 | 基本协议缺陷 | |

　　在卫星通信网中，被动攻击可以截获组网控制中心和业务站之间相互发送的组网管控信令，也可以直接截获业务站之间的业务通信流量。组网控制中心站一般为固定地球站，目标比较显著，攻击者很容易通过目标侦察和信号侦收的方式获得组网控制中心使用的卫星、覆盖的波束及使用的频段，进一步对截获的信号进行分析以获取它的频谱特性，随后可以在相同的波束覆盖范围内接收入向控制信道的信息，对组网控制协议进行分析，如图 8.3（a）所示。为了截获出向控制信道的信号，可以在业务站所在的波束覆盖范围内进行侦听，如图 8.3（b）所示。攻击者如果想截获业务站之间的敏感数据，可以在接收地球站的下行链路进行侦听，如图 8.3（c）所示。

　　攻击者通过侦听组网控制信道，可以分析管控信令的格式、类型、内容和交互流程，可以获得关于卫星通信网的大量信息，例如：

　　（1）网内业务站的成员组成、参数、位置及其入退网情况；

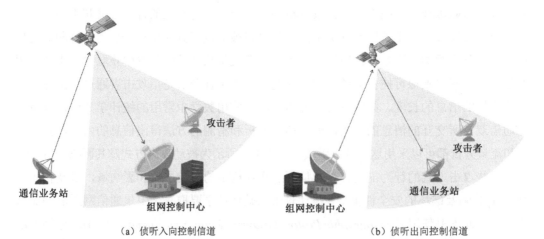

（a）侦听入向控制信道　　　　　　　　　　　　（b）侦听出向控制信道

图 8.3　被动攻击

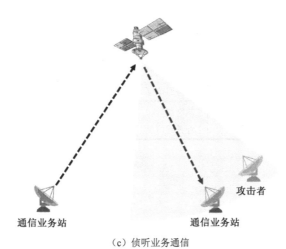

（c）侦听业务通信

图 8.3　被动攻击（续）

（2）网内用户之间业务通信的流量、时间和频度，区分网内重要用户和一般用户；

（3）监视重点保障任务部署情况，获取重点保障任务信息；

（4）分析组网控制协议过程及其使用的安全机制，挖掘主动攻击的漏洞；

（5）通过组网控制协议的配合对用户的业务通信进行窃听和破译。

## 8.2.2　干扰攻击

干扰攻击（Jamming Attack）是指攻击者使用定向天线发射具有足够功率的干扰信号，用于淹没或压制原始信号，从而干扰合法信息传输。干扰的有效性依赖于攻击者能否获得目标信号的详细信息，这可以通过公开来源的信息或协议分析获得。一旦收集和分析到这些信息，干扰源产生的信号必须具有战胜目标信号所需的正确特性和功率。

卫星通信网覆盖区域大，节点多且分布在不同的海域、空域和地域，卫星信号也较容易被捕获，这就为干扰攻击提供了多种可能的机会和条件。同时，卫星和地面端相距较远，传输损耗较大，发射信号功率却不太大，双方收到的信号较弱，因此通信链路比较容易受到干扰。卫星通信信号干扰主要是干扰卫星和地面测控站及用户站的信号收发，以削弱或阻碍其正常发挥效能。根据干扰的目标对象，可以将干扰攻击分为干扰上行链路、干扰下行链路和干扰卫星转发器，如表 8.2 和图 8.4 所示。

表 8.2　干扰攻击方式及其影响分析

| 攻击方式 | 行为描述 | 影响层次 | 重要影响域 | 脆弱性/缺陷 | 破坏的安全性类型 |
|---|---|---|---|---|---|
| 干扰上行<br>链路 | 通常是"轨道式"干扰，干扰<br>目标卫星转发器接收端的频率 | 组网控制层<br>业务通信层 | 上行链路<br>卫星节点 | 链路广播开放<br>节点位置暴露 | 可用性 |

续表

| 攻击方式 | 行为描述 | 影响层次 | 重要影响域 | 脆弱性/缺陷 | 破坏的安全性类型 |
|---|---|---|---|---|---|
| 干扰下行链路 | 通常是"地面式"干扰，干扰视线范围内地球站的接收端 | 组网控制层业务通信层 | 下行链路地球站节点 | 链路广播开放节点位置暴露 | 可用性 |
| 干扰卫星转发器 | 通常是"轨道式"干扰，干扰目标卫星转发器 | 组网控制层业务通信层 | 通信网链路卫星节点 | 链路广播开放节点位置暴露 | |

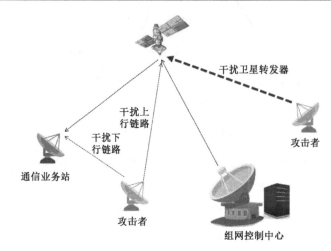

图 8.4　干扰攻击

## 1. 干扰上行链路

卫星通信的上行链路是指地球站向卫星星上转发器发送信号的通信线路。干扰上行链路是对卫星通信系统实施干扰的重点，也是常用的和有效的电子对抗手段。在干扰上行链路时，首先要截获地球站发出的上行链路通信信号，而后产生与目标信号频率大致相同的频率信号，并将它发送到上行链路对应的卫星转发器上，从而对卫星接收端实施干扰，以破坏目标信号的整个通信过程。需要注意的是，上行链路干扰通常实施"轨道式"干扰，即在卫星转发器端产生影响，而目标上行链路源地球站及其信号不受影响。干扰产生后，卫星转发器无法区分有用信号和干扰信号，全部予以转发，将导致下行链路信号丢失或受损。

地球站发射天线波束的主瓣指向卫星，因此侦察站仅能截获其副瓣信号，加上传输损耗及侦察接收机的灵敏度等因素的影响，直接接收卫星的上行信号相当困难，所以通常通过截获下行信号来判断上行信号的频率，有时还需要使用协议分析来实现。上行链路干扰比较困难，因为需要相当大的干扰发射机功率，然而，它的影响可能是全局性的，干扰组网控制中心的上行链路将导致整个通信网瘫痪。

## 2. 干扰下行链路

卫星通信的下行链路是指星上转发器向地球站转发信号的通信线路。攻击者产生与目标下行链路信号频率大致相同但功率更大的射频信号，这种干扰信号被传送到地球站下行链路接收天线，对地球站接收端信号进行抑制，从而达到破坏通信的目的。相对于干扰上行链路，下行链路干扰通常实施"地面式"干扰，只需要一个功率不高的干扰器（如小型便携式地面干扰器），而且其影响是局部的（从几千米到几百千米）。

对下行信号干扰的有效性取决于干扰器能否在地球站的接收波束范围内工作。但如果是设置在地面的下行干扰器，则存在距离远、地物传输遮挡、处于地球站接收天线的副瓣等问题，即使干扰功率再高，天线增益再大，大多情况下干扰效果也很差。使用机载平台可以在一定程度上克服上述限制，如采用无人机、气球等空基平台进入卫星发射天线主瓣覆盖的区域，从而对下行信号进行有效干扰。而且，机载平台获得的高度扩大了覆盖范围，也克服了地面障碍。

**3. 干扰卫星转发器**

尽管上行链路干扰攻击的也是卫星转发器，但它的影响仅仅局限于上行链路信号，而干扰卫星转发器的目标在于破坏卫星转发器的可用性。卫星转发器有透明转发器和处理转发器之分，相应的干扰方式也有所不同。

一是对透明转发器的干扰。由于透明转发器只实现信号放大和频率变换，而对信号不做处理，所以，通过地面干扰站发射窄带或宽带的强干扰信号，会导致转发器的信号放大器因信号饱和而产生严重的非线性，使信噪比急剧恶化。另外，使转发器处于阻塞饱和也会导致通信系统不能工作。

二是对处理转发器的干扰。处理转发器一般采用了多种星上处理技术，如数字信号解调再生、上/下行频率交链、星上解扩频、星上解跳频及频分复用与时分多址的变换等。由于采用了这些技术，这类转发器获得处理增益为 $G_p$ 的抗干扰性能。如果要对处理转发器实施干扰，首先要检测出星上处理转发器的接收信号特征参数，如扩频码的周期、子码宽度和码型，然后采用步进式相位相关干扰或最大互相关干扰技术，对目标卫星的处理转发器实施干扰攻击。同时，不再需要将功率增加 $G_p$。然而，对于正交跳频处理转发器，只要进行多个载波干扰使转发器饱和，就会产生组合干扰以破坏跳频解调信道的正常工作，从而达到目的。

## 8.2.3　重放攻击

重放攻击（Replay Attack）也称新鲜性攻击（Freshness Attack），俗称复制攻击，即攻击者通过重放截获的消息或消息片段（已通过认证）对通信主体进行欺骗，其主要用于破坏系统的可用性和认证的正确性。

重放攻击按攻击层次主要分为消息块重放、消息块间重放、协议间重放；按攻击对象分为直接重放（消息被重放给预定的接收者，但具有一定的时延）、反射重放（消息被回发给发送者）、转移重放（消息被转发给第三者），这些攻击方式及其影响分析如表 8.3 所示。

表 8.3　重放攻击方式及其影响分析

| 攻击方式 | 行为描述 | 影响层次 | 重要影响域 | 脆弱性/缺陷 | 破坏的安全性类型 |
|---|---|---|---|---|---|
| 直接重放 | 消息被重放给预定的接收者，但具有一定的时延 | 组网控制层 | 组网控制协议 | 新鲜性缺乏缺陷 主体标识缺乏缺陷 消息类型缺陷 | 可用性、认证的正确性 |
| 反射重放 | 消息被回发给发送者 | 组网控制层 | 组网控制协议 | 消息格式相同 消息类型缺陷 | |
| 转移重放 | 消息被转发给第三者 | 组网控制层 | 组网控制协议 | 多协议交互 | |

无论是哪一种重放攻击方式，它们都是对协议新鲜性的攻击。卫星通信网中的组网控制协议如果存在以下几种问题，可能导致系统的组网控制层面临重放攻击的威胁。

### 1. 新鲜性缺乏缺陷

新鲜性缺乏缺陷是导致重放攻击最常见的原因之一，在组网控制协议中，如果发送的信令无法保证新鲜性，攻击者可以重放过去的信令来扰乱组网过程，甚至达到仿冒合法用户终端的目的。最常用的新鲜性检查机制是时间戳和挑战-应答机制，也可以使用序列号或随机数等新鲜因子检查新鲜性。新鲜性检查机制需要根据不同的情况合理使用，为了达到抵御重放攻击的目的，有些情况下需要多种方法结合使用。需要注意的是，新鲜因子不能被攻击者轻易地获得或篡改。

### 2. 主体标识缺乏缺陷

在地面计算机网络中，许多已知的重放攻击都是缺乏主体标识导致的。同样，为了避免此类重放攻击，需要在卫星通信协议消息（报文）中添加足够的主体标识（如身份标识），而不要为了简化协议省去关键信息。以密钥交换为例，攻击者获取组网控制中心与业务站之间交换的质数和公开值，就可以进行重放攻击。为了防止这种情况发生，需要确认数据的发送者，可以在传输数据时附加发送者自己的身份标识，以便组网控制中心和业务站区分，以此抵御重放攻击。

### 3. 消息格式相同

如果协议中两条消息的格式完全相同，特别是在某个独立的协议交互过程中只有两条消息的情况下，很容易发生重放攻击。因为消息格式完全相同，攻击者可以将消息反射重放给发送者，使发送者以为是另一轮会话的开始，从而混淆主体在协议中的通信角色。

#### 4. 消息类型缺陷

部分消息类型缺陷攻击也属于重放攻击，消息类型缺陷是消息项的类型存在二义性导致的缺陷。可以为每个消息项加上类型标签，并且在协议实施中使主体在接收消息前进行类型检查，如果类型检查失败，则拒收该消息，这样就能有效防止消息类型缺陷导致的重放攻击。

#### 5. 多协议交互

通信系统中多个协议同时运行的情况是非常普遍的。由于证书和加密接口等的使用，通信主体可能在不同的协议中使用相同的密钥（尤其是私钥）。假设协议 P1 和 P2 使用相同的密钥格式，如果 P1 中产生的消息能够被攻击者利用来发起对 P2 的攻击，则称 P1 和 P2 是交互的。例如，A 与攻击者 I 进行正常会话，执行协议 P1，攻击者有可能利用 A 产生的消息冒充 A 与 B 通信，执行协议 P2。这即发生了消息的协议间重放，如图 8.5 所示。

图 8.5　协议间重放示例

这是重放攻击中最复杂的一种，想要避免此类重放造成的攻击，需要改进的不只是协议本身，而需要从系统角度出发进行调整。调整的根本原则就是使不同协议的不同主体发出的消息能够被识别。

在卫星通信网中，重放攻击通常影响的是组网控制协议，如图 8.6 中的攻击者在窃取业务站发往组网控制中心的呼叫申请消息后，在某个时刻将该消息重放给组网控制中心，以此欺骗组网控制中心。假如组网控制协议缺乏新鲜性检查机制，组网控制中心将为该次呼叫申请分配信道资源，并将资源标记为占用状态，一旦重放次数过多，通信网将很容易耗尽有限的信道资源，导致网络的拒绝服务。可以看出，重放攻击可以导致组网控制中心中记录的卫星通信地球站的状态及信道资源的使用状态发生混乱，达到破坏系统可用性的目的。除此之外，重放攻击还可以破坏认证的正确性，使得攻击者能够仿冒合法用户，造成进一步的破坏。攻击者还可以利用重放攻击来研究卫星通信协议的信令时序关系。

## 8.2.4　仿冒攻击

在仿冒攻击（Impersonation Attack）中，攻击者成功地伪装成通信协议中的合法参与者。在卫星通信网中，很容易联想到业务站和组网控制中心两种潜在的仿冒对象，如图 8.7 所示。在本书介绍的通信体制中，这两种对象是否都很容易仿冒呢？

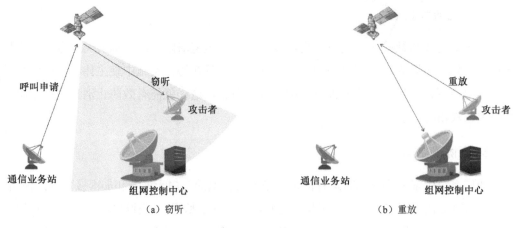

（a）窃听　　　　　　　　　　　（b）重放

图 8.6　重放攻击

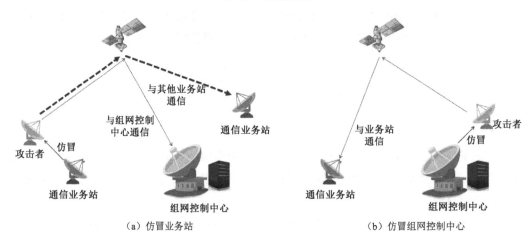

（a）仿冒业务站　　　　　　　　　　（b）仿冒组网控制中心

图 8.7　潜在的仿冒对象

　　业务站仿冒是比较常见的仿冒形式，因为攻击者的设备更容易具备业务站的能力，而且其收发信号一般不会受通信体制的约束。攻击者通过仿冒业务站，可以和组网控制中心进行通信，尝试对组网控制中心进行攻击，或者通过组网控制协议窃取更多的有用信息；也可以在通过组网控制中心认证后与另一端的业务站进行通信，从业务通信数据中捕获敏感信息。

　　仿冒组网控制中心则具有一定的难度，而且受限于组网控制信道所采用的体制，所以这种仿冒形式成功的可能性很小。当出向控制信道为 TDM 体制时，由于信道为组网控制中心发出的连续载波，加上信道的广播特性，只要业务站不受到干扰阻塞，就能够接收到 TDM 广播信道的信号。这就使得攻击者难以在 TDM 广播信道中插入其用于仿冒的信号，无法让业务站收到仿冒信令，在这种体制下，仿冒组网控制中心在物理上是不可行的。在纯 TDMA 网络中，入向和出向控制信道都是 TDMA 信道，组网控制中心和业务站共享信道，发射的都是 TDMA 突发载波。出向 TDMA 信道的控制时隙一般需要承载业务站的参考载波，不会处于空闲状态，因此在这种情况下也不存在插入仿冒信号的可能性。

由此可见，卫星通信网中的仿冒对象一般是用户端。根据攻击者能否窃取用户身份，仿冒攻击可以分为身份窃取仿冒和重放攻击仿冒两种，如图 8.8 所示。

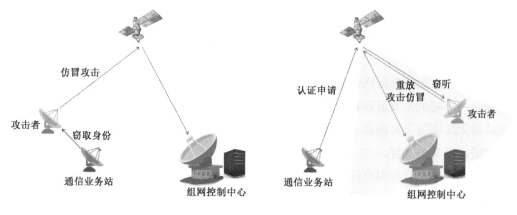

（a）身份窃取仿冒 （b）重放攻击仿冒

图 8.8 根据能否窃取用户身份分类的仿冒攻击

在身份窃取仿冒方式中，攻击者首先需要通过各种手段（被动攻击、身份盗取攻击、验证表盗取攻击、已知密钥秘密攻击等）窃取卫星通信网中合法用户的身份认证信息，然后仿冒用户的身份，获得网络访问权限，向组网控制中心或其他用户发送各种信令，达到扰乱通信系统或进一步窃取有用信息的目的。攻击者可以使用一个合法地球站（遵循组网控制协议）进行身份仿冒，或者在协议分析透彻的基础上进行仿冒攻击。

在重放攻击仿冒方式中，攻击者可能无法窃取有效的明文身份信息，但使用窃听的方式截获了合法用户发往组网控制中心的信令，并通过协议分析发现其中附带认证功能（如认证申请信令）。假如认证协议存在缺陷，攻击者可以重放该信令以通过组网控制中心的认证，以此仿冒合法用户来对组网控制中心实施攻击。这样可以影响整个网络的可用性，并存在进一步获取有用信息的可能性。

如果卫星通信网在验证表、智能卡、身份信息和密钥等信息方面的保护措施不足，或者认证协议存在漏洞，那么就会存在仿冒攻击的风险。所以，增强安全基础设施防护和隐私保护能力，使用强身份或实体认证协议可以减小仿冒攻击的概率。上述几种仿冒攻击方式及其影响分析如表 8.4 所示。

表 8.4 仿冒攻击形式及其影响分析

| 攻击方式 | 行为描述 | 影响层次 | 重要影响域 | 脆弱性/缺陷 | 破坏的安全性类型 |
|---|---|---|---|---|---|
| 身份窃取仿冒 | 窃取合法用户的身份认证信息，以此仿冒合法用户进入网络 | 组网控制层 业务通信层 | 组网控制中心 组网控制协议 业务通信数据 | 隐私保护缺陷 认证协议缺陷 | 机密性、可用性、认证的正确性 |
| 重放攻击仿冒 | 重放带有认证功能的信令，以通过组网控制中心的认证 | 组网控制层 | 组网控制中心 组网控制协议 | 认证协议缺陷 | |

仿冒攻击可以用来实施多种攻击，如拒绝服务攻击和中间人攻击。下面给出了卫星通信网中仿冒攻击的一些攻击示例。

（1）仿冒一个正在通信的用户地球站，向组网控制中心发送通信结束信令或退网申请信令，导致被仿冒的用户在组网控制中心的状态发生错误（与实际不符）、信道状态混乱（组网控制中心认为被仿冒的用户使用的信道因通信结束而变为可用，但实际上该对信道仍被占用）。

（2）按一定策略向组网控制中心连续随机（用户终端地址随机、信令类型随机、格式随机、内容随机）发送各种申请信令，导致用户地球站在组网控制中心的状态发生混乱，从而无法实现正常通信。这种攻击很容易被认为是一些用户地球站故障或操作失误而被忽略，不易被发觉。

（3）仿冒一个合法用户向另一个用户发起呼叫请求信令，使得组网控制中心为本次通信申请分配信道，浪费可用的通信信道。如果被攻击系统采取了严格的身份认证策略，那么本攻击首先需要攻破对方系统的身份认证机制。

（4）仿冒大量的合法地球站高频率地发送经纬度改变信令。目前，组网控制中心的用户界面大多采用 GIS 或其他图形化显示方式，这种方式将导致频繁的界面刷新，大量地占用组网控制中心所在计算机系统的资源，同时不利于组网控制软件的操作员查看、掌握和处理真正的异常情况。

## 8.2.5 劫持攻击

中间人（Man-in-the-Middle，MITM）攻击是一种典型的劫持攻击方式，可以看作一种"间接"的入侵攻击。它通过各种技术手段将攻击者的站点放置在通信的两个或多个站点之间，作为一个恶意的"中间人"，秘密地控制这些站点之间的通信流量。MITM 攻击者不同于简单的窃听者，他们在截获通信流量后，可以拦截、修改、更改或替换目标受害者的通信流量。此外，MITM 攻击往往通过仿冒攻击来实现，使得受害者并不知道攻击者的存在，认为通信信道还是受保护的。表 8.5 给出了 MITM 攻击方式及其影响分析，该攻击方式可以达到以下的破坏目的。

（1）破坏机密性，通过持续窃听站点之间的通信信道实现。

（2）破坏完整性，通过拦截通信和篡改消息实现。

（3）破坏可用性，通过截取并销毁消息，或篡改消息使通信一方终止通信。

表 8.5　MITM 攻击方式及其影响分析

| 攻击方式 | 行为描述 | 影响层次 | 重要影响域 | 脆弱性/缺陷 | 破坏的安全性类型 |
|---|---|---|---|---|---|
| MITM 攻击 | 恶意"中间人"拦截、修改、更改或替换目标站点之间的通信流量 | 组网控制层 业务通信层 | 组网控制中心 业务站 业务通信数据 | 认证协议缺陷 组网控制协议缺陷 | 机密性、完整性、可用性 |

在如图 8.9 所示的卫星通信网中，攻击者在组网控制中心和业务站之间充当"中间人"，其需要兼具组网控制中心和业务站收发信号的能力（假设能够成功仿冒组网控制中心）。由于通信信道是广播信道，如果攻击者不采取一些措施，业务站就始终能够接收到组网控制中心的信令。为了能够适时阻断业务站的通信信道，攻击者需要对其进行干扰攻击，使其与合法的组网控制中心断开通信，而与仿冒成组网控制中心的攻击者进行通信。在此过程中，攻击者同时仿冒成合法的业务站与组网控制中心之间进行通信交互。

MITM 攻击通常会利用组网控制协议（如认证协议）的漏洞。如果协议存在漏洞，MITM 攻击者可以向组网控制中心发送异常的管控信令，如发送格式异常、内容异常、同步异常（信令前后时序不对）的信令，导致组网通信过程中断，甚至导致组网控制中心各服务器上的相关进程发生缓冲区溢出、功能异常等错误，从而破坏卫星通信网的可用性。另外，攻击者为了达到其所期望的攻击结果，直接篡改通信双方的合法交互信息，或改变通信双方交互消息的传输次序。为了达到目的，攻击者甚至可丢弃通信双方信息中的部分内容。

（a）窃听　　　　　　　　　　　　　　　　（b）仿冒、篡改

图 8.9　MITM 攻击

## 8.2.6　拒绝服务攻击

拒绝服务（Denial of Service，DoS）攻击的目标是卫星通信网服务的可用性，使其降低或丧失。在卫星通信网中，组网控制中心是最重要的节点，也是网络最脆弱的部分。如果组网控制中心没有增强安全防御措施，在遭受 DoS 攻击时会产生雪崩效应，导致整个卫星通信网瘫痪。DoS 攻击方式及其影响分析如表 8.6 所示。

表 8.6 DoS 攻击方式及其影响分析

| 攻击方式 | 行为描述 | 影响层次 | 重要影响域 | 脆弱性/缺陷 | 破坏的安全性类型 |
|---|---|---|---|---|---|
| 资源耗尽型 | 耗尽组网控制中的各种资源，破坏系统的可用性 | 组网控制层 | 入向控制信道 | 信道资源有限 | 可用性 |
| 漏洞利用型 | 利用组网控制中的各种漏洞，破坏系统的可用性 | 组网控制层<br>节点设施层 | 组网控制中心<br>组网控制协议 | 系统漏洞 | |

资源耗尽型 DoS 攻击是典型的 DoS 攻击方式，攻击者在获取控制信道技术参数的基础上，直接向组网控制中心发送大量请求消息，消耗组网控制中心的各种资源。相比于组网控制中心的计算处理能力，控制信道的带宽更为稀缺，更容易被压制。如果入向控制信道采用 ALOHA 方式工作，用户的请求消息争用控制信道，当用户请求数量增加时，碰撞的概率会增大，信道的有效吞吐率会降低，因此 ALOHA 信道容易过载或拥塞。同样地，如果入向信道采用 TDMA 方式工作，控制时隙的数量是有限的，信道资源容易因占用而耗尽。卫星通信网中的这些薄弱环节，使得攻击者有机会通过洪泛的方式占用控制信道的带宽，阻塞控制信道，导致其他用户终端与组网控制中心之间交互超时或无法交互，从而造成通信网拥塞，破坏网络的可用性。

与一般信号阻塞攻击方法（如信号干扰）不同的是，通过这种方法发送的请求消息看起来都是合法的（合法的地址、格式），好像是网络中同时有很多用户终端在试图发送请求或上报状态，因而具有较强的隐蔽性，不容易被发现。为了提高攻击中的请求速率，资源耗尽型 DoS 攻击在单个"合法"终端的请求消息中设置虚假的源地址来持续模拟多个源，或者以多个"合法"终端的身份同时使用多个源，利用分布式 DoS 攻击策略实施攻击，如图 8.10 所示。

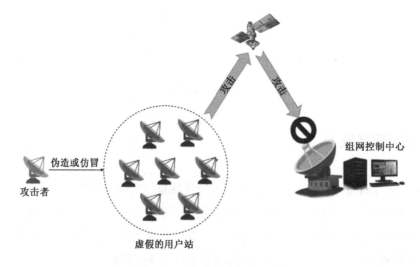

图 8.10 资源耗尽型 DoS 攻击

漏洞利用型 DoS 攻击利用的是卫星通信网中的各种漏洞，它不依赖于大量傀儡机，通常也不需要发送大量访问请求，而是利用组网控制协议或节点设施软件漏洞，通过精心构造数据包，造成组网控制过程或各网络节点不能有效运行。攻击者可以不具备关于漏洞的精确知识，不关联系统本身的任何状态和信令，而向目标组网控制中心发送大量的无意义信息。这种方式和传统的 DoS 攻击没有本质的区别，主要针对目标组网控制中心对异常信息的处理能力。

# 8.3 安全组网需求

卫星通信网与地面通信网有一致的安全目标，需要保障以下几个主要需求。

（1）机密性（Confidentiality）：保护卫星通信网数据在存储、使用、传输过程中不会泄露给非授权用户或实体，通过在发送前对数据进行加密，使其仅在指定的接收者中可读。机密性可以用于抵御窃听、流量分析和仿冒。

（2）完整性（Integrity）：确保卫星通信网数据在存储、使用、传输过程中不会被非授权用户篡改，同时防止授权用户对系统及数据进行不恰当的篡改，即确保网络数据不被恶意修改、删除、插入、伪造、重放等。

（3）可用性（Availability）：确保卫星通信网中的系统和网络资源在需要时始终可供授权用户正常访问和使用，当卫星通信网面临意外部分受损或需要选择性降低等级使用时，能为授权用户提供服务。可用性要求防御攻击者干扰和拒绝服务攻击。

（4）认证（Authentication）：表示通信参与方必须能够在入网或通信会话之前证明其身份，防止攻击者冒充发送方或接收方来误导合法用户。

（5）授权（Authorization）：确保用户拥有访问系统资源的正确权限或特权，防止未经授权访问卫星通信网的资源。授权和访问控制通常与认证机制结合使用。

（6）不可抵赖性（Non-repudiation）：确保已发送或接收消息的一方不能否认已发送或接收消息，使得卫星通信网中的用户不能否认或抵赖曾经完成的行为、操作与承诺。用于此需求的主要机制是数字签名。

（7）密钥管理（Key Management）：将安全密钥安全地传送给相关方。有两种类型的密钥管理：手动和自动。手动过程通常由系统管理员处理；自动过程由密钥管理协议处理。密钥管理是卫星通信网等全球通信系统面临的最困难的问题之一。

尽管安全目标一致，但卫星通信网与地面通信网有着相当大的区别，使得卫星通信网安全组网有其独特性。下面从安全通信、密钥管理、认证机制、安全多播、防御 DoS 攻击和安全成本六个方面讨论卫星通信网安全组网的各种问题和需求。

### 8.3.1 安全通信

#### 1. 卫星通信中的数据安全

卫星通信信道是无线广播媒体，这使得任何人都有可能接收到数据内容。因此，地面上的恶意攻击者只要有合适的设备，就可以窃听传输内容。由于组网控制层和业务通信层上传输的数据通常包含敏感信息，如用户位置、组网控制、测控数据和敏感业务等信息，因此数据机密性和完整性失效可能会带来严重的安全问题。

组网控制层承载了管控操作协议，是卫星通信组网的关键。如果攻击者能够监控控制信道，分析协议信令格式、类型和内容，就可以获得通信组网的大量信息。例如，分析网内地球站成员及其入退网情况；分析网内用户之间通信的流量和频度，用来区分网内重要用户和一般用户；监视网内重要任务和重点方向的保障情况；通过获取的组网控制协议信息对业务通信进行窃听和破译。对组网控制层的控制信道进行链路加密是一种很常见的安全手段。

对于测控数据，无论军用通信卫星还是商业通信卫星，对卫星轨道与姿态数据、控制调姿变轨数据都有极高的保密要求。一旦测控数据被侦听或篡改，将直接导致卫星被远程控制，引发轨道偏离甚至跟踪丢失的问题。对星地测控链路加密可避免该类问题发生。

在业务通信层，业务数据的安全性同样重要。卫星通信业务使用者多为军队、政府和大型企业等，传输数据的重要性远高于常用的地面通信，一旦数据被窃取、篡改或伪造，将直接影响军队作战、政府决策和商业运营，因此需要采用端到端的数据安全加密技术，保证数据在全链路的安全性。

#### 2. 加密算法的需求

数据加密技术主要可实现对卫星组网控制数据、测控数据和业务数据的加密，达到防侦听、防篡改及防伪造等目的，确保通信数据的机密性。主要使用的加密方法有对称密码体制和非对称密码体制，然而它们在卫星通信网中都存在密钥管理的问题。大量研究者指出，并不是所有现有的加密方案都可以直接应用于卫星通信网中，除密钥管理问题外，还会遇到以下一些急需解决的问题（见表 8.7）。

（1）卫星和部分地球站的计算能力有限，卫星通信使用的加密方案尽量是轻量级的，以此减少额外计算开销。

（2）卫星通信节点之间传输的业务数据有时体量较大，如高清图片或长视频，加密方案的设计应使整个网络的性能不受影响。

（3）除了数据窃听，卫星信道具有由恶劣天气、宇宙射线或电磁干扰引起的高突发错误，而高误码率对支持密码分组的加密算法影响较大，因此要慎重选择加密算法。

（4）卫星信道传输时延大，紧迫性比较高的实时业务将无法使用复杂的加密算法，但一般越是紧急的业务，其机密性要求可能会越高，因此增加了保障实时业务信息安全的难度。

表 8.7　卫星通信中加密算法面临的问题

| 序号 | 位置 | 特征 | 影响 |
|------|------|------|------|
| 1 | 网络节点 | 计算能力有限 | 加密算法要尽量轻量化 |
| 2 | 通信链路 | 业务数据体量较大 | 加密算法要尽量快速化 |
| 3 | | 高误码率影响 | 对精确性要求高的加密算法影响较大 |
| 4 | | 传输时延较大 | 增大保障实时业务信息安全的加密算法的难度 |

### 3. 完整性的需求

恶意攻击者可以在检测到信号时修改数据内容，并冒充通信节点向其他地面节点发送数据，这种主动攻击方式给卫星通信网带来了更大的安全隐患。必须保证数据完整性，使得任何内容在传输过程中不会丢失或被修改。因此，数据传输协议应具有确保正确数据传输或从丢失中恢复数据的完整性机制。在卫星通信网的组网过程中，完整性主要体现在两个方面：一是组网控制协议本身的完整性，使得攻击者无法通过流量劫持和篡改协议信令来破坏组网过程，无法对参与组网的组网控制中心或业务站进行攻击；二是组网控制协议提供必要的完整性认证机制，确保用户业务数据的完整性。为了提供完整性服务，可以使用加密、消息认证码（Message Authentication Code，MAC）或数字签名机制。

## 8.3.2　密钥管理

卫星通信网中引入适当的加密方案，可以保障通信安全，满足数据的机密性和完整性需求，但随之而来的是另一个严重的挑战：密钥管理问题。密钥管理是支持通信节点之间建立和维护密钥关系的成套技术和过程，它包含了对密钥全生命周期的管理，如密钥的生成、分发或协商、更新及销毁等。如果不能保证密钥的安全性和操作正确性，攻击者就可以利用密钥实现多种攻击。因此，密钥的安全性，如密钥机密性、密钥认证性、前向安全性和后向安全性等对网络的安全性具有重要的影响。

目前，地面网络的密钥管理研究较为成熟，已有密钥管理方案包括对称密钥管理、非对称密钥管理和两者结合的混合密钥管理三种体制。以上密钥管理体制仅针对各种地面网络特点，不完全适用于卫星通信网。卫星通信中密钥管理面临的问题如下（见表 8.8）。

（1）卫星通信节点计算能力有限，而公钥基础设施相对比较复杂，不便于将其完整结构（如 CA 或 CA 链的结构）引入卫星通信网。

（2）通信链路具备高误码率特性，必然会对密钥共享过程的执行效率产生巨大影响，可能导致密钥共享过程失败或重启。

（3）卫星通信链路距离远，传输时延较大，复杂的密钥共享过程会带来较大的网络通信开销，造成网络性能下降。

（4）有些卫星通信网是以分层和分布式的方式组织的，如多网综合管理，很难设计唯一的密钥管理机制来满足各种安全通信/安全访问需求。

因此，需要根据卫星通信网的特点设计一种合适的密钥管理模型，该模型必须支持不同卫星通信业务和应用的安全需求。其复杂性不能过高，而且需要解决以下管理难点：如何在远距离、大时延、不稳定的无线链路中安全、有效地分发密钥；如何在高动态性的卫星通信网中及时更新密钥。

表 8.8　卫星通信中密钥管理面临的问题

| 序号 | 位置 | 特征 | 影响 |
| --- | --- | --- | --- |
| 1 | 网络节点 | 计算能力有限 | 不便于引入完整或复杂的公钥基础设施 |
| 2 | 通信链路 | 高误码率影响 | 对密钥共享过程执行效率影响较大 |
| 3 | | 传输时延较大 | 密钥共享过程要尽量轻量化 |
| 4 | 通信网络 | 多网综合管理 | 难以设计唯一的密钥管理机制来满足各种需求 |

## 8.3.3　认证机制

认证又称鉴别，它是由被认证者根据一些预先设定的知识来向认证者提供证据，以确定某人、某事是否名副其实或是否有效的一个过程。认证是卫星通信网组网中最基础也是最重要的一个过程。任何一个系统最基本的安全需求就是认证，只有通过认证确定被认证内容的合法性之后，才能在其基础上施行其他安全控制措施。

认证机制按照认证对象又分为实体认证和数据源认证。实体认证用于认证通信对端的身份，以保证通信对端是原定的对端，而非其他人假冒，因此实体认证也称为身份认证，如 EDD 的接入认证就是实体认证。实体认证最简单的技术是用户身份标识和密码，更复杂的认证机制则需要使用加密、消息认证码和数字签名等。数据源认证主要认证某个指定的数据项是否来源于某个特定的实体，通常与数据的完整性保护结合在一起使用，如分发认证就是数据源认证。只有数据的完整性得到了保护，才能实现数据源认证；只要数据的完整性得到了保护，就能够进行数据源认证。数据源认证通常采用数字签名或消息认证码的形式来保护数据的完整性。

认证机制按照方向分为单向认证和双向认证。单向认证是指只有一方认证另一方。例如，业务站-组网控制中心可以看成一种客户-服务器模型，很多应用只需要组网控制中心端认证业务站端的身份。而双向认证则是指通信双方需要互相认证，互相向对方证明自己的身份。例如，业务站在进行入网认证时，也可以对组网控制中心的身份进行认证，防止攻击者的仿冒攻击。

认证协议经常伴随密钥分发或协商，是卫星通信网组网安全协议中核心且复杂的过程。根据卫星通信的特点，认证机制需要考虑以下的安全需求（见表 8.9）。

（1）保护节点隐私。认证协议需要使用网络节点的身份信息，认证机制需要保证节点的身份匿名性，从而有效地避免节点身份信息的泄露。

（2）共享认证信息。卫星通信网节点分布在全球，物理位置分散，设备及其用户的数量不固定，认证信息（身份标识和对称密钥）离线共享和更新不方便。可以采用基于公钥的认证机制，这样更有利于认证信息的在线分发和更新。

（3）抵御各种攻击。高度开放的链路使攻击者很容易针对认证协议发起各种恶意攻击。一是要防止仿冒攻击，这是认证机制最基本的安全目标；二是要抵御 DoS 攻击，攻击者可以通过向目标频繁发送虚假的认证请求来消耗有限的计算资源和带宽资源；三是要预防重放攻击，认证机制需要有效抵御攻击者的重放攻击；四是要预防 MITM 攻击，认证机制的漏洞有可能带来 MITM 攻击的风险。

（4）减少通信开销。卫星通信链路的传输时延较高，相比之下，认证信令的发送时延及其带宽消耗对通信开销的影响可以忽略不计。对于卫星通信网这一特殊认证场景，一般使用完成认证所需的交互步骤来衡量认证机制的通信开销。因此，认证协议的信息交互步骤应该尽可能少。另外，可信第三方交互过多也会带来大量的时间消耗。

表 8.9　卫星通信中认证机制的安全需求

| 序号 | 位置 | 特征 | 影响 |
|---|---|---|---|
| 1 | 网络节点 | 单点失效显著 | 保护节点身份隐私，避免节点身份信息泄露 |
| 2 | | 拓扑动态变化 | 采用基于公钥的认证机制，有利于认证信息的分发和更新 |
| 3 | 通信链路 | 链路广播开放 | 提高认证协议的安全性，抵御针对认证协议的恶意攻击 |
| 4 | | 传输时延较高 | 采用轻量化的认证交互过程，减少认证机制的通信开销 |

## 8.3.4　安全多播

安全多播问题可分为以下三个广受关注的领域。

（1）数据加密和源认证：用于对多播数据进行加密或置乱，并验证该数据发送者的身份。

（2）密钥分发：用于安全地将组播密钥和密钥参数分发给组成员，用于解密或对数据和控制消息进行身份验证。

（3）基础设施保护：用于保护多播基础设施，并最小化攻击者进行 DoS 攻击的能力。

在卫星通信网中，多播组存在动态变化，安全性的提供会变得很麻烦，各种多播协议提供的可靠传输机制同样会带来安全漏洞，因此在卫星通信网中提供全面的安全性仍然是一个挑战。卫星通信中安全多播面临的问题如下（见表 8.10）。

（1）卫星通信系统具有成员数量庞大、成员动态加入/离开的特性，使得在卫星通信多播中提供安全性和有效地管理密钥成为一个具有挑战性的问题。其中一个最重要的问题是，为了提供前向和后向安全性，成员加入/离开事件都会使组播密钥更新，从而导致大量的工作负载和严重的性能问题，这个问题对于规模庞大和动态的卫星多播组来说十分显著。因此，为了支持大型动态组的安全通信，可扩展密钥更新是一个需要考虑的重要问题。

（2）由于卫星通信信道的开放性，对其窃听和主动入侵比地面固定网容易得多，卫星通信多播机制更容易受到安全攻击。在通用的组网控制模型中，多播组通过加密多播数据并向授权成员提供解密密钥来保护信息。尽管进行了加密，未经授权的用户仍然可以接收加密的数据，并通过流量分析和/或密码破译来确定其内容。此外，攻击者可以通过加入多个多播组或向已知多播组发送无用数据来发起 DoS 攻击。

（3）GEO 卫星通信系统特别适合多播，因为一个单一的传输可以被广泛覆盖区域内的所有地球站接收。然而，部分的地面网络多播协议没有利用卫星链路的自然广播能力，卫星通信多播场景需要避免多播数据包的重复和每个数据包的多次加密计算。

表 8.10　卫星通信中安全多播面临的问题

| 序号 | 位置 | 特征 | 影响 |
|---|---|---|---|
| 1 | 网络节点 | 拓扑动态变化 | 使用可扩展密钥更新，减少性能问题 |
| 2 | 通信链路 | 链路广播开放 | 避免多播数据包重复和多次加密计算 |
| 3 | | | 提高多播机制的安全性，抵御针对多播机制的恶意攻击 |

## 8.3.5　防御 DoS 攻击

DoS 攻击是通信中最关键的安全问题之一，地面有线网络和无线通信网中也出现了许多防御 DoS 攻击的解决方案。

例如，在无线通信网中，物理层的 DoS 攻击通常以干扰的形式出现，对抗物理层干扰的常用防御技术是扩频技术。数据链路层也容易受到 DoS 攻击，包括碰撞、询问和数据包重放。为了保护数据链路层免受 DoS 攻击，需要强大的端到端认证和抗重放能力。在网络层，应对 DoS 攻击需要处理路由协议的安全问题，特别是欺骗、重放或篡改路由。传输层的 TCP SYN 洪泛攻击旨在消耗连接的缓冲区资源，可使用 SYN cookies 对来自客户端的 TCP SYN 信息进行编码，以保护传输层免受洪泛攻击。而应用层的安全手段包括预防技术、恶意节点和病毒检测等，包认证和反重放技术被用于防御攻击者压制网络服务。

许多 DoS 攻击采取的是伪造合法用户请求的方式，因此比较直接的防御对策是基于用户身份认证的访问控制。目前已有一些基于防阻塞技术的 DoS 攻击防御措施，这些技术在实际身份认证之前引入弱身份认证阶段，以屏蔽具有虚假源地址的攻击者发送的身份认证请求。在弱身份认证阶段，组网控制中心会根据每个请求声明的源地址进行回复，在回复中提供一些信息，使接收者可以进一步进行实际的身份认证。由于 DoS 攻击产生的请求带有伪造的源地址，所以组网控制中心发送的弱身份认证回复将不会到达攻击者，从而阻止后者在实际身份认证阶段进一步消耗组网控制中心的资源。

地面有线网络和无线通信网中的许多防御 DoS 攻击的方案在卫星环境中无效，主要原因如下（见表 8.11）。

表 8.11　卫星通信中防御 DoS 攻击面临的问题

| 序号 | 位置 | 特征 | 影响 |
| --- | --- | --- | --- |
| 1 | 网络节点 | 计算能力有限 | 用强身份认证协议抵御 DoS 攻击面临风险 |
| 2 | 通信链路 | 链路广播开放 | 部分 DoS 防御技术失效 |
| 3 | | 传输时延较高 | DoS 防御技术带来额外的时延 |

（1）由于卫星通信固有的广播特性，每个业务站都可以接收来自组网控制中心的所有通信流量。在这种情况下，地面网络中基于 cookie 交换的防阻塞技术是无效的，因为组网控制中心生成的、用于屏蔽攻击者模拟源的 cookie 仍会被攻击者接收，攻击者随后能够成功地伪装成多个不同的源来继续通信。由于广播媒介的存在，弱身份认证机制对虚假请求的屏蔽将不起作用，攻击者可以接收所有通信流量，包括指向虚假地址的弱身份认证回复，从而抵消了防阻塞技术的作用。

（2）一般无线通信和卫星通信的最大区别在于距离，距离会产生高时延。在卫星通信系统中，传输时延被认为是总时延的主要因素。许多解决方案会对卫星通信系统造成大量额外的时延，因而失去了应有的效用。例如，在卫星通信协议中引入一个具有三条附加消息的防阻塞阶段将导致额外的时延，这将是许多通信应用无法接受的一个重大缺陷。

（3）在卫星通信网中，通常采取强身份认证的方式屏蔽虚假的用户请求。然而，在解决访问控制问题的同时，强身份认证带来了一个新的拒绝服务漏洞。强身份认证协议作为一种基于数字签名或加密算法的计算密集型协议，本身也会成为 DoS 攻击的新目标。在这种协议中，对每个请求的身份认证都涉及 CPU 密集型加密操作和存储协议状态信息所需的内存空间分配，当对攻击者的大量虚假请求进行筛选屏蔽的时候，CPU 利用率和大内存段的占用率都会变得很高，使得合法请求被延迟处理或干脆被丢弃。

### 8.3.6 安全成本

在卫星通信网中，安全组网方案需要降低其复杂度，从而减小开销。可主要从资源限制和减少风险两个方面进行考虑，安全机制应当在确保所需安全服务的同时，最小化其带来的各种开销。

#### 1. 通信开销

对组网方案中的通信协议，需要考虑它带来的通信开销。受通信距离的影响，卫星通信链路具有极高的通信时延。在不考虑带宽消耗的情况下，在组网的各阶段，相比于数百毫秒的传输时延，信令的发送时延及其带宽消耗对通信开销的影响可以忽略不计，因此，对于卫星网络这一特殊场景，可以通过完成组网所需的会话次数来对通信开销进行衡量。但是，卫星通信网的组网控制信道的带宽通常比较有限，很多情况下需要考虑带宽消耗的情况，因此它们对组网方案中安全机制带来的数据开销也比较敏感，此时可以使用完成组网所需的通信数据量或通信交互次数来对通信开销进行衡量。

#### 2. 计算开销

卫星的星上资源和部分用户终端（如移动用户手持终端）的计算能力有限，难以应对较大的计算开销，因此需要降低安全协议的计算成本。不同的组网方案涉及较多的自定义参数及其对应的计算函数，无法对各方案的计算复杂度进行直接衡量和比较。可以先识别方案中的计算密集型的过程，如加密运算、散列运算、消息验证码运算和比较运算等，然后采用相同的关键计算比较法对各方案的计算复杂度进行对比。

#### 3. 瓶颈问题

频繁的计算和密钥更新可能会导致组网控制中心或密钥基础设施成为整个通信网的瓶颈。在任何涉及安全的环境中，保护密钥的机密性是一个至关重要的问题，然而密钥管理应该简单，防止给通信系统带来额外的安全风险。要解决密钥管理问题，首先要减少不必要的管理机制，如从服务器端删除安全敏感表（通常用于存储合法用户的工作密钥），其次要减少维护密钥基础设施带来的沉重负担。

## 8.4 安全组网措施

在卫星通信网中，设计完善的安全组网系统是一个复杂且庞大的工程，在设计过程中首先要考虑卫星通信网的特征和潜在的安全威胁，把各项安全组网需求和通信业务需求结合起来；其次要考虑整个卫星通信系统的组网方式、管控原理技术和组网控制架构等。本书并非要解决安全组网中的所有问题，因此本节以如何实现组网控制层和业务通信层的安全通信为主要问题，介绍一种有中心的卫星通信安全组网系统方案。

根据卫星通信网的层次结构，图 8.11 给出了本书安全组网系统的概览图。在节点设施层，需要建设配套的安全基础设施，设计合理的分层密钥体系，并选用高效的密码技术体系；在组网控制层，需要引入安全身份认证和安全密钥管理等安全机制，完善系统的安全组网流程；要构建安全的控制信道和业务信道，保障组网控制层和业务通信层的安全通信。

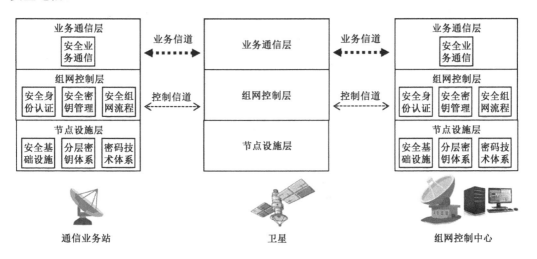

图 8.11　本书安全组网系统概览图

## 8.4.1　安全基础设施

安全基础设施采用密钥管理中心（Key Management Center，KMC）和加解密设备（Encryption and Decryption Device，EDD）等安全通信子系统来保障卫星通信系统全网的安全通信。KMC 部署在组网控制中心，负责系统各种密钥的生成、分发、协商、管理与存储，并完成对各站点 EDD 的控制管理和接入认证工作。EDD 部署在组网控制中心与业务站中，负责业务站之间通信数据的加解密，并接受 KMC 的控制和管理，有时还需要完成业务站之间的密钥协商。EDD 可以部署在业务站网络协议栈的不同位置，从底部的物理层和数据链路层，到更高的网络层、传输层和应用层，使得安全通信可以在协议栈的不同层实现。卫星通信网的安全通信层级分为下面两种。

（1）通信安全（Communication Security，COMSEC）：采用更高层次的技术，用于确保端到端通信的安全传输。

（2）传输安全（Transmission Security，TRANSEC）：通常采用物理层和 MAC 层安全

技术，用于保护卫星通信系统中的完整信号的传输。

### 1. COMSEC 模式

如果使用 COMSEC 模式，EDD 通常部署于业务站的 SCU 与用户终端之间，如图 8.12 所示。业务站的卫星通信设备与 EDD 之间相互独立，可以单独研发、生产和销售，具备很强的便利性。在这种模式下，一个业务站可以使用一个 EDD，即站内所有的 SCU 共用一个 EDD。EDD 需要实现各类物理防护，保护密钥与算法参数的安全性。EDD 只对用户终端发送的业务数据进行加解密，数据加密在进入信道单元之前就已经完成，无法对 MCU 发送给控制链路的管控信息进行加密，即业务站只能加密业务通信层的业务数据，而无法加密组网控制层的管控信息。

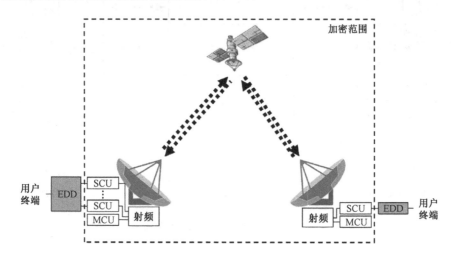

图 8.12　COMSEC 模式

### 2. TRANSEC 模式

本书主要讨论如何实现 TRANSEC 模式的安全组网，以同时对业务信道和控制信道的信息传输进行保护。在这种模式下，EDD 部署在组网控制中心与业务站中，一般与信道单元集成为一体，与信道单元中的业务处理模块和调制解调模块有定制化的接口，使得一个地球站内通常使用多个 EDD，即每个 SCU、MCU 或 CCU 单独集成一个 EDD，如图 8.13 所示。EDD 此时为链路加密设备，在发送端对 SCU 业务处理模块传递过来的业务数据进行加密，或者对 CCU 和 MCU 产生的管控数据进行加密，然后送给调制解调模块进行调制，并通过射频模块发送到卫星信道上；接收端的解码过程则正好相反。这就使得该安全通信架构能够同时对业务信道和控制信道进行加密保护。

以 FDMA 模式为例，部署在组网控制中心的 EDD 主要实现 TDM 控制链路的数据加密和 ALOHA 控制链路的数据解密；部署在业务站的 EDD 除了实现 TDM 控制链路的数据解密和 ALOHA 控制链路的数据加密，还需要完成业务站之间业务链路的数据加解密。在 EDD 的作用下，通信数据在通信两端进行加解密，在业务站与卫星间的上/下行链路均为密文传输，从卫星信号层面确定数据加密范围。对卫星通信系统而言，中间节点只有通信卫星，GEO 卫星只完成信号转发，不需要提取高层路由信息，因此可以实现站点之间端到端的链路加密。

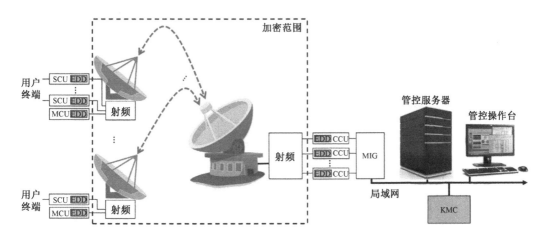

图 8.13 TRANSEC 安全通信

在卫星通信系统中，由于业务站数量规模大，EDD 数量多且分布很广，KMC 需要对通信网内的 EDD 实施远程集中管理。管理员通过 KMC 可以查看设备状态信息、设置密钥周期和密钥生成参数、启用/暂停 KMC、添加 EDD 信息、删除 EDD、暂停 EDD、恢复暂停状态的 EDD、添加/更新端站公钥信息、暂停端站及端站的加密/旁路模式切换等。

每个 EDD 拥有唯一的身份标识，KMC 依据身份标识对 EDD 进行远程管理和密钥分发：离线完成网中各 EDD 的初始化设置（使用注密机或插入智能卡获取身份标识和密钥）；联网实现对 EDD 的接入控制管理和密钥分发。初始化和身份标识密钥分发完成后，各业务站的 EDD 之间可以独立于 KMC 实现对卫星信道上传输的业务信息和管控信令的加解密。在远程管理过程中，KMC 与 EDD 之间的管理信息需要加密通信，此时使用了 KMC 的身份标识密钥及 EDD 的身份标识密钥。EDD 发送给 KMC 的信息使用了 KMC 的身份标识密钥公钥加密和 EDD 自身的私钥签名；KMC 返回给 EDD 的信息使用了 EDD 的身份标识密钥公钥加密和 KMC 的身份标识密钥私钥签名。

## 8.4.2 分层密钥体系

建议卫星通信加密系统与通用加密系统一样，采用层次化的密钥体系结构，以此提高密钥的安全性。本书给出包含主密钥、辅助密钥和工作密钥的三层密钥体系，共包含身份标识密钥、存储保护密钥、分发保护密钥、管控密钥、会话密钥和组播密钥六种密钥，如图 8.14 所示。主密钥为密钥体系的最高层，是身份认证和密钥分发的基础；辅助密钥负责存储和分发保护；工作密钥完成卫星通信系统实际工作时的通信保护。在这三层密钥体系中，上层密钥对下层密钥提供加密保护。身份标识密钥实现对存储保护密钥和分发保护密钥的保护；存储保护密钥实现对管控密钥、会话密钥和组播密钥的存储保护；身份标识密钥以数字信封的方式实现对分发过程的加密保护，分发保护密钥实现对分发时的管控密钥、会话密钥和组播密钥的加密保护；管控密钥对控制信道传输的管控信息进行加密保护；会话密钥、组播密钥对业务信道传输的业务数据进行加密保护。通过多级密钥保护机制，结合各种有效的密码算法，形成卫星通信系统的安全密钥体系。

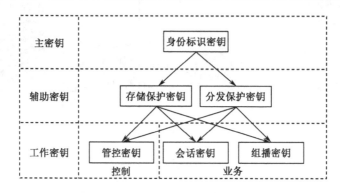

图 8.14 三层密钥体系

六种密钥的分布情况和简要说明如图 8.15 和表 8.12 所示，详细描述如下。

（1）身份标识密钥（Identify Key，IDK）。KMC、组网控制中心的 EDD 和各业务站的 EDD 都拥有自己的身份标识密钥，具有标识身份的作用，主要用来保护存储保护密钥，在密钥分发时进行数字签名与加密保护，并且支持 KMC 和 EDD 之间的身份认证。IDK 的作用相当于部分密钥体系中的主密钥（Master Key），它位于安全密钥体系的最高层，安全性最高，通常为长期密钥（Long-term Key），使用非对称密码体制，包含一对公钥和私钥。

（2）存储保护密钥（Storage Protection Key，SPK）。KMC、组网控制中心和业务站中的关键参数、管控密钥、会话密钥和组播密钥等存储在数据库中，明文存储存在泄露的风险，需要使用 SPK 对这些关键信息进行加密存储。SPK 位于安全密钥体系的较高层，更新频率慢，生命周期长。SPK 泄露带来的危害极大，需要严格保护。

（3）分发保护密钥（Distribution Protection Key，DPK）。DPK 是 KMC 和业务站 EDD 之间的共享密钥。在密钥分发过程中，DPK 用于加密保护会话密钥和组播密钥，使得这些密钥能够安全传输到目的地。DPK 通常是对称密钥，处于 IDK 的保护下，其对安全性要求较高，每次密钥分发时临时产生，密钥分发结束后立即销毁。

（4）管控密钥（Management Key，MK）。MK 是组网控制中心 CCU 和网内业务站 MCU/SCU 之间的共享密钥，用于保护控制信道上传输的管控信息。在使用一点到多点的控制信道的情况下，MK 的形态往往也是一种组播密钥，通常为网内合法站点共享的对称密钥，需要在 KMC 的控制下定期更新。

（5）会话密钥（Session Key，SK）。SK 是业务站 SCU 之间的共享密钥，每两个需要业务通信的业务站之间都需要一个 SK。SK 是在 KMC 的帮助下生成的，用于业务站之间的通信数据加密。SK 位于安全密钥体系的底层，通常是对称密钥。其更新频率快，生命周期短，一般采用定时或一次一密的方式进行更换。

（6）组播密钥（Group Key，GK）。GK 主要用于卫星通信网中多播业务数据传输过程的加解密，为网内多播组共享。GK 由 KMC 进行分发，与 MK 和 SK 处于同一个层次，都属于卫星通信网的工作密钥，除了需要定时更换，还需要根据多播组管理的特点使用相应的更新机制。

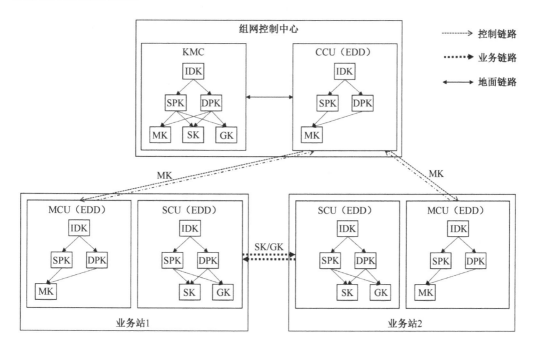

图 8.15　密钥分布情况

表 8.12　密钥简要说明

| 密钥 | 层次 | 用途 | 分布 | 使用说明 |
|---|---|---|---|---|
| IDK | 主密钥 | 用户身份认证、数字签名和密钥分发保护 | KMC、CCU、MCU、SCU | 设备独享，各不相同 |
| SPK | 辅助密钥 | 对关键参数、工作密钥等的存储加密保护 | KMC、CCU、MCU、SCU | 设备独享，各不相同 |
| DPK | | 实现在密钥分发过程中对工作密钥的加密保护 | KMC、CCU、MCU、SCU | 临时产生，每次分发各不相同 |

续表

| 密钥 | 层次 | 用途 | 分布 | 使用说明 |
|------|------|------|------|----------|
| MK | 工作密钥 | 实现对管控信息传输的加密保护 | KMC、CCU、MCU | 通信网内共享 |
| SK | | 实现对业务数据信息传输的加密保护 | KMC、SCU | 端端共享，每对各不相同 |
| GK | | 实现对组播业务数据传输的加密保护 | KMC、SCU | 按组共享，每组各不相同 |

## 8.4.3　密码技术体系

在安全组网系统中，KMC 和 EDD 需要处理好身份认证、密钥分发、密钥存储和安全通信等多个安全环节，相应地需要在 KMC 和 EDD 中使用数字签名技术、数字信封技术、加密存储技术和加密通信技术，需要具备完善的安全密钥体系和密码技术体系。对称加密算法加解密速度较快，易于软硬件实现，但密钥分发需要安全通道且密钥量大；非对称加密算法密钥分发简单，易于管理，但加解密速度较慢。因此，本书的安全组网系统采用对称加密算法和非对称加密算法相结合的方式，同时为了解决数字签名和身份认证的问题，采用密码散列算法。安全通信架构各环节之间的总体流程如图 8.16 所示，详细描述如下。

（1）身份认证。身份认证主要用于 EDD 的接入认证、密钥分发时对 KMC 的身份认证、EDD 之间的双向认证及其他需要身份认证的场景，通常采用数字签名技术，使用非对称加密算法和数字摘要算法，结合各自的 IDK 完成鉴别。例如，加密算法可以采用椭圆曲线密码（Elliptic Curve Cryptography，ECC）算法和安全散列算法（Secure Hash Algorithm，SHA）实现。为了方便公钥共享，身份认证机制使用基于身份标识的认证（ID Based Identification，IBI）机制。

（2）密钥分发。EDD 通过 KMC 的接入认证后，接受 KMC 的管理，在初始化或密钥更新时，KMC 使用数字信封技术向各 EDD 分发工作密钥，而数字信封技术需要对称加密算法和非对称加密算法来完成密钥的分发。例如，对称加密算法可以采用 ECC 算法实现，非对称加密算法可以采用高级加密标准（Advanced Encryption Standard，AES）算法实现。

（3）密钥存储。EDD 通过密钥分发获得工作密钥后，使用 SPK 和对称加密算法对工作密钥和关键参数进行加密，完成加密存储。在需要使用工作密钥时，要求能够快速地从存储区对密钥进行解密读取，因此密钥存储通常采用对称加密算法。例如，加密算法可以采用 AES 算法实现，选用电子密码本（Electronic Codebook Book，ECB）模式。

（4）安全通信。当 EDD 之间需要管控信息、业务数据或多播业务通信时，为了保证卫星通信质量，需要快速实现通信数据的加解密，通常采用对称分组加密算法。例如，加密算法可以采用 AES 算法实现，选用分组计数器模式。

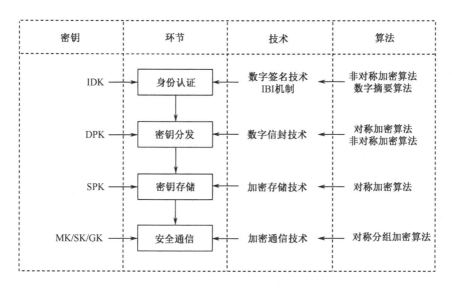

图 8.16　安全通信架构各环节之间的总体流程

其中，身份认证和密钥分发两个环节中的非对称加密算法是影响整个卫星通信系统运行效率的关键算法。在呼叫申请时，SK 的分发会给通信建链过程带来一定的时延。除此之外，身份认证和密钥分发这两个环节通常用在初始化、接入认证阶段或通信空闲期，对实际数据通信效率的影响不大。非对称密码体制包含基于证书的非对称密码体制和基于身份的非对称密码体制两种。

### 1. 基于证书的非对称密码体制

对称密码体制存在密钥分发和管理的问题，而非对称密码体制则很好地解决了这个问题，并且能够实现数字签名。在非对称密码体制中，如何将公钥与其对应的实体身份进行绑定依旧是个难题，给公钥共享和基于公钥的身份认证带来了障碍。解决这个难题是实施非对称密码系统和数字签名系统的基础，也是在本书的安全组网系统中实现公钥共享和身份认证的基础。为了解决这个问题，Kohnfelder 在 1978 年提出了公钥证书的概念。公钥证书通常包含公钥持有者的身份信息、公钥参数信息和可信第三方的一个数字签名。目前流行的公钥认证框架主要有：基于目录的公钥认证框架、X.509 证书框架、PGP 信任网和简单公钥基础设施。

公钥证书将公钥与相应私钥持有者的身份信息绑定在一起，因此便于实现公钥共享和基于证书的身份认证（Certificate Based Identification，CBI）机制。在 CBI 机制中，证书授权（Certificate Authority，CA）中心是颁发证书的可信第三方。在 CA 中心颁发证书之前，必须通过一些非密码学手段来确认用户的身份。而且，对于需要认证的公钥，用户也必须证明自己拥有对应的私钥，并可以通过用户与 CA 中心之间的零知识认证协议、使用公钥验证询问消息的签名等形式证明。每次运行认证协议前，验证者必须访问 CA 中心，对比证书撤销列表，获取对方的公钥。例如，在 1996 年英国萨里大学 Cruickshank

提出的卫星网络安全系统中，业务站和组网控制中心之间通过交换各自的证书来实现双向认证。

基于证书的非对称密码体制最大的问题是证书管理。公钥基础设施具有较大的复杂性，不便于将其完整结构引入卫星通信网中，而且获取证书、验证证书和撤销证书的操作增加了额外的通信开销，对于传输时延大、带宽资源有限的卫星通信网而言负担很大。

### 2. 基于身份的非对称密码体制

为了简化公钥证书管理，1984 年，Shamir 在 *Identity-based Cryptosystems and Signature Schemes* 一文中提出了基于身份的公钥密码系统。在这种体制下，每个用户的公钥通常是由用户的身份信息加上有效期限公开计算得出的，私钥由可信第三方 KMC 产生并秘密交付给用户（也可以由用户自行产生）。通信一方想获得对方的公钥，只需要知道对方的身份即可，无须通过访问 CA 中心验证其公钥证书，这大大减轻了传统公钥体制中密钥管理带来的通信负担，使得公钥共享和身份认证变得很简单。另外，如果在身份信息后嵌入时间区间，就可以实现密钥的定期撤销和更新。正是因为具有以上优势，基于身份的非对称密码体制适用于卫星通信，在学术研究中得到广泛的应用。

在本书的安全组网系统中，IDK 与身份信息紧密相关，可以采用基于身份的非对称密码体制，相对于基于证书的非对称密码体制，其具有以下优点。

（1）公钥共享简单。对于 KMC 和 EDD 而言，IDK 的公钥可以是其身份信息，或者由其身份信息演化得到。

（2）身份认证简单。消息的加密和签名验证过程只需要接收者或签名者的身份信息及系统的公开参数，IBI 不需要第三方的介入，而 CBI 机制要求 CA 中心必须在线，以便响应用户对公钥或证书状态的查询。

（3）存储资源少。不需要公钥的存储设施，比如数字证书等。系统只需要维护 KMC 产生的公开系统参数目录，而省去了维护所有用户公钥目录或基础设施的系统开销。

## 8.4.4　安全身份认证

在卫星通信网组网的安全研究中，认证机制是以身份认证和密钥交换为目标的安全机制，需要保障通信主体的真实身份与它声称的身份是一致的，并在通信主体之间安全地分配密钥或协商密钥，以及共享其他各种秘密。该机制是保障卫星通信网安全的基石，是实施其他安全技术的基础和前提，可以防御重放攻击、身份仿冒攻击、劫持攻击和非授权访问等安全威胁。

在卫星通信网中，在网络节点访问网络资源或进行正常通信工作之前，组网控制中心需要对其身份进行认证，很多情况下网络节点也需要对组网控制中心进行认证，使之成为一个双向认证的过程。认证过程往往伴随着密钥分配或协商机制，而密钥分配或协商机制也需要引入认证机制，以此防止仿冒攻击和中间人攻击。如果一个密钥交换协议具有认证性，则称此协议为认证密钥交换协议（Authenticated Key Exchange Protocol）。目前有如下四种类型的安全认证和密钥交换机制。

（1）具有可信第三方的基于私钥的安全认证和密钥交换机制，如麻省理工学院的 Kerberos 系统。

（2）没有可信第三方的基于私钥的安全认证和密钥交换机制，一般成文的标准协议比较少，主要是学者提出的研究方案。

（3）具有可信第三方的基于公钥的安全认证和密钥交换机制，本书的安全组网系统采用的就是这种机制。

（4）没有可信第三方的基于公钥的安全认证和密钥交换机制，如 DVB-RCS 标准 ETSI EN 301 790 中给出的主要密钥交换（Main Key Exchange，MKE）协议。

在上述机制中，基于公钥的认证方案可以避免大量的对称密钥，密钥管理简单，可以支持大规模系统，认证协议设计简单，直接运用数字签名技术即可完成身份确认，而且验证过程安全高效，可以支持在线或离线认证。然而，此类方案认证时需要进行证书传递和复杂的加解密计算，存在通信和计算开销较大等问题，只有少量的互操作次数才能使其获得更好的综合性能。基于对称加密的方案计算开销较少，但通常认证过程烦琐，或者需要可信第三方的参与，需要进行优化改进才能应用于卫星通信网。在卫星通信网环境下，由于通过卫星链路传输数据的时延较高，采用具有可信第三方的基于私钥的安全认证方案并没有太大的优势。

本书的安全组网系统采用的是基于 IDK 的认证机制，使用基于身份的非对称密码体制，在端到端的认证过程中不需要第三方 CA 中心的参与，在密钥分配时的可靠第三方为 KMC。本书的安全组网系统存在的认证场景主要如下。

（1）接入认证。EDD 完成 IDK 注入和相关初始化操作后，在地球站处开机运行，需要完成接入认证过程。接入认证属于实体认证类型，由 KMC 验证 EDD 的身份信息，并将其纳入后续的集中管控。接入认证通过后，KMC 需要向 EDD 分发 MK。

（2）分发认证。本书的安全组网系统采用 KMC 作为工作密钥的可信分发中心，为防止仿冒攻击，在密钥分发过程中，需要对分发源的身份信息进行认证。分发认证属于数据源认证类型，采用数字签名技术。

（3）双向认证。接入认证的目的是 KMC 认证 EDD 的身份，分发认证的目的是 EDD 认证 KMC 的身份，由于这两个认证场景使用的是公钥密码算法，实际上间接地实现了 EDD 和 KMC 之间的双向认证。另一个需要双向认证的特殊场景是，在两个业务站之间通过预分配信道进行点对点通信之前，两端 EDD 之间需要完成双向认证和密钥协商，需要定制专用的认证密钥交换协议。

### 8.4.5 安全密钥管理

在卫星通信网中，大量的站点遍布各地，而这些网络节点并不是静态不变的，各节点可以随时加入或离开通信网。如何安全管理和使用各种密钥是一个需要审慎分析的问题。安全密钥管理涉及密钥的生成、分发、存储、更新、销毁等各个环节，而且与卫星通信系统中采取的密钥管理方案紧密相关。

#### 1. 密钥生成

密钥的有效生成是密钥管理中最基本、最初始的一步，直接影响密码系统的安全性。目前，密钥生成主要利用噪声源技术，必须遵循随机或伪随机生成的原则，即具有良好的密码特性，每个密钥在密钥空间出现的概率相同，且相互独立，具有不可预测性。安全密钥体系中各密钥的生成方法各不相同（见表 8.13）。

表 8.13　密钥生成说明

| 密钥 | 生成说明 | 执行者 |
|---|---|---|
| IDK | 集中生成/自主生成 | 安全管理部门/KMC、EDD |
| SPK | 自主生成 | KMC、EDD |
| DPK | 在工作密钥分发过程中由 KMC 随机生成 | KMC |
| MK | 由 KMC 按计划或根据网内成员变化生成 | KMC |
| SK | 由 KMC 按计划或按需生成 | KMC |
| GK | 由 KMC 按计划或根据多播组变化情况生成 | KMC |

IDK 的生成具有最高的安全级别，一旦生成，在它的生命周期内将不会变化，因此应该采用公钥密码体制。IDK 的生成可以采用集中生成和自主生成两种方式。集中生成方式由新入网业务站用户提出申请，卫星通信网的安全管理部门完成 IDK 的生成，此时在线安全通道尚未建立，因此需要采用通过离线安全通道人工分发的方式将公私钥对送至业务站 EDD。这种方式安全性高，便于集中管理，适用于统一规划的、较为稳定的卫星通信网，但如果网络成员频繁地加入或退出网络，将会带来大量的人工分发工作。在自主生成方式下，IDK 由各 EDD 自己生成。

SPK 为各业务站内部使用，所以应该由业务站 EDD 自己生成，在生命周期内一般不变，需要严格安全存储。IDK 和 SPK 一旦发生泄露，将会带来严重的危害，此时，相关密钥必须返厂重新生成。DPK 可由 KMC 实时产生、实时销毁。几种工作密钥的生成时机存在差异：MK 一般按照周期计划生成；GK 可以按照周期计划生成，也可以根据多播组的变化情况和 KMC 的设置重新生成；SK 由 KMC 按计划或按通信申请的需求生成。

### 2. 密钥分发

密钥分发是指从密钥生成到 EDD 获得的过程，是密钥管理中最复杂的问题，必须以安全通道及安全可行的密钥分发协议为支撑。本书的安全组网系统的安全密钥体系的密钥分发说明如表 8.14 所示。

表 8.14  密钥分发说明

| 密钥 | 分发说明 | 执行者 |
|---|---|---|
| IDK（公钥） | 基于身份的公钥共享方式 | 无 |
| IDK（私钥） | 集中生成：离线分发；<br>自主生成：初始化预置，不需要分发 | 集中生成：人工 |
| SPK | 初始化预置，不需要分发 | 无 |
| DPK | 在工作密钥分发过程中使用数字信封传递，由 KMC 私钥加密 | KMC |
| MK | 由 KMC IDK 公钥签名并使用 DPK 保护，由 KMC 分发，主要使用主动分发方式 | KMC |
| SK | 由 KMC IDK 公钥签名并使用 DPK 保护，由 KMC 分发，可以使用主动分发和被动分发两种方式 | KMC |
| GK | 由 KMC IDK 签名并使用 DPK 保护，由 KMC 分发，主要使用主动分发方式 | KMC |

1）IDK 的分发

IDK 采用非对称密钥，其中私钥由所有者秘密保存，而公钥需要在各方之间交换且保存，因此需要解决 IDK 的公钥共享问题。本书的安全组网系统采用基于身份的非对称密码体制，因此采用基于身份的公钥共享方式，不存在公钥的传输问题。如果 IDK 采用集中生成方式产生，还需要解决 IDK 的私钥分发到各 EDD 的问题。对于集中生成的 IDK，在 EDD 出厂时需要人工加注密钥，在 IDK 失效后需要重新加注密钥。由于 IDK 是主密钥，该密钥的加注意味着对 EDD 进行初始化。一种常见的私钥分发方式是，将相关安全算法参数、身份标识和 IDK 私钥部分等初始化敏感信息加密存储在密钥加注设备中，同时将加密密钥打印在密钥信封中，再将密钥加注设备与密钥信封安排不同的传递者送至 EDD 进行密钥加注。其具体流程如流程 8-1 和图 8.17 所示。这种方式可以减少传递过程中数据被窃取的风险。

---

**流程 8-1**  IDK 私钥离线分发流程

**交互方**：安全管理部门、传递者 A、传递者 B、EDD

**传递信息**：IDK 私钥 $K$ 等信息

1: 安全管理部门产生一个随机的加密密钥 DPK；

2: 安全管理部门使用对称加密算法 $F_1$ 和 DPK 对 IDK 私钥 $K$ 等信息进行加密，生成 $E(K)$；

3: 安全管理部门将 DPK 打印在密钥信封中；

4: 安全管理部门将 $E(K)$ 存储在密钥加注设备中；

5: 传递者 A 将密钥信封送达 EDD；

6: 传递者 B 将密钥加注设备送达 EDD；

7: A 和 B 一起在业务站 EDD 处执行密钥加注。

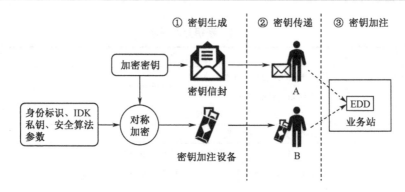

图 8.17  EDD 私钥离线分发模型

2）工作密钥的分发

在卫星通信网中，工作密钥需要在通信参与者 EDD 之间共享，必须以安全通道及安全可信的密钥共享协议为支撑。主要存在两种典型的密钥共享方案：密钥分发方案和密钥协商方案。

在密钥分发方案中，密钥分发者生成密钥，然后将其安全地分发给每个参与者。这种方案的优点是简单，计算和通信成本低，但需要 KMC 作为可信第三方担负起密钥生成和分发的角色，KMC 和 EDD 之间遵循密钥分发协议。根据密钥生成的触发机制的不同，密钥分发方案又分为主动分发和被动分发两种。

在密钥协商方案中，每个通信参与者都参与生成共享密钥，需要制定专用的密钥交换协议。密钥交换协议通过两个节点之间的信息交换，能够让卫星通信系统中的两个节点在开放的、不安全的信道上建立临时的 SK，该密钥往往是双方输入共同作用的结果，任何一方不能预先决定最终的值。密钥协商方案比较复杂，需要较高的计算和通信成本。但是，密钥协商方案可以不需要 KMC，而且更安全，因为共享密钥只向通信参与者公开。

在上述两种密钥共享方案中，第一种方案更为简单。由于卫星链路时延高，不便使用 EDD 之间多次交换、相互协商密钥的方法。因此，本书只讨论如何使用密钥分发方案来完成工作密钥的共享。

（1）主动分发。主动分发由 KMC 主动完成，是 KMC 定期给各 EDD 下发工作密钥的方式，MK 和 GK 一般采取这种分发方式。SK 也可以使用这种方式，通常用于各业务站之间常态化保持通信链路的场景（如 TDMA 网）。主动分发可以采用离线分发和在线分发两种方式。在在线分发方式下，由于密钥生成过程完全由 KMC 来实现，通信参与者之间的协议交互次数少，能够保证各 EDD 快速、安全地使用加密服务。此时，KMC

需要生成 DPK，以此构建安全的密钥传输通道。安全通道可以采用数字信封技术将密钥保护起来，然后分发到各 EDD 中。数字信封技术综合使用了公钥密码的安全性和对称密码的高效性，保证了数字信封中的密钥只有规定的收信人才能阅读，既实现了密钥的安全分发，又实现了密钥分发者和接收者的身份认证。一种使用数字信封技术进行工作密钥主动分发的流程如流程 8-2 和图 8.18 所示。

---

**流程 8-2** 工作密钥主动分发流程

**交互方**：KMC、EDD

**传递信息**：工作密钥 $K$

1: 　KMC 生成一组随机数作为 DPK；

2: 　KMC 使用对称加密算法 $F_1$ 和 DPK 对要分发的工作密钥 $K$ 加密，生成 $E(K)$；

3: 　KMC 使用非对称加密算法 $F_2$ 及接收端 EDD 的 IDK 公钥对 DPK 进行加密，生成数字信封 DE；

4: 　KMC 生成 $K$ 的摘要 $MD(K)$；

5: 　KMC 使用自己的 IDK 私钥对 $MD(K)$ 签名生成数字签名 DS；

6: 　KMC 将 DS、$E(K)$ 和 DE 一同发给接收端 EDD；

7: 　EDD 收到 DE 后，使用 KMC 的 IDK 公钥对 DS 进行解密，得到摘要；

8: 　EDD 使用相同的非对称加密算法 $F_2$ 及 EDD 的 IDK 私钥对 DE 进行解密，获取 DPK；

9: 　EDD 使用相同的对称加密算法 $F_1$ 及 DPK 对 $E(K)$ 进行解密，获得工作密钥 $K$；

10: 　EDD 生成 $K$ 的摘要，通过与 DS 中的摘要比较对 $K$ 进行完整性验证。

---

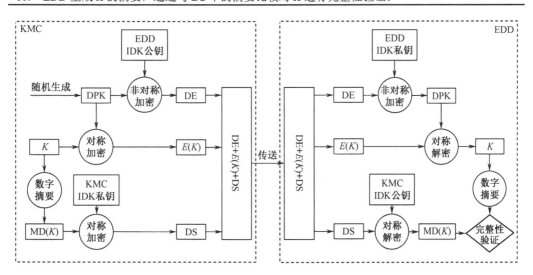

图 8.18　工作密钥主动分发流程

（2）被动分发。被动分发是指由通信参与者向 KMC 发起密钥申请，KMC 生成密钥后分发给通信参与者。一次一密的 SK 一般采取这种分发方式。按需分配的卫星通信网的管控信令中包含为了实现按需建立业务链路而设计的呼叫申请和信道分配信令，这类申请要求 KMC 生成并分发密钥，此时密钥分发协议属于管控协议的一部分，需要组网控制中心的参与。为了方便描述，本书只给出协议交互中的密钥分发部分，而不考虑管控协议的其他部分。被动分发根据消息交换方式可分为如图 8.19 所示的两种模型。著名的 Needham Schroeder 公钥协议和 Kerberos 协议都使用了模型 a 的消息交换方式，部分卫星通信网组网方案则使用了模型 b 的消息交换方式。

在图 8.19 的模型 a 中，密钥分发至少需要三次消息交换，使用数字信封技术的分发过程如流程 8-3 所示。

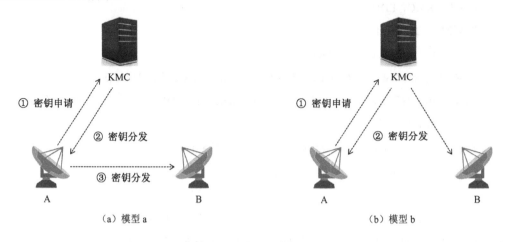

图 8.19　被动分发模型

---

**流程 8-3** SK 被动分发模型 a

**交互方**：KMC、EDD(A)、EDD(B)

**传递信息**：SK $K$

1: A 和 B 两个 EDD 之间需要建立一个 SK $K$，由会话的主叫方 A 向 KMC 发出密钥申请；

2: KMC 产生一个随机的 DPK 和 $K$；

3: KMC 使用对称加密算法 $F_1$ 和 DPK 对 $K$ 加密，生成 $E(K)$，然后生成 $K$ 的摘要 MD($K$)，使用自己的 IDK 私钥对 MD($K$)签名生成 DS；

4: KMC 分别使用 A 的 IDK 公钥和 B 的 IDK 公钥，通过非对称加密算法 $F_2$ 对 DPK 加密，生成两个数字信封 $DE_A$ 和 $DE_B$；

5: KMC 将 $M_A$=$DE_A$+$E(K)$+DS 和 $M_B$=$DE_B$+$E(K)$+DS 一同发给 A；

6: A 用 IDK 私钥解密、完整性验证后得到 $K$；

7: A 将 $M_B$ 发送给 B；

8: B 用 IDK 私钥解密、完整性验证后得到 $K$。

---

在图 8.19 的模型 b 中，密钥分发只需要交换两次消息，使用数字信封技术的分发过程如流程 8-4 所示。

**流程 8-4** SK 被动分发模型 b

**交互方：** KMC、EDD(A)、EDD(B)

**传递信息：** SK $K$

1: A 和 B 两个 EDD 之间需要建立一个 SK $K$，由会话的主叫方 A 向 KMC 发出密钥申请；

2: KMC 产生一个随机的 DPK 和 $K$；

3: KMC 使用对称加密算法 $F_1$ 和 DPK 对 $K$ 加密，生成 $E(K)$，然后生成 $K$ 的摘要 MD($K$)，使用自己的 IDK 私钥对 MD($K$)签名生成 DS；

4: KMC 分别使用 A 的 IDK 公钥和 B 的 IDK 公钥，通过非对称加密算法 $F_2$ 对 DPK 加密，生成两个数字信封 $DE_A$ 和 $DE_B$；

5: KMC 将 $M_A = DE_A + E(K) + DS$ 发送给 A，将 $M_B = DE_B + E(K) + DS$ 发给 B；

6: A 用 IDK 私钥解密、完整性验证后得到 $K$；

7: B 用 IDK 私钥解密、完整性验证后得到 $K$。

### 3. 密钥存储

密钥存储是指用一种安全的方式存储密钥，密钥存储时必须保证密钥的机密性、认证性和完整性，防止泄露和篡改。密钥在大多数时间处于静态，因此，密钥存储是密钥管理的重要内容。由于卫星通信节点分散，业务站操作员混杂，EDD 设备自身的安全性受到巨大的挑战。因此，必须保证在 KMC 和 EDD 之外，密钥不允许以明文的形态出现，所有在 KMC 和 EDD 中的密钥都应以加密的形式存储。另外，EDD 硬件需要增加防护措施，在设备受到钻孔、开盖、探针破坏、强制断电等情况下，EDD 需要迅速删除内部所有算法参数及密钥数据，同时将报警状态上报 KMC。这样即使硬件设备损坏或丢失，也能保证整个密码系统的安全。另外，对当前存储的密钥应有密钥合法性验证措施，防止被攻击者篡改。紧急情况下，可以通过 KMC 遥控或人工销毁 EDD 中存储的所有密钥。

密钥可作为一个整体进行保存，也可化整为零地分割在不同地方保存。安全组网系统的密钥存储取决于系统的部署管理需求和密钥存储载体形态，需要尽可能地保证密钥的安全存储。在本书安全组网系统的分层密钥体系中，各密钥的安全等级不同，其需要采取的存储方式也不同，如表 8.15 所示。

表 8.15　密钥存储说明

| 密钥 | KMC | EDD |
|---|---|---|
| IDK（公钥） | 存储所有 EDD 的公钥和自己的公钥 | 存储 KMC 的公钥和自己的公钥 |
| IDK（私钥） | 存储自己的私钥，由 EDD 和硬件存储载体明文分割存储 | 存储自己的私钥，由 EDD 和硬件存储载体明文分割存储 |
| SPK | 硬件存储载体中使用 IDK 公钥加密存储 | 硬件存储载体中使用 IDK 公钥加密存储 |
| DPK | 不存储 | 不存储 |
| MK | 使用 SPK 加密存储 | 使用 SPK 加密存储 |
| SK | 使用 SPK 加密存储 | 使用 SPK 加密存储 |
| GK | 使用 SPK 加密存储 | 使用 SPK 加密存储 |

1）IDK 的安全存储

IDK 是整个安全密钥体系的核心，具有身份认证和保护 SPK 的作用，是整个系统安全性的源头，因此其安全性处于最高等级，必须采用严格的安全措施。在获得 IDK 后，EDD 采用密钥分割或秘密共享方式将私钥存储在 EDD 和硬件存储载体（USB Key 或保密机）中。选用的硬件存储载体需要为密钥存储提供良好的安全机制，密码运算和密钥调用都在其中完成。除了保存自己的身份标识密钥，KMC 使用 SPK 加密存储全网所有 EDD 的 IDK 公钥，各 EDD 使用 SPK 加密存储 KMC 的 IDK 公钥。

2）SPK 的安全存储

SPK 的存储同样需要保证高安全性。SPK 生成后，由 EDD 的 IDK 公钥加密后以密文的形式存储在硬件存储载体中。SPK 的数字摘要以明文形式存储在 EDD 中，用于 EDD 的开机身份认证。EDD 使用工作密钥时，需要将 SPK 解密到内存中，用作加解密工作密钥。

3）DPK 的安全存储

DPK 是 KMC 在工作密钥分发时临时产生的随机数，对分发内容进行加密保护，分发结束后立即销毁，因此不需要存储。

4）工作密钥的安全存储

工作密钥由 KMC 分发，更新频率高，生存周期较短，相对 IDK 而言安全性较低，采用 SPK 加密存储在 EDD 内。需要对数据进行加密时，将工作密钥解密到内存中，使用结束或设备断电时，内存中的明文密钥数据将自行销毁。KMC 也需要使用自己的 SPK 加密存储其生成的各种工作密钥信息，以便对这些密钥进行集中管理。

### 4. 密钥更新

为了保证密钥使用的安全性，密钥必须按照一定的策略进行更新。在安全密钥体系中，根据不同密钥的特点和使用要求，各种密钥的生命周期也不尽相同，各种密钥的更新说明如表 8.16 所示。由于卫星信道的开放性，其传输的信息极易被截获，工作密钥用于对管控信息和业务数据随时加解密，为了防止暴力破解或保障会话独立性，其需要定期更新或按照会话一次一密进行更新。DPK 在每次密钥分发时都重新临时生成，只有一次有效性。IDK 和 SPK 主要用于身份认证和存储保护，不会暴露在外部信道上，因此在很长的生命周期内不需要更新，只有在密钥断定为失效时，才需要在密钥管理人员的操作下进行更新。

为了实现安全多播，GK 可能由于以下原因需要更新。

（1）预防暴力破解。GK 通常定期更新，以减小加密流量被成功破解的概率。这称为周期性密钥更新，需要保证在不中断数据通信的情况下建立新密钥。

（2）失效更新。如果确定 GK 已被泄露，则应根据需要更改 GK。

（3）后向保密。当新成员加入多播组时，可能需要更新密钥，这可确保新成员不能解密在加入之前发送的加密流量。

（4）前向保密。当现有成员离开多播组时，可能需要更新密钥，这可确保成员在离开后无法解密发送的加密流量。

MK 在通信网内共享，属于一种特殊类型的 GK，因此也存在相同的密钥更新需求。除了需要定期更新，当网内成员发生变化时，也可以进行密钥更新。由于卫星通信资源很宝贵，对于成员频繁更改的大型卫星通信网，MK 更新的成本可能很高。因此，为了支持大型动态网络的安全通信，可扩展的密钥更新是一个需要考虑的重要问题。

表 8.16  密钥更新说明

| 密钥 | 更新说明 | 执行者 |
| --- | --- | --- |
| IDK | 生命周期长，失效时更新 | 人工 |
| SPK | 生命周期长，失效时更新 | 人工 |
| DPK | 每次密钥分发都需要重新生成 | KMC |
| MK | 定期更新，网内成员发生变化时更新 | KMC |
| SK | 定期更新或一次一密 | KMC 或 EDD 请求 |
| GK | 定期更新，多播组成员发生变化时更新 | KMC |

### 5. 密钥销毁

卫星通信系统中存在各种需要销毁密钥的情况。密钥如果生命周期结束，需要按时销毁；密钥如果出现泄露的情况，必须及时安全删除或销毁；在通信会话结束时，密钥销毁请求可以由业务站或组网控制中心发起；如果业务站在网络中的状态发生错误，也可能需要注销业务站并销毁其密钥。KMC 可以远程销毁 EDD 的 IDK、SPK 和工作密钥；EDD 也可本机自行销毁各种密钥；DPK 用完即时销毁。密钥销毁说明如表 8.17 所示。

表 8.17  密钥销毁说明

| 密钥 | 销毁说明 | 执行者 |
| --- | --- | --- |
| IDK | 密钥出现泄露等情况下失效，立即销毁 | KMC、EDD 或安全管理部门 |
| SPK | 密钥出现泄露等情况下失效，立即销毁 | KMC、EDD 或人工 |
| DPK | 分发结束，立即销毁 | KMC、EDD |
| MK | 生命周期结束，按时销毁；<br>密钥出现泄露等情况下失效，立即销毁 | KMC、EDD 或人工 |
| SK | 生命周期结束，按时销毁；<br>密钥出现泄露等情况下失效，立即销毁；<br>会话结束，立即销毁 | KMC、EDD 或人工 |
| GK | 生命周期结束，按时销毁；<br>密钥出现泄露等情况下失效，立即销毁 | KMC、EDD 或人工 |

## 8.4.6  安全组网流程

本书的安全组网系统的安全组网流程主要分为初始化、接入认证、密钥分发和安全通信几个阶段。本书的介绍重点在流程上，因此下面不会详细描述具体的安全相关协议。如图 8.20 所示为安全组网流程的一个示例，其中，在初始化阶段，IDK 采取的是安全管理部门集中生成的方式；在密钥分发阶段，SK 采取的是 KMC 被动分发方式。

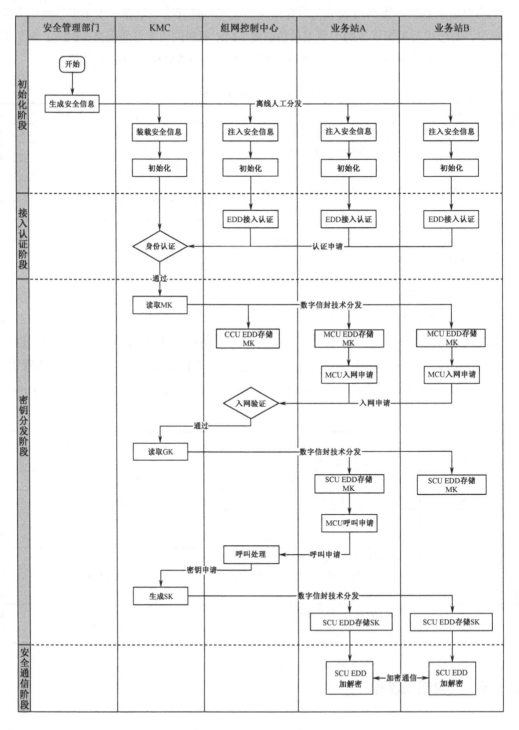

图 8.20　安全组网流程示例

### 1. 初始化阶段

如果采用 IDK 集中生成的方式，那么在组网之初，需要由卫星通信系统的安全管理部门统一进行网络安全规划，确定 KMC、组网控制中心 EDD 和业务站 EDD 的初始安全信息。初始化阶段的工作在于让网内各合法成员获得正确的安全信息，如身份标识、IDK 和安全算法参数等，并根据这些安全信息完成初始化。初始化阶段的安全信息是整个系统安全的源头，必须保证它们的机密性。

EDD 如果需要加入卫星通信网，需要获得一个符合规范的永久身份标识 $E_{ID}$，$E_{ID}$ 需要在系统中确保唯一性。在现有的研究中，通常有两种方式产生 $E_{ID}$：一是由安全管理部门统一生成并分配给 EDD，这种方式便于集中管理；二是由 EDD 自由选择，但需要发送给安全管理部门或 KMC 检测冲突问题和注册。此时，IDK 的生成方式需要与 $E_{ID}$ 的生成方式保持一致，选择集中生成方式或自主生成方式。

本节示例采取集中生成的方式，本书的安全组网系统采用基于身份的非对称密码体制，因此 IDK 的公钥可以通过 EDD 的身份标识 $E_{ID}$ 计算得到，而 IDK 的私钥由安全管理部门统一产生。除此之外，安全管理部门还需要统一确定网内的安全算法参数。随后，安全管理部门需要将安全信息传递给 KMC 和各 EDD。此时安全管理部门、KMC 与EDD 之间并没有共享密钥，没有建立安全的交互通道，因此，通常的做法是，将安全信息加密存储到具备密钥加注功能的物理媒介中，与密钥信封分别使用不同的离线安全物理通道送达业务站，然后进行安全信息的加注。由于 KMC 需要对所有 EDD 进行集中管理，因此 KMC 在正常工作之前需要装载全网的安全信息。如果网内需要新增 EDD，可在 EDD 出厂时向安全管理部门发出注册申请，然后安全管理部门为该 EDD 生成安全信息，并将安全信息分发到 KMC 和该 EDD。

### 2. 接入认证阶段

EDD 初始化完成后开始运行，如果业务站成功接入控制信道，EDD 将向 KMC 发送接入认证申请，KMC 对 EDD 进行身份认证，认证通过后将该 EDD 标识为上线状态，并纳入 KMC 的集中管理。接入认证采用基于身份标识的认证机制，学者们提出了一些可用的认证算法，本书不指定在接入认证过程中使用的密码算法。

### 3. 密钥分发阶段

MCU 的 EDD 首次接入认证完成后，KMC 需要使用数字信封技术向其分发网内当前有效的 MK，以此确保业务站能够接受组网控制中心的管控。该阶段需要防止非法 EDD 接入，保证 MK 只有合法 EDD 能获得，攻击者无法获得。随后 KMC 定期更新并主动分发MK。业务站获得 MK 后，与组网控制中心之间建立安全的控制信道，用来完成管控协议的交互，如业务站的入网认证、状态控制和呼叫申请等。在业务站成功通过入网认证后，在组网控制中心管控的基础上，KMC 与 SCU 的 EDD 之间可以完成 SK 和 GK 的分发。

SK 的分发分为主动分发和被动分发两种。如果采取主动分发方式，在业务站初次入网时，在组网控制中心的管控下，KMC 使用数字信封技术向 SCU 的 EDD 下发 SK，SK 下发成功之后，各业务站之间便可以进行相关业务通信。下次业务站入网时，只要在 SK 的生命周期内，就无须重新下发工作密钥。如果 SK 到期，则 KMC 需要重新生成 SK，重新下发给 SCU 的 EDD。如果采取被动分发方式，则 SK 的分发是由业务通信申请触发的，由通信双方在组网控制中心和 KMC 的协助下完成。KMC 在组网控制中心完成信道分配后，使用数字信封技术向通信双方进行分发，实现一次一密。该过程需要保证只有 KMC 和参加通信的业务站 EDD 获得 SK，而攻击者无法获得。

GK 一般由 KMC 主动分发。操作员在组网控制中心创建或修改多播组成员时都可能触发 GK 的重新生成，此时 KMC 将进行 GK 的分发。

### 4. 安全通信阶段

安全通信阶段对业务站 EDD 与另一个业务站 EDD 之间传输的数据进行保护。双方部署在 SCU 的 EDD 利用 SK 对数据进行加解密。该阶段保证只有持有 SK 的 EDD 能够读取数据，能够发现攻击者的恶意数据篡改。当一个业务站 A 向另一个业务站 B 发送信息时，位于 A 处的 EDD 对数据进行加密，在 B 处的 EDD 对数据进行解密，完成一次加密传输。在此过程中，两端 EDD 之间的全链路均为密文传输。同时，如果卫星通信网支持组播功能，在 EDD 识别数据包为组播数据包后，应使用分发的 GK 进行加密，接收端业务站用 GK 进行解密。

# 8.5 小结

本章首先介绍了卫星通信网的安全相关特征，这些特征都可能对卫星通信安全和组网安全设计产生影响；其次基于卫星通信网的特征，分析了安全组网中的各种潜在威胁，包括被动攻击、干扰攻击、重放攻击、仿冒攻击、劫持攻击和拒绝服务攻击，介绍了这些安全威胁的攻击方式和影响；再次分析了卫星通信组网的各种安全需求，着重讨论了在卫星通信网中解决这些安全需求面临的各种问题；最后针对前面分析的各种安全威胁和安全需求，从安全基础设施、分层密钥体系、密码技术体系、安全身份认证、安全密钥管理、安全组网流程等方面讨论了本书提出的一种安全组网系统，目的是从解决实际安全问题的角度给读者提供一个参考实例。设计一个卫星通信网的安全组网系统是需要考虑诸多因素的，笔者希望本章的内容能够给相关领域的读者带来有效的帮助。

# 第 9 章

# 模拟测试与评估技术

· · · · · · · ·

　　任何一个系统设计实现以后都必须经过测试、试用等检验环节，在证实其实现的功能达到设计要求、功能正确、性能达标以后才能交付使用。实际上，测试只能尽可能多地发现系统中存在的错误，尤其是对含有大量软件的系统，某些程序分支很少执行到，其中的错误很难发现，测试中发现了错误就能证明软件有错，但无法从"没有在测试中发现错误"中推断出"没有错误"的结论。对质量要求特别高的软件，比如航天系统软件，要求进行软件的正确性，包括软件逻辑的正确性和软件实现的正确性证明，证明"没有错误"。

　　对于按需分配卫星通信网组网控制中心来说，其既有专门硬件（管控信息传输设备），又有各种软件程序，是一个软硬件集成系统；既要考虑 TDM/ALOHA 卫星链路传输设备和协议的正确性与性能，又要测试管控软件的处理逻辑（功能）和处理能力（性能）。管控软件与通常以人机交互驱动的应用软件的差别很大，它是一个实时控制系统，需要根据业务站的活动自动处理各种请求和报告。除了要测试其处理逻辑的正确性，还要测试其处理能力（每秒处理请求和报告的数量），甚至还要测试其长期运行的稳定性。因此，对组网控制中心不能只进行静态测试，还要进行动态运行测试。

　　根据按需分配卫星通信网组网控制中心的功能和组成，其除了包括通用的软硬件设备，如计算机、操作系统、数据库等，还包括专用的硬件设备，如卫星链路 Modem，以及大量的计算机软件。软件中既有通用计算机上的软件，又有如 MCU/SCU 这样嵌入式的软件。

　　针对硬件如 Modem 这样的卫星信道传输设备的测试，测试办法已经很成熟了，测试工具也很多，本书不再赘述。

　　针对计算机软件部分的测试，可以首先进行代码走查等静态测试，即不运行程序，只通过检查分析源程序的语句、结构、注释等来审查程序是否有错误，要对软件的需求说明、设计说明和源代码做结构及流程的对比分析，以发现错误，如逻辑不当、功能缺失、常量参数错误等；然后进行软件的动态测试，即构造测试实例并针对实例执行程序，对得到的运行结果与预期的结果进行比较分析，从而对软件的功能、性能和实现中的错误（也称 Bug）进行检测，同时测量、统计和分析运行效率和健壮性能等；还可以委托有资质的第三方测评机构进行严格的"软件测评"，给出软件实现的质量水平评价。基于人工的测试比较适合检验管控软件的人机交互能力，即对操作员的支持能力、操作界面功能的友好性等，比如网络配置操作功能、性能数据统计操作功能等。这些都是基于人机界面驱动的软件功能，比较适合通过人工产生测试用例，然后通过人机界面输入软件并产生结果。关于软件测试的一般理论和方法，读者可以阅读相关专业书籍，这里就不再详细介绍了。

# 9.1 动态测试的难题

以上基于人工设计测试用例的方法，面对按需分配卫星通信网组网控制中心，有以下三个难题。

（1）没有人机界面的实时处理功能难测试。例如，对于按需分配的通信链路建立等功能，其操作输入来自各业务站，并且没有通用的输入界面，很难预先设计并按需产生测试用例，也就意味着很难开展测试。

（2）组网控制中心的长期稳定性很难测试。对于含有大量软件的组网控制中心，基于条件选择执行的程序分支多如牛毛，甚至从来就没人能够全面地说清楚什么样的外部条件会执行哪个程序分支。因此，人工设计的测试用例必定无法覆盖全部程序逻辑，很多程序分支在人工测试中无法执行到，也就很难发现其中的错误。很多系统的软件都是经过长期运行后才发生软件故障甚至崩溃的。

（3）组网控制中心的动态管控能力极限很难测试。组网控制中心的大部分操作输入来自业务站，试验阶段很难产生符合真实网络特性的大业务量操作输入。接近真实网络业务量条件下的组网控制中心的稳定性、组网控制中心的极限处理容量，即特定硬件配置条件下组网控制中心的饱和处理能力很难测量。

针对第一个难题，如果有实际的业务站，也具备卫星信道设备，简单测试是可以进行的。可以对业务站进行开机、关机，在组网控制中心界面上观察是否有这个业务站的入网、退网事件；也可以在业务站发起通信需求（比如对于电话，就是摘机拨号，数据就是发出特定的连接需求——取决于业务终端的用户接口）。其难处在于，要进行这样的测试，需要如图 9.1 所示的一套完全真实的设备，至少要有 2 个以上的业务站。其中的射频相关部分也可以采用射频模拟器替代，但这样一来就没有卫星信道近 270ms 的单程传输时延了。另外，业务站的功能是未经检验的，物理传输 Modem、传输协议、信令环节都是未经验证的，而且业务站和组网控制中心往往是由两个团队分别设计开发的，进度不一定同步。

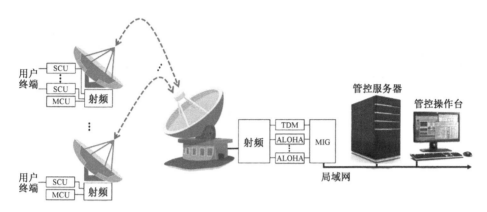

图 9.1　管控信息传输信道的测试方案

对于第二个难题和第三个难题，测试时需要有"大量的业务站"同时在网运行，这样才能产生大量的业务需求，这是人工测试无法做到的，只有用软件模拟的虚拟地球站才能有足够数量的"在网运行"，只有自动测试系统才能持续运行足够长的一段时间。即便如此，测试中发生的情况组合也未必能够覆盖全部程序逻辑，要想无遗漏地覆盖全部程序逻辑，只有进行"程序正确性证明"，但这项技术距离实用还有相当长的路。针对上述难题，本书作者设计了一个"业务站模拟器"，根据"离散事件系统模拟方法"来随机地自动产生大量的业务需求，从而对实时组网控制功能进行长时间、大业务量的模拟运行。

# 9.2　基于业务站模拟器的测试架构

采用业务站模拟器对按需分配卫星通信网组网控制中心进行测试，可以采用如图 9.2 所示的测试架构：用一台或一组计算机控制一组经改造后的 MCU/SCU，用于支持管控的物理层和链路层传输协议；在计算机中模拟一批业务站 MCU/SCU 的运行，从组网控制中心的角度看就是一批真实的业务站在网运行，对其可以模拟开机、关机，也可以模拟业务通信需求（建立业务链路）。这里需要模拟的仅仅是业务站与组网控制中心的信令传输和信令交互过程，业务站之间业务链路的通信过程可以忽略。

参考图 4.2，图 9.2 所示的测试架构就是用业务站模拟器实现图 4.2 中 Agent 的功能的，如图 9.3 所示。

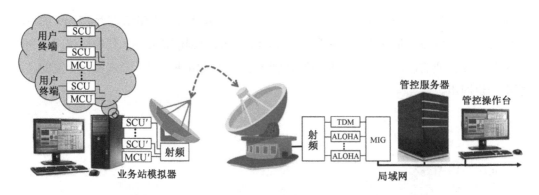

图 9.2　基于卫星通信硬件的模拟测试架构

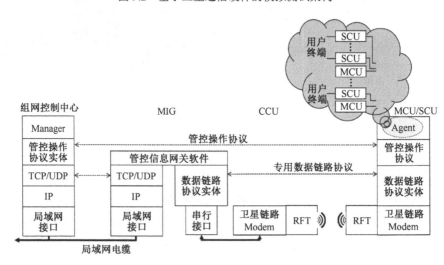

图 9.3　基于卫星通信硬件的模拟测试协议关系

　　这个测试架构的优点和缺点都很明显。其优点是，管控信令经卫星信道的物理传输过程也包含在测试过程中，卫星通信射频信号传输可以加上适当的干扰噪声，ALOHA 协议的报文冲突、TDM 广播信道的 ack、冲突报文的退避重发等数据链路协议也可以得到比较真实的大业务量、长时间检验，还可以进行协议优化分析。其缺点是，必须对 MCU/SCU 进行改造，其一部分功能要在计算机中实现，而且通常应该配置多个业务站模拟器才能进行 ALOHA 信道的测试。改造 MCU/SCU 的难度显而易见，并且还要依赖 MCU/SCU 物理 Modem 的研制进度，因为组网控制中心中运行 ALOHA 收、TDM 发功能的 CCU 也是这个 Modem。业务站的射频相关部分是可以省略的，甚至可以在中频进行互联试验。这个测试架构还有一个缺点，就是 MCU/SCU 的数量受限于物理 Modem 的数量，虽然可以自动进行测试（大业务量，频繁开关机、频繁建链拆链），但无法模拟大量的 MCU/SCU。

　　鉴于图 9.2 的测试架构的实现有较大的难度，对组网控制中心的测试效果也不尽理想，我们可以采用如图 9.4 所示的测试架构。参考图 4.2、图 9.4 所示的测试架构就是用业务站模拟器实现图 4.2 中的 Agent 和管控操作协议的功能，省略物理传输设备（卫星通信硬件），并且跳过专用数据链路协议，如图 9.5 所示。图 9.4 实现的难度大大降低，并且不依赖卫星通信的硬件设施和 MCU/SCU 的改造，只需要支持 2 个以上串行接口的通用计算机，能够模拟的 MCU/SCU 数量也不受 MCU/SCU 硬件的限制。这种测试架构的缺点是无法测试卫星信道的物理传输设备及实现对管控信息传输的影响。

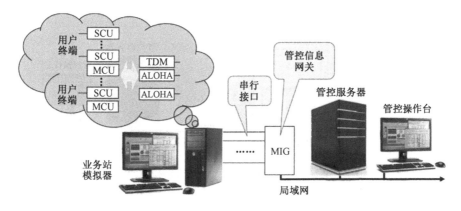

图 9.4　省略卫星通信硬件的模拟测试架构

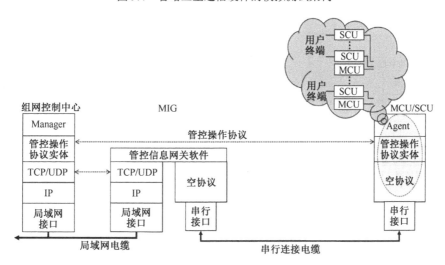

图 9.5　省略卫星通信硬件的模拟测试协议关系

如果我们不需要测试 CCU 和 MIG，则模拟测试的架构还可以进一步简化，如图 9.6 所示。参考图 4.2，如图 9.6 所示的测试架构就是用业务站模拟器实现图 4.2 中的 Agent 和管控操作协议功能，省略物理传输设备，并且跳过专用数据链路协议，也跳过管控信息网关软件，如图 9.7 所示。

这个架构假设 MCU/SCU 与 CCU 之间的物理传输信道已经稳定运行，MIG 经过测试已经达标。而业务站模拟器的对外接口是 MIG 与管控服务器的各层协议，即局域网上的 TCP/IP 协议。图 9.6 的实现难度大大降低，并且不依赖卫星通信的硬件设施和 MCU/

SCU 的改造，也不需要 MIG，只需要支持以太网接口的通用计算机，能够模拟的 MCU/SCU 数量也不受 MCU/SCU 硬件的限制。这种测试架构的缺点是无法测试卫星信道的物理传输设备及实现对管控信息传输的影响，也无法验证 MIG 的稳定性。

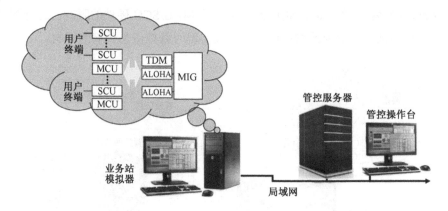

图 9.6  省略 MIG 软件和卫星通信硬件的模拟测试架构

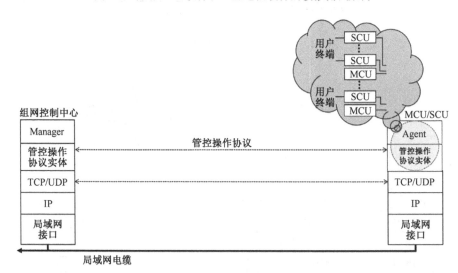

图 9.7  省略 MIG 软件和卫星通信硬件的模拟测试协议关系

在以上各个测试架构中，业务站模拟器要模拟众多业务站的在网运行，每个业务站由 1 个 MCU 和若干个 SCU 组成，从组网控制中心的角度看就是一批真实的业务站在网运行。

组网控制中心的管理对象是 MCU/SCU，在组网控制中心看来，每个 MCU/SCU 都是在用户（业务需求，计算机自动产生）和组网控制中心双重控制下的一个有限状态机，而且状态之间的迁移是离散发生的，因此，业务站模拟器可以采用离散事件系统模拟方法来实现用户需求的产生。

我们可以利用离散事件系统模拟方法来让业务站模拟器（模拟的 MCU/SCU），模拟大批业务站在网运行，用于对卫星通信网组网控制中心进行自动、长时间、大业务量的测试。通过大业务量、长时间的模拟运行，可以获得组网控制中心的功能正确性、稳定性和极限能力。

# 9.3　离散事件系统模拟方法

离散事件系统是指系统中的状态只在离散的时间点上发生迁移，而且迁移发生的这些离散时间点是不确定的，即由随机发生的事件驱动状态迁移。描述和分析离散事件系统最经典的理论和方法是排队系统，最经典的例子是如下理发馆的例子。

对于某具有单理发师的理发馆，理发师就是该离散事件系统中的服务员（或称服务台），来理发的人就是系统中的顾客，顾客到达理发馆的时间是随机的，理发师为顾客服务的时间也是随机的，当顾客到达理发馆发现理发师正忙着为其他顾客理发时，就开始排队等待，队列的长度也是随机的。系统中发生的事件只有 2 个：一个是顾客到达开始排队等待理发；另一个是顾客理完发后离开，这些事件的发生是随机的。系统的状态是服务员的状态（在理发或空闲）加上顾客的排队长度，实际上就是系统中的顾客数量。系统的状态（系统中的顾客数量）只能在随机的到达或离开事件发生时迁移，前后两个事件发生的间隔是一个随机数。

单服务员的离散事件系统（简称单服务员系统）是最简单的，复杂一些的还有多服务员系统。多服务员系统又可以分为单一队列系统和多队列系统（一个服务员一个队列）等。描述一个离散事件系统的排队系统，通常用服务员个数和"到达模型/服务模型/排队模型"来表示，它们之间的关系可参考图 9.8。

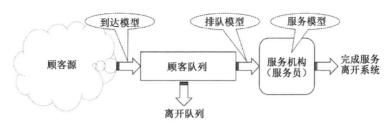

图 9.8　排队系统模型

## 1. 到达模型

到达模型用来描述顾客到达系统的时间规律。若把顾客 1 到达系统的时刻记为 $t_1$，顾客 2 到达系统的时刻记为 $t_2$，则两个顾客相继到达的时间差 $T_a (= t_2 - t_1)$ 称为到达间隔，$T_a$ 大于时间变量 $t$ 的概率 [称为到达间隔 $T_a$ 的概率分布函数 $A_0(t)$] 就是到达模型。假设顾客的到达是完全随机的，即后一个顾客的到达时刻与其前一个顾客的到达时刻完全独立，且在时间区间 $\Delta t$ 内到达的概率与 $\Delta t$ 成正比，这时到达间隔 $T_a$ 的概率分布函数就是负指数分布：$A_0(t) = \lambda e^{-\lambda t}$。其中，$\lambda$ 称为平均到达速度，等于 $T_a$ 均值的倒数。这种到达模型称为泊松（Possion）到达模型。

### 2. 服务模型

服务模型用来描述服务员为顾客服务的时间规律。服务员为每个顾客服务所需要的时间 $T_s$ 称为服务时间，则 $T_s$ 大于时间变量 $t$ 的概率［称为服务时间 $T_s$ 的概率分布函数 $S_0(t)$］就是服务模型。如果对每个顾客的服务时间是完全随机的，即前后两个顾客的服务时间完全独立，这时服务时间 $T_s$ 的概率分布函数就是负指数分布：$S_0(t) = \mu e^{-\mu t}$。其中，$\mu$ 称为平均服务速度，等于 $T_s$ 均值的倒数。

### 3. 排队模型

排队模型用来描述队列中的顾客接受服务顺序的规律。当顾客到达时若服务员正忙，顾客就要进入队列排队等待。在一次服务结束顾客离开后，系统要按照一定的规则从等候服务的队列中挑选下一个接受服务的顾客，这个规则称为排队模型。常用的排队模型有先进先出模型、后进先出模型、随机服务模型，有些系统还会采用多队列模型（区分优先级）、队列长度受限模型，甚至无队列模型（队列长度限制为0）等。

研究离散事件系统的理论和方法很多，如果到达模型/服务模型/排队模型是比较容易表达和计算的系统，如泊松到达/负指数服务/先进先出不限长度的单服务员系统，排队系统理论已经有非常经典的系统特性计算和分析结论；如果到达模型/服务模型/排队模型比较复杂，理论分析和计算就会很困难，这时可以采用计算机模拟的方法来研究排队系统的特性，这就是离散事件模拟实验方法。

用计算机对离散事件系统进行模拟实验的方法，充分体现了离散事件系统的事件驱动状态迁移的特点。如图 9.9 所示，以模拟时钟为向前推进的线索，事件总是离散地发生，在 $t_i$ 时刻发生事件 $E_i$，系统状态进入 $S_i$。事件 $E_i$ 可能是顾客到达事件，也可能是顾客离开事件，到底是哪个事件、间隔多久，取决于到达模型、服务模型和前一个事件是什么事件，而且两个事件不会同时发生。

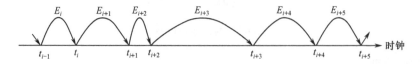

图 9.9　离散事件系统模拟的时钟和事件驱动

计算机程序为了模拟一个离散事件系统，根据图 9.8 的排队系统模型，必须实现以下功能组件。

### 1. 到达模型模拟

根据上一个顾客的到达时刻 $A_i$，按照到达模型确定下一个顾客的到达时刻 $A_{i+1}$。

### 2. 服务模型模拟

当时钟推进到顾客离开时刻（发生顾客离开事件）$L_i$，调用排队模型模拟器选择一个顾客开始服务，并根据服务模型确定下一个顾客的服务时间，即确定其离开的时刻 $L_{i+1}$。

### 3. 排队模型模拟

根据排队模型管理顾客队列，即对到达的顾客进行编号，按照服务模型模拟器的要求选择一个顾客使其进入服务状态。

### 4. 时钟推进和事件选择

假设模拟时钟当前时刻为 $t_i$，这个 $t_i$ 不是 $A_i$ 就是 $L_i$，下一个事件的发生时刻 $t_{i+1}$ 不是 $A_{i+1}$ 就是 $L_{i+1}$。如果 $A_{i+1} < L_{i+1}$，则下一个发生的事件就是顾客到达事件，发生事件的时刻就是 $t_{i+1} = A_{i+1}$；如果 $L_{i+1} < A_{i+1}$，则下一个发生的事件就是顾客离开事件，发生事件的时刻就是 $t_{i+1} = L_{i+1}$。由于计算机模拟的系统是离散事件系统，若时钟处于当前时刻 $t_i$，系统处理完事件 $E_i$ 后，在 $t_{i+1}$ 之前没有任何动作，系统时钟可以直接跳到 $t_{i+1}$，并根据前面是 $t_{i+1} = A_{i+1}$ 还是 $t_{i+1} = L_{i+1}$ 来处理顾客到达事件或顾客离开事件。这样可以加快模拟时钟的推进速度，提高模拟计算的效率。

### 5. 模拟系统数据的收集处理

在模拟过程中要记录每个顾客的到达时刻（进入队列）、开始服务时刻（离开队列）、离开时刻，最终形成模拟系统的到达速度、排队时间、服务时间等统计数据的平均值和方差，这些数据就是计算机模拟离散事件系统想要获得的一般特性参数。如果想要获得更多的特性数据，只要在模拟过程中加以统计记录即可，比如可以统计服务员的空闲时间占比（利用率）、队列平均长度等。

这个方法也可以模拟多服务员系统，只是实现起来稍微复杂一些。

## 9.4　卫星通信网的离散系统模型

基于离散事件系统模拟的思想，在按需分配的卫星通信网中，有多个层次的离散事件系统。

**1. 整个卫星通信网是一个离散事件系统**

整个卫星通信网可以看作一个离散事件系统（见图 9.10），每个用户业务链路需求（由业务链路建立请求体现）就是一个顾客到达，网络为其分配卫星信道资源并建立卫星通信业务链路，就是开始为该顾客服务，占用的卫星信道资源就是为其服务的服务员（服务台），业务链路拆除、卫星信道收回就是服务结束顾客离开系统。这就是一个最经典的话务服务模型，到达模型取决于用户的业务需求，随机性比较强；服务模型也取决于用户的业务需求，随机性也比较强；但排队模型比较简单，若卫星信道资源全部忙（用完），顾客到达就直接离开队列，因此顾客到来，不是接受服务（建立链路）就是放弃请求（话务服务模型中叫溢出）。

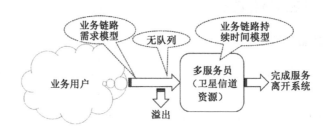

图 9.10　把卫星通信网看作离散事件系统

这个离散事件系统可以用来分析一个卫星通信网的卫星信道资源利用率，有业务链路请求就分配卫星信道资源，有链路拆除就是顾客离开，卫星信道资源数量就是服务员数量。如果到达模型、服务模型、服务员数量给定，就可以通过计算机模拟得到这个系统的服务员全忙比例、服务员平均利用率、用户需求的溢出率等数据。如果一个网络的用户业务量（通过顾客平均到达速度和平均服务时间来反映）是可以预测的，那么这个网络需要配置多少卫星信道资源（服务员数量）才能达到期望中的资源利用率、业务需求成功率等就可以通过模拟得到（详见 9.6 节）。

**2. 按需分配组网控制中心是一个离散事件系统**

组网控制和资源分配功能可以看作一个离散事件系统，每个业务链路建立请求（呼叫请求）可以看作一个顾客到达，开始处理这个请求就是开始为顾客服务，处理完毕（发出信道分配信令或拒绝分配信令）就是顾客离开，如图 9.11 所示。其中的到达模型取决于用户的业务需求，随机性比较强；服务模型取决于组网控制中心的处理模式和当时的计算机状态，有些随机性，但服务时间大体上接近一个常数；排队模型取决于组网控制中心的设计，如可采用后到先服务模式来解决业务拥塞问题。这个系统的特性反映的是组网控制中心组网控制和资源分配功能的特性。

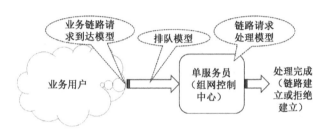

图 9.11　把组网控制中心看作离散事件系统

### 3. 业务站是一个离散事件系统

每个业务站也可以看作一个离散事件系统，站内的每个 SCU 就是一个服务员，每个用户业务链路需求就是一个顾客到达，占用一个 SCU 就是开始为顾客服务，服务内容为 SCU 向组网控制中心发出呼叫请求，获得卫星信道资源并建立与被叫的业务链路，业务链路拆除就是顾客离开。到达模型取决于业务站用户的业务需求，随机性很强；服务模型也取决于用户的业务需求，随机性也比较强；但排队模型很简单，没有队列，一旦 SCU 全部占用，用户需求就溢出。一个业务站的业务需求和通信能力比较简单，一般没有模拟分析的必要。如果一个业务站只有一个 SCU，那这个业务站离散事件系统就是 SCU 离散事件系统。一个 SCU 的离散事件系统模型如图 9.12 所示。

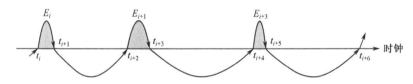

图 9.12　SCU 的离散事件系统模型

图 9.12 中，在 $t_i$ 时刻，用户要打电话、传数据，SCU 发起建链需求，进入通信状态；在 $t_{i+1}$ 时刻，用户通信结束，链路拆除，SCU 进入空闲状态。如此循环往复。

用软件模拟一个 MCU 或 SCU 离散事件系统，按照一定的用户到达模型自动生成发出建链需求的时刻 $t_i$，发出对特定用户（另一个业务站）的呼叫请求，再按照一定的服务模型自动生成发出拆链需求的时刻 $t_i$，发出呼叫完成报告，这个模拟 SCU 就可用于对组网控制中心的模拟测试，这个模拟 SCU 就像一个真实的 SCU 在网络中运行。当然，模拟的 SCU 还需要具备接收各类管控操作报文的功能。

# 9.5　业务站模拟器

本章主要目的是检验按需分配卫星通信网组网控制中心的功能正确性、测量系统的极限处理能力，可以采用如图 9.6 所示的模拟测试架构。

为了检验卫星通信网组网控制中心的性能，业务站模拟器要模拟众多业务站在网运行，从组网控制中心（不考虑 MIG）的角度看就是一批真实的业务站在网运行，所有的管控操作信令都是"真实"的，既要符合组网控制中心的信令格式，也要基于管控操作协议，被管对象 MCU/SCU 还要做出"真实"的操作响应。但我们只需要模拟业务站与组网控制中心之间的管控操作，而不需要模拟业务站与用户之间的信息交互流程，也不需要模拟两个 SCU 之间的业务链路通信。

图 3.2 介绍了业务站的组成与分类，集成站和单路站都是多路站的特例。不失一般性地，这里模拟的业务站都是由一个 MCU 和多个 SCU 构成的。在实际工作中，MCU 和 SCU 都是独立运行的，各自通过管控信息传输通道交互管控信令，从组网控制中心的角度看，每个 MCU/SCU 都是一个独立的实体，但 MCU 与 SCU 在站内也是有一些交互的。因此，业务站模拟器分为 MCU 模拟器和 SCU 模拟器，但这两类模拟器之间又需要有交互。它们与组网控制中心的关系如图 9.13 所示，其中 SCU 的数量取决于每个业务站的规模。

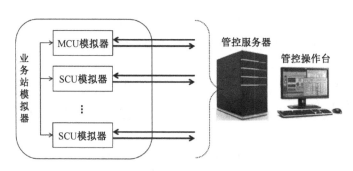

图 9.13　MCU/SCU 模拟器与组网控制中心的关系

## 9.5.1　模拟器的功能

根据业务站的功能，用于测试组网控制中心的 MCU/SCU 模拟器需要实现以下功能。

（1）模拟开机流程，执行入网流程，进入入网状态，需要向组网控制中心发送入网请求和接收同意/拒绝入网的指令；不频繁发生，执行时机可以由人工控制，也可以自动随机产生。

（2）模拟关机流程，执行退网流程，进入退网状态，要向组网控制中心发送退网请求和接收退网的指令；不频繁发生，执行时机可以由人工控制，也可以自动随机产生。

（3）模拟管控操作指令的执行过程，操作完毕需要向组网控制中心发出适当的响应；执行时机是收到组网控制中心的管控操作指令时。

（4）模拟业务链路主叫（仅 SCU），要向组网控制中心发出业务链路建立请求（呼叫请求），并等待接收卫星信道分配指令且记录业务链路参数或拒绝分配指令；执行时机是模拟的业务需求到达（相当于顾客到达）时。

（5）模拟业务链路被叫（仅 SCU），接收卫星信道分配指令，并记录业务链路参数；执行时机是收到组网控制中心的管控操作指令时。

（6）模拟业务链路拆除（仅 SCU），向组网控制中心发出业务链路拆除报告（呼叫完成报告）；执行时机是模拟的业务持续时间到期（相当于服务完成顾客离开）时。

注意，上述每个功能的实现，都必须符合业务站 MCU/SCU 的行为描述（可以参考第 3 章的内容），如状态转换关系（其中规定了在每个状态下会收到哪些管控操作指令、如何处理、要发出什么响应，然后进入什么状态等）。

在上述模拟器要实现的功能中，功能（1）和（2）的执行时机可以由人工决定，也可以自动随机产生；功能（3）和（5）是收到组网控制中心的管控操作指令后紧接着执行的，因此执行时机是由组网控制中心决定的；功能（4）是模拟顾客（通信需求）到达，需要按照业务到达模型来确定业务链路建立请求发出的时机；功能（6）是模拟服务结束，需要按照业务持续时间模型来确定业务链路拆除的时机。因此，功能（4）和（6）是由时钟驱动的离散事件系统模拟功能。业务站模拟器需要具备的功能和驱动如图 9.14 所示。

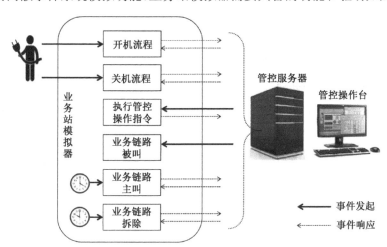

图 9.14　业务站模拟器需要具备的功能和驱动

## 9.5.2　开关机模拟

业务站的开机和关机都是按站进行的，一个业务站开机就是一个站的 MCU 和众 SCU 同时开机。因为 MCU 负有本站管理的职责，所以 SCU 加电启动并完成自检后要向 MCU 发送本 SCU 配置情况等报告（具体内容取决于业务站的设计，这里省略），必要时还要接收 MCU 的指令并执行。而 MCU 在加电启动并完成自检后要接收 SCU 的报告，并发送一些必要的指令，对 SCU 进行控制。

这些本地自检和内部控制活动完成以后，每个 MCU/SCU 都要在指定的管控信息传输通道的 TDM 广播信道上接收组网控制中心的广播指令，并在 ALOHA 信道上发出入网请求等信令。根据图 3.10 和图 3.11，完成入网流程的 MCU/SCU 依次从 OUT 状态进入 MNT 状态，再根据组网控制中心的指令进入 INS 状态。关机时的状态转换过程则相反。

如果人工控制开机/关机，则只要在业务站模拟器程序的启动和退出阶段执行入退网流程即可。但为了反复检验组网控制中心的入退网控制功能的正确性，可以设计一个自动开关机模拟流程，按照一定的规则定期开机、关机。

业务站模拟器的开机和关机，可以由 MCU 模拟器负责控制。比如业务站 A 由 $MCU_a$、$SCU_{a1}$、$SCU_{a2}$、$SCU_{a3}$ 组成，那么开机时刻、关机时刻由 MCU 模拟器按照一定的到达模型来产生，$MCU_a$ 除了自己要执行开关机流程，还要对 $SCU_{a1}$、$SCU_{a2}$、$SCU_{a3}$ 发送内部开关机指令，接收到开机/关机指令的 SCU 就要执行相应的开机流程或关机流程。MCU 的自动开关机模拟流程如图 9.15 所示；SCU 则没有定时功能，而是收到指令后执行相应的操作。

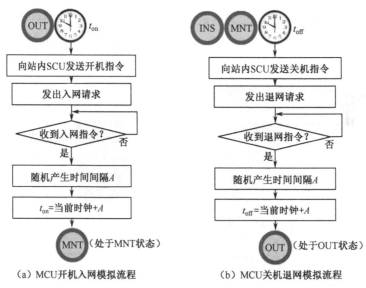

（a）MCU 开机入网模拟流程　　　　　　（b）MCU 关机退网模拟流程

图 9.15　MCU 的自动开关机模拟流程

图 9.15 中的 $t_{on}$ 和 $t_{off}$ 就是设定的开机和关机定时，随机产生的时间间隔 $A$ 的分布模型并不太重要，均值可以根据测试目的设定，比如想要集中一段时间测试组网控制中心对开关机相关管理操作的稳定性，$A$ 的均值可以小一些；反之略大。

### 9.5.3　SCU 建链拆链模拟

业务站为用户提供的服务就是为用户按需建立卫星通信链路，通信结束后拆除链路。这个功能只有 SCU 具备，当业务站 A 的用户与业务站 B 的用户有了通信需求时，选择

A 站内空闲的第 $i$ 个 SCU（$SCU_{ai}$）与 B 站内空闲的第 $j$ 个 SCU（$SCU_{bj}$）建立通信链路。每次通信的链路持续时间取决于用户的通信持续时间。

一个业务站的业务链路建立需求（通信需求）到达（产生）后，被分配到一个空闲 $SCU_{ai}$ 的全过程模拟会增加业务站模拟器的复杂性，可以省略这个过程。我们假设所有的用户需求是在 SCU 模拟器上直接产生的，这样每个 SCU 的通信需求产生就是一个单用户模型，一个用户对应一个 SCU。在模拟过程中，根据单个用户的业务需求模型（需求到达间隔分布），每个 SCU 模拟器可以随机产生业务到达需求（建链需求）。这样产生的建链需求也符合一般性，对全网模拟的随机性并不受损。

每个业务链路建立请求（呼叫请求）必须符合真实的管控信令格式，因此其中必须有主叫 SCU 地址、被叫业务站信息（通常用业务号码或地址表示），最终与目的业务站的哪个 SCU 建立链路则由组网控制中心指定，这是真实组网控制中心的功能，不是模拟的。因此，业务站模拟器需要有一份业务站/SCU 业务号码表或地址表，其中记录了已经配置的被叫号码（实际系统中这些号码是由用户在业务链路建立需求中给出的，比如电话号码），其与组网控制中心记录的号码或地址一致，作为 SCU 发出的呼叫请求中的被叫号码。

每个呼叫请求必须由已经入网且处于空闲状态的 SCU 发出，每个链路拆除报告（呼叫完成报告）则可以由已建链（处于通信状态）的一对 SCU 中的任何一个发出，也可以由两个 SCU 发出。根据以上思路，基于时钟驱动的 SCU 发起建链（呼叫请求）的模拟流程如图 9.16（a）所示。建链是两个 SCU 之间的事，一个 SCU 主动发起，另一个 SCU 被动接受（根据组网控制中心发出的信道分配信令），被动建链的模拟流程如图 9.16（b）所示。建链以后的拆链模拟流程则如图 9.17（a）所示，该流程只能由处于通信状态的 SCU 发起，也是时钟驱动的。拆链也是两个 SCU 之间的事，一个 SCU 主动发起，另一个 SCU 被动接受（根据组网控制中心发出的呼叫结束信令），被动拆链的模拟流程如图 9.17（b）所示。

在图 9.16 和图 9.17 中，$t_{call}$ 是发起主动建链的定时，$t_{finish}$ 是结束通信发送拆链的定时。SCU 从通信状态进入空闲状态时，根据业务到达模型随机产生"呼叫到达间隔"，用于确定下一次发起建链请求的定时 $t_{call}$。业务到达模型可以选择 9.3 节所述的泊松到达模型，到达间隔 $T_a$ 的概率分布函数是负指数分布 $A_0(t) = \lambda e^{-\lambda t}$，$\lambda$ 越大，单位时间内模拟器发出呼叫请求的次数就越多，其可以根据模拟测试的全网业务量大小综合设定。SCU 从空闲状态进入通信状态时，根据服务模型随机产生"链路持续时间"，用于确定发起拆链动作的定时 $t_{finish}$。服务模型可以选择 9.3 节介绍的模型，服务时间 $T_s$ 的概率分布函数是负指数分布 $S_0(t) = \mu e^{-\mu t}$，$\mu$ 一般不必太大，以加快模拟测试进度。

因为这里设计的业务站模拟器只用于测试组网控制中心的功能和性能，所以两个 SCU 之间建立链路和通信的过程可以省略。

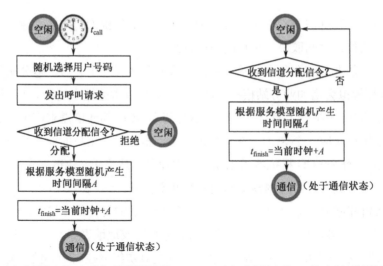

（a）空闲状态的SCU发起建链模拟流程　　　（b）空闲状态的SCU被动建链模拟流程

图 9.16　SCU 发起建链的模拟流程

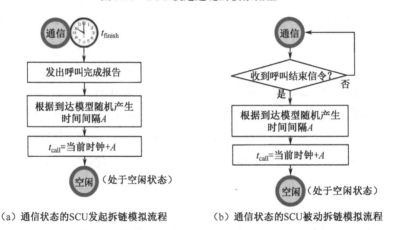

（a）通信状态的SCU发起拆链模拟流程　　　（b）通信状态的SCU被动拆链模拟流程

图 9.17　SCU 拆链模拟流程

## 9.5.4　其他考虑

前面只介绍了业务站模拟器的设计实现，重点是动态测试中与用户业务相关的随机事件的产生方法和思想，具体实现还有许多细节，下面只对其中三个方面做一些简单介绍。

### 1. 多模拟器并发运行

一个业务站模拟器是由 1 个 MCU 模拟器和 $n$ 个 SCU 模拟器构成的，每个模拟器都独立运行。一个业务站的多个 MCU/SCU 要同时（并发）运行，它们之间还需要有一定的交互（MCU 控制 SCU）。

一个卫星通信网有众多的业务站，还需要运行多个业务站模拟器。但业务站之间，更严格地说是 SCU 之间，是不需要交互的，因为组网控制中心用的业务站模拟器不需要模拟业务站之间的通信过程。

如何实现多个业务站模拟器、一个业务站内多个 MCU/SCU 模拟器的高效、并发运行是工程实现中的一个重要问题，这关系到一台计算机能够模拟的业务站数量。要提高单机能够运行的业务站模拟器的数量，以免模拟千百个业务站需要一大批计算机。

### 2. 模拟器的人机界面

如何启动和关闭业务站模拟器、如何设置业务站模拟器的工作参数也是需要考虑的问题，手动控制数百个业务站模拟器比较麻烦。业务站模拟器也需要有一定的人机界面，用于动态设定业务站模拟器的参数，如 $\lambda$ 和 $\mu$。因此，比较好的做法是设计一个业务站模拟器运行控制的人机界面，用于控制各业务站模拟器的启动、关闭，并设置每个业务站的工作参数。

人机界面最重要的是能够展现各业务站的状态和各类统计数据，以便与组网控制中心中的状态和统计数据进行比对，从而检验组网控制中心的功能正确性；也要对业务站模拟器产生的各种事件进行记录，尤其是对收到的错误信令给出警示和记录。业务站模拟器首先要用于测试组网控制中心的功能正确性，因此要详细记录组网控制中心的错误，比如 SCU 在某个状态下收到了状态转换关系描述中认为不该收到的信令和不匹配的数据，业务站模拟器不处理这类信令，但要记录这种现象，以便用于发现和排查组网控制中心软件中存在的错误，以及根据错误的数量估算组网控制中心软件的可靠性。

### 3. 模拟器的智能化

业务站模拟器应该具有一定的智能，能够自动用正确的数据进行测试，同时能够按照一定的规则和概率产生一些非法数据进行测试，以验证组网控制中心处理错误数据的正确性。一般来说，可以生成三类常见的错误：第一类错误是发出格式错误的信令，比如报文长度不足、缺少部分管控操作数据；第二类错误是发出含有错误数据的信令，如 SCU 地址不存在、被叫业务号码不存在等；第三类错误是在错误的状态发出内容和格式正确的信令，比如在已经入网的状态下发出入网请求，或者在空闲状态下发出呼叫完成报告等。业务站模拟器要能自动记录各种测试现象发生的次数，以供测试人员事后分析处理。

有了业务站模拟器，我们可以让组网控制中心长期运行，甚至长期处于接近满负荷的状态运行。由于业务需求是随机产生的，长期的模拟测试对组网控制中心的检验比较充分：可以检验各处理组件的功能和接口正确性，可以检验组网控制中心的响应速度、处理能力，可以调整组网控制中心和网络的各种参数，从而找到优化方案。

# 9.6　卫星通信网的模拟评估

如果组网控制中心的功能正确性、稳定性已经不是问题，在网络运行阶段，我们更关心的是一个卫星通信网的卫星资源配置是否经济、是否满足网内业务站的使用需求，以便根据网络用户情况提前配置足够数量的卫星转发器带宽，又不至于配置太多的资源造成浪费。这个目标也可以利用前面所述的业务站模拟器对组网控制中心进行"试用"：配置与实际情况数量、规模相当的模拟业务站，每个业务站的通信需求模型尽可能地接近用户情况，通过长时间的模拟运行，获得整个"网络"的运行情况统计，比如卫星信道资源的最大需求、平均需求，以及随时间分布的需求曲线等，从而决定配置多少卫星转发器带宽。但是，这样的测试比较耗费时间和计算资源。

针对卫星资源配置是否足够又经济这样的评估需求，我们有更好的办法，即"网络级的模拟运行"。9.4 节曾介绍可以把整个卫星通信网作为一个离散事件系统（见图 9.10），每个业务链路的建链需求就是一个顾客到达，网络为其分配卫星信道资源就是开始为该顾客服务，占用的卫星信道资源就是为其服务的服务员（服务台），业务链路拆链就是服务结束顾客离开系统。通过计算机模拟运行这个离散事件系统就可以分析卫星通信网的性能，得到这个系统的服务员（卫星信道资源）全忙（耗尽）比例、服务员平均利用率、建链需求的溢出率等数据。

为了实现一个如图 9.10 所示的离散事件系统，模拟器流程如图 9.18 所示。这是一个没有到达队列的排队系统，一旦发现资源耗尽就放弃该次建链（建链失败）。当第 $i$ 次用户到达（建链），带宽占用增加 $W_i$；当第 $j$ 个用户离去（拆链），带宽占用增加 $W_j$。其中，带宽 $W_i$ 可以是固定的，比如等带宽分配的网络；也可以是变化的，比如可变带宽分配的网络。$W_i$ 的选择可以根据实际网络情况而定。

在图 9.18 中，到达模型和服务模型可以根据网络情况选择。作为大规模网络，一般选择 9.3 节所述的泊松到达模型，到达间隔 $A$ 的概率分布函数是负指数分布 $A_0(t) = \lambda e^{-\lambda t}$，其中，$\lambda$ 为平均到达速度，等于 $A$ 均值的倒数。服务（卫星资源占用）模型如果选择 9.3 节介绍的模型，服务时间 $A$ 的概率分布函数是负指数分布 $S_0(t) = \mu e^{-\mu t}$，其中，$\mu$ 为平均服务速度。

模拟器记录的网络资源使用状态会呈现如图 9.19 所示的变化，其中因为资源耗尽而建链失败的事件称为"溢出"。

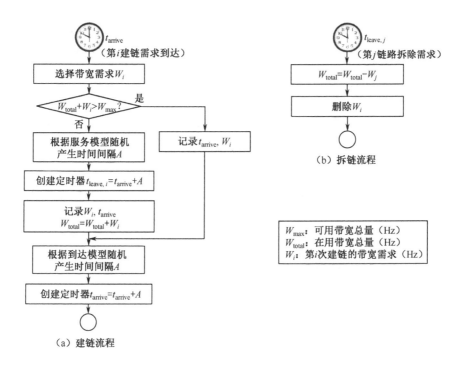

图 9.18　网络级离散事件系统的模拟器流程

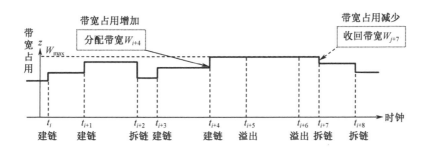

图 9.19　模拟器记录的网络资源使用状态

从模拟器的记录数据可以得到许多有用的网络资源使用相关的性能数据，如按时间平均的带宽利用率、最大带宽需求（假设带宽资源足够多，没有发生溢出事件）、溢出率（占全部建链需求的比例）。从模拟器的记录还可以得到更细节的性能数据，比如带宽利用率达到 90% 以上的时间比例等。

# 9.7　小结

按需分配卫星通信网组网控制中心设计实现以后，测试其功能的正确性，检验其性能是否符合实际需要是比较困难的。因为在研制初期，业务站设备与组网控制中心一般同步开展研制，往往没有现成的业务站可用于测试组网控制中心。更何况，对组网控制中心的压力测试需要成百上千个业务站，这些在研制初期是无法提供的。另外，经过卫星转发的互连测试还需要租用卫星带宽。

面对上述测试困难，模拟测试技术是一个很好的解决方案：用一套软件来模拟业务站的可变功能，以测试在大规模网络（成百上千个业务站）条件下组网控制中心的软件逻辑正确性，以及其处理各种异常情况的能力。这样的模拟测试技术，现在有了一个更高级的名字——数字孪生，即用软件构建业务站的数字化镜像。

本章介绍了离散事件系统模拟方法，以及基于离散事件系统模拟的按需分配卫星通信网组网控制中心的测试方法，还给出了业务站模拟器的实现思路。基于模拟业务站构建的测试环境，可以对组网控制中心进行长期测试、压力测试、异常输入测试，以便尽可能多地发现系统中存在的错误，从而在正式投入应用前排除所有可能的软件错误。

# 后　记

本书是作者团队对三十多年来所从事的卫星通信网组网控制技术研究和系统开发工作的技术总结与经验分享，记录了组网控制中心的架构设计、管控信息传输链路的协议设计、组网控制中心功能设计和组网控制中心联调联试等方面的技术积累。作者团队从1990年开始进入卫星通信网的组网控制中心研究领域，从对网络管理的理论有些粗浅认识，到承担卫星通信网组网控制中心的研制工作，经历了很多艰辛的探索和反复的实践。

最初是谢希仁教授指导的博士研究生刘南杰承担了一个国外 VSAT 数据卫星通信系统的网络运行管理系统软件分析改造的项目，随后这件事被当时的国营南京无线电厂有关决策者知悉了。1990 年，在其决定研制国产语音 VSAT 卫星通信系统时，就找到谢希仁教授、刘南杰所在的南京通信工程学院，寻求合作，邀请谢希仁教授承担语音 VSAT 卫星通信系统中组网控制中心的研制工作，实际上还包括网络控制与管理系统的整体设计，因为组网控制中心与地球站之间的管控信令传输协议、地球站的被管被控功能需要一起设计。

当时刘南杰是在读博士研究生，正忙于撰写学位论文，本书主要作者胡谷雨则是刚刚一年级的博士生，随后就接手了网络控制与管理系统设计的主要工作。当然，其在设计过程中有博士生导师谢希仁教授的悉心指导；有计算机教研室诸多老师的参与，如教研室主任付麒麟教授、瞿中伟、孙国萌讲师；还有诸多博士生、硕士生的先后参与，如张兴元、吴礼发、齐望东、赵刚、刘鹏、林瑶、倪桂强等。国营南京无线电厂的设计人员也深度参与了组网控制中心和网络控制与管理系统的设计与讨论，比如朱路飞、吴琴霞、徐瑶、徐建宇等。语音 VSAT 卫星通信系统的总体设计团队，尤其是国营南京无线电厂的相关技术负责人陆荣昌、刘军、董金春等高工对网络控制与管理系统的设计提出了许多不可或缺的要求和意见。负责语音 VSAT 卫星通信系统总体设计的老师们，如原总参 63 研究所的史世平总工，原南京通信工程学院的蔡剑铭、甘仲民、朱德生教授，在卫星通信数据传输理论和技术方面的指导也对网络控制与管理系统的整体设计提供了相当多的帮助。关于系统设计中的技术讨论，给人印象较深的是，技术人员之间经常会反复辩论，争得面红耳赤，持续思考和讨论几天甚至数月才定下方案，技术讨论之深入可想而知；对于应用需求相关的争论，陆荣昌则往往能够一锤定音，决策果断有力，也使胡谷雨受益匪浅。

由于国内没有组网控制系统的研制经验，国外当时也只有美国休斯公司研制了 TES，国内只能看到其卫星通信系统的应用手册，至于对地球站的实现细节和组网控制中心的设计方案，一无所知。没有设计方案可以参考，我们只好基于对网络管理原理的认识（影响组网控制中心的功能设计）、对计算机网络协议的熟悉（支撑管控信令和数据的传输）和对卫星通信原理的部分了解（胡谷雨本科毕业于浙江大学无线电系），参考国外系统的用户使用手册等简单资料来设计语音 VSAT 卫星通信系统的组网控制架构、管控信息传输协议、网络控制与管理系统的功能。这些设计成果至今还具有生命力，还在发挥作用。

设计工作完成之后，当时软件实现中也遇到了很多困难。例如，组网控制中心需要实时处理地球站的呼叫申请，还要完成诸多的管理功能，我们需要一个支持实时任务处理的计算机，即这个计算机要运行实时多任务操作系统，但我们当时熟悉的大多数操作系统不能同时支持上述多任务和实时两个特性。再如，对于图形化用户操作界面，20 世纪 90 年代初期比较先进的是 X-windows，其在国外开始流行但国内还少有人用，更没有图形化的编程工具。随着软件技术的发展，这些现在都已经不是难题了，甚至都不值一提了，但当时实实在在是一道坎儿。

组网控制中心初步实现以后，遇到的一个难题是，地球站还没有实现，用什么去调试和测试组网控制中心的功能性能。后来我们采用了基于排队理论设计的地球站模拟器，并跳过管控信令传输协议（但需要管控操作协议），利用地球站模拟器按照一定的话务规律产生呼叫申请，并接收和观察组网控制中心的处理反馈。我们在地球站模拟器中配置了数百个地球站，持续数月对组网控制中心进行了连续动态测试，对组网控制中心的处理逻辑和处理能力进行了比较充分的检验，测试中也发现了组网控制中心处理能力拥塞等现象，并在组网控制中心设计中采取了一定的措施，避免了在实际系统投入运行后组网控制中心发生瘫痪。地球站模拟器也成了组网控制中心软件动态调试不可或缺的工具。

按需分配组网卫星通信系统的一部分早期设计思想中的精心考虑，随着组网控制中心软件运行平台和软件开发环境的进步，已经不那么重要了，如组网控制中心实时处理能力的精心优化。但按需分配组网卫星通信系统的组网控制架构、管控信息传输协议、网络控制和管理系统的功能及基于地球站模拟器的测试方法等技术成果，在后续的按需分配组网卫星通信系统的设计中被大量继承，至今还在发挥作用。这些有生命力的内容构成了本书的核心章节，但只包括卫星通信网组网控制技术中适合公开介绍的部分，希望本书的出版能够对后来者有所帮助。

最后，本书作者团队要对前面提到的所有指导者、决策者和参与者表示深深的敬意与真诚的感谢！他们的决策、他们的指导、他们的技术观点、他们参与的系统实现，为本书作者团队提供了设计机会、设计思想参考和技术实现验证。

# 参考文献

[1]    吕海寰，蔡剑铭，甘仲民，等. 卫星通信系统[M]. 北京：人民邮电出版社，1994.

[2]    关肇华. DAMA 控制技术在 SCPC 卫星通信系统中的应用[J]. 电信科学,1987(6):9-13.

[3]    胡谷雨. 现代通信网和计算机网管理[M]. 北京：电子工业出版社，1996.

[4]    胡谷雨. 网络管理技术教程[M]. 北京：北京希望电子出版社，2002.

[5]    李文璟. 网络管理原理及技术[M]. 北京：人民邮电出版社，2008.

[6]    胡谷雨，谢希仁. 一种先进的 VSAT 卫星通信网[J]. 电信科学，1992(4):19-25.

[7]    胡谷雨. VSAT 综合卫星通信网管理系统的综合设计和分析[D]. 南京：解放军通信工程学院，1992.

[8]    胡谷雨，谢希仁. 稀路由卫星通信系统网控中心[J]. 军事通信技术，1994(2):10-15.

[9]    倪桂强，吴礼发，胡谷雨，等. 基于多线程的 VSAT 卫星通信系统的网控中心的设计与实现[J]. 通信学报，1998, 19(11):5.

[10]   徐建平. 休斯网络系统公司 VSAT 卫星通信小站技术手册[M]. 北京：气象出版社，1996.

[11]   LIM J T, MEERKOV S M. Performance of Markovian Access Protocols in Satellite Channels[J]. IEEE Transaction on Communications, 1990, 38(3): 273-276.

[12]   LIM J T, MEERKOV S M. Theory of Markovian Access to Collision Channels[J]. IEEE Transaction on Communications, 1987, 35(12): 1278-1288.

[13]   JOSEPH K, RAYCHAUDHURI D. Simulation Model for Performance Evaluation of Satellite Multiple Access Protocols[J]. IEEE Journal on Selected Areas in Communications, 1988, 6(1): 210-222.

[14]   SATIJA S M, GUPTA H M. Simulation of Random Multiple Access Protocol[J]. Satellite Communications, 1990, 13(7): 433-439.

[15]   MCBRIDE A L. An Overview of Unslotted ALOHA in a VSAT Network[C]. Proceedings of the IEEE Global Telecommunications Conference: Communications Broadening Technology Horizons (GLOBECOM'86), 1986: 1479-1488.

[16]   WOLEJSZA C J, TAYLOR D, GROSSMAN M, et al. Multiple Access Protocols for DATA Communications via VSAT Networks[J]. IEEE Communications Magzine, 1987, 25(7): 30-39.

[17] RAYCHAUDHURI D, JOSEPH K. Channel Access Protocols for Ku-Band VSAT Networks: A Comparative Evaluation[J]. IEEE Communications Magzine, 1988, 26(5): 34-44.

[18] TOBAGI F A. Multiaccess Protocols in Packet Communications Systems[J]. IEEE Transaction on Communications, 1980, 28(4): 468-488.

[19] HA T T. Personal Computer Communications via VSAT Networks[J]. IEEE Journal on Selected Areas in Communications, 1989, 7(2): 235-245.

[20] RAYCHAUDHURI D. ALOHA with Multipacket Messages and ARQ-Type Retransmission Protocols—Throughput Analysis[J]. IEEE Transaction on Communications, 1984, 32(2): 148-154.

[21] JOSEPH K. Calculation of Message Length Transition Probabilities in Selective Reject ALOHA Channels[J]. IEEE Transaction on Communications, 1990, 38(8): 1128-1132.

[22] RAYCHAUDHURI D. Selected Reject ALOHA/FCFS: An Advanced VSAT Channel Access Protocol[J]. International Journal of Satellite Communications, 1989, 7: 435-447.

[23] CARLEIAL A B, HELLMAN M E. Bistable Behavior of ALOHA-Type Systems[J]. IEEE Transaction on Communications, 1975, 23(4): 401-409.

[24] LI V O K. Multiple Access Communications Networks[J]. IEEE Communications Magzine, 1987, 25(6): 41-48.

[25] HU G Y, XIE X R. Prformance Analysis of Multi-Carrier ALOHA Systems[C]. ICCT'92 (Beijing China), 1992: 20.02.1-20.02.5.

[26] CLARK G C, CAIN J B. Error-Correction Coding for Digital Communications[M]. New York: Plenum Press Inc., 1981.

[27] 中国国家标准化管理委员会. 信息安全技术 信息系统灾难恢复规范：GB/T 20988—2007[S]. 北京：中国标准出版社，2007.

[28] CARLSEN U. Cryptographic Protocol Flaws—Know Your Enemy[C]. Computer Security Foundations Workshop VII, 1994: 192-200.

[29] BEJARANO J, YUN A, CUESTA B. Security in IP Satellite Networks: COMSEC and TRANSEC Integration Aspects[C]. Advanced Satellite Multimedia Systems Conference (ASMS) and 12th Signal Processing for Space Communications Workshop (SPSC), IEEE, 2012: 281-288.

[30] KOHNFELDER L M. Towards a Practical Public-key Cryptosystem[D]. Boston: Massachusetts Institute of Technology, 1978.

[31] CRUICKSHANK H S. Security System for Satellite Networks[C]. Fifth International Conference on IET, 1996: 187-190.

[32] SHAMIR A. Identity-Based Cryptosystems and Signature Schemes[C]. Proceedings of CRYPTO 84 on Advances in Cryptology, 1985:47-53.

[33] BELLARE M, POINTCHEVAL D, ROGAWAY P. Authenticated Key Exchange Secure Against Dictionary Attacks[C]. International Conference on the Theory & Applications of Cryptographic Techniques, 2000:139-155.

[34] Garman J. Kerberos: The Definitive Guide[M]. Sebastopol: O'reilly Media, 2003.

[35] ETSI EN 301 790 V1.5.1. Digital Video Broadcasting (DVB); Interaction Channel for Satellite Distribution Systems[S]. France: European Broadcasting Union, 2009.

[36] NEEDHAM R, SCHROEDER M. Using Encryption for Authentication in Large Network of Computers[J]. Communications of the ACM, 1978, 21(12): 993-999.

[37] KLEINROCK L. Queueing Systems—Volume II: Computer Applications[M]. New York: John Wiley & Sons Inc., 1976.

# 反侵权盗版声明

　　电子工业出版社依法对本作品享有专有出版权。任何未经权利人书面许可，复制、销售或通过信息网络传播本作品的行为；歪曲、篡改、剽窃本作品的行为，均违反《中华人民共和国著作权法》，其行为人应承担相应的民事责任和行政责任，构成犯罪的，将被依法追究刑事责任。

　　为了维护市场秩序，保护权利人的合法权益，我社将依法查处和打击侵权盗版的单位和个人。欢迎社会各界人士积极举报侵权盗版行为，本社将奖励举报有功人员，并保证举报人的信息不被泄露。

举报电话：（010）88254396；（010）88258888

传　　真：（010）88254397

E-mail：　dbqq@phei.com.cn

通信地址：北京市万寿路 173 信箱

　　　　　电子工业出版社总编办公室

邮　　编：100036